镍基单晶叶片原始疲劳质量评估

岳珠峰　温志勋　李　飞　著
　　　　王建辉　钟安彪

U0249562

科学出版社

北京

内 容 简 介

本书针对航空发动机镍基单晶高温合金材料，系统开展原始疲劳质量评估研究。全书共 8 章，主要涉及原始疲劳质量评估理论、疲劳裂纹原位测试技术、叶片应力集中部位疲劳寿命预测与强度评估，从材料级、模拟件级、叶片级全方位总结原始疲劳质量评估方法和疲劳寿命预测框架，旨在为工程实践提供先进的设计理论、方法和应用技术参考。

本书适合航空发动机、材料、机械和力学等相关领域高校和科研院所的科研工作人员阅读和参考，也可供高年级本科生和研究生学习参考。

图书在版编目（CIP）数据

镍基单晶叶片原始疲劳质量评估 / 岳珠峰等著. -- 北京 : 科学出版社, 2025. 3. -- ISBN 978-7-03-079339-3

Ⅰ. V232.4

中国国家版本馆 CIP 数据核字第 2024WJ4339 号

责任编辑：杨 丹 汤宇晨 / 责任校对：高辰雷
责任印制：徐晓晨 / 封面设计：陈 敬

科 学 出 版 社 出版
北京东黄城根北街 16 号
邮政编码：100717
http://www.sciencep.com
北京中石油彩色印刷有限责任公司印刷
科学出版社发行 各地新华书店经销
*
2025 年 3 月第 一 版 开本：720×1000 1/16
2025 年 3 月第一次印刷 印张：19 1/4
字数：388 000
定价：198.00 元
（如有印装质量问题，我社负责调换）

前　言

　　航空发动机被誉为飞机制造业"皇冠上的明珠"，汇聚了工业领域顶级的技术成果，是精密复杂的高技术产品，是国家科技、工业和国防水平的重要体现。镍基单晶高温合金叶片是高推重比涡扇、高功重比涡轴、大涵道比商用航空发动机涡轮叶片的必选，是航空发动机中转速最快、应力最复杂、服役环境最恶劣的部件，强度寿命问题十分突出。要想整体提高航空发动机的性能，提高服役叶片的质量是关键。叶片强度容易受材料、表面加工、结构设计和载荷环境等多方面因素干扰，单一研究某一特定的因素与实际情况相距甚远。已有的结构评定方法引起的叶片断裂问题已经严重制约发动机发展和应用，要想突破这一瓶颈，除了提高材料生产和加工工艺水平，还亟待开展镍基单晶涡轮叶片失效机理、力学性能评估的深入研究。

　　本书在广泛调研国内外关于镍基单晶涡轮叶片材料、气膜孔结构疲劳断裂和原始疲劳评估方法等相关文献的基础上，从力学、材料科学和疲劳断裂可靠性的角度出发，针对镍基单晶高温合金材料存在固有缺陷与制孔初始损伤这一特性，以国产镍基单晶合金为研究对象，采用先进测试、理论构建、数值模拟相结合的方法，分析表面形貌对镍基单晶合金疲劳性能的影响，揭示不同制孔工艺下气膜孔裂纹萌生与扩展行为，建立镍基单晶裂纹材料级、模拟件级(气膜孔)原始疲劳质量评估体系和寿命预测方法，形成考虑制造初始状态的涡轮叶片可靠性分析框架。

　　全书分为8章。第1章概述涡轮叶片的基础知识和原始疲劳质量评估的关键科学问题；第2章研究表面形貌对镍基单晶高温合金疲劳性能的影响，建立了考虑表面粗糙度的疲劳寿命预测模型；第3章探讨涡轮叶片不同制孔工艺的气膜孔结构疲劳裂纹形核机理和扩展行为；第4章提出基于裂纹形成时间(TTCI)法的原始疲劳质量评估理论；第5章建立气膜孔当量初始裂纹尺寸(EIFS)评估的K-T模型；第6章和第7章分别建立一种基于EIFS的镍基单晶气膜孔结构常温到高温、直孔到斜孔疲劳裂纹扩展率的疲劳寿命预测模型；第8章分析涡轮叶片制造初始状态概率分布特征，开展考虑初始损伤特征的涡轮叶片可靠性和灵敏度分析。本书第1章由温志勋、李飞撰写，第2章由李飞、王佳佳撰写，第3章由李飞、王平撰写，第 4 章由李飞、温志勋撰写，第 5 章由李飞、岳珠峰撰写，第 6 章由李飞、任曦撰写，第 7 章由李飞撰写，第 8 章由王建辉、钟安彪撰写。全书由岳珠峰统稿和校核。

本书相关研究得到了国家自然科学基金项目(52375158、51875461)、国家重大科技专项(2017-IV-0003-0040、J2019-IV-0011-0079)、国家资助博士后研究人员计划(GZB20240953)、中国博士后科学基金面上项目(2024M754201)、西北工业大学博士论文创新基金(CX2021068)及型号项目的资助。本书部分内容参考了课题组博士、硕士学位论文成果，课题组的其他教师和学生对本书的出版也有较大贡献，在此一并表示感谢。

受研究工作和作者认知的限制，书中难免存在不妥之处，恳请读者批评指正，并提出宝贵的意见和建议。

作　者

2024 年 11 月

目　　录

第1章 绪　　论

1.1　航空发动机涡轮叶片概述

1.1.1　涡轮叶片重要性及工作原理

  航空发动机是推动飞机高速飞行的核心动力，其技术突破将为航空领域带来革命性进展。航空发动机的零部件须在高温、高压、高转速和复杂多变的载荷条件下维持稳定、高效的运行，这些零部件必须在复杂的大气环境下，满足推力大、油耗低、质量轻、可靠性高、安全性好、寿命长、维护性好、噪声小、排放少及全寿命成本低等众多相互矛盾的指标限制。航空发动机具有高技术门槛，其价值也相对较高，航空发动机成本占整机成本的20%～30%，其中叶片(包括风扇叶片、涡轮叶片和压气机叶片)约占航空发动机总成本的35%。此外，制造工序最多、周期最长、合格率最低的涡轮叶片占叶片总体价值的60%左右。图1-1为飞机各组成部件的成本占比。

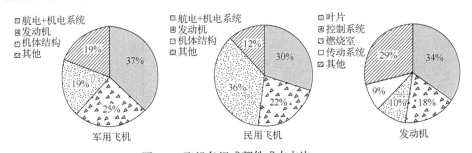

图 1-1　飞机各组成部件成本占比

  航空发动机的结构主要由进气装置、压气机、燃烧室、涡轮和排气装置五大部分组成。其中，压气机、燃烧室和涡轮是三大核心部件，统称为"核心机"。喷气式飞机的进气道是指从飞机进口到发动机进口的通道，其作用是以尽可能小的总压损失完成高速气体的减速增压任务，减少振动，抑制噪声，并对发动机的意外情况起到保护作用。压气机通过高速旋转叶片对空气做功，压缩空气，提高空气压力。燃烧室是燃料燃烧生成高温高压燃气的装置。涡轮则是驱动高温高压燃气旋转的装置，将燃气产生的热能转换为机械能，带动风扇或桨叶旋转。尾喷管是高温燃气排出发动机的通道，使燃气继续膨胀，高速向后喷出，产生反作用推力，改变气流在涡轮和尾喷管中的配比，从而控制发动机的工作状态和推力方向[1]。

航空发动机的工作原理可以简述如下：空气首先进入发动机的进气道，压气机利用高速旋转叶片压缩外界空气，提高空气压力，高压空气与燃烧室中的燃料混合，实现燃料的充分燃烧，燃烧室产生的高温高压气体传送给涡轮，涡轮做功为发动机运行提供动力。航空发动机工作过程和主要结构如图 1-2 所示。

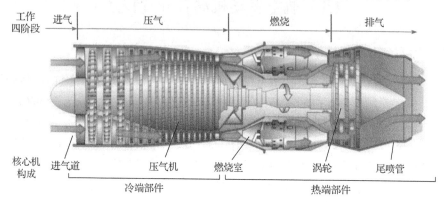

图 1-2 航空发动机工作过程和主要结构简图

涡轮由静子(导向器)和转子组成，静子包括涡轮导向叶片、外环和内环等部件，转子包括工作叶片、轮盘和轴等部件。一个导向器和一个转子组成一个涡轮级，涡轮由一个或几个涡轮级组成。涡轮叶片可分为涡轮导向叶片和涡轮工作叶片两类，涡轮导向叶片主要用于调整燃烧室排出的燃气流向，涡轮工作叶片则将燃气流体能量转换成涡轮轴的旋转动力。两种典型的涡轮叶片如图 1-3 所示。

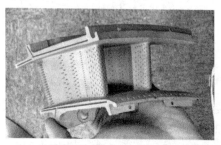

(a) 涡轮导向叶片(CFM56-3发动机)　　(b) 涡轮工作叶片(V2500-A1发动机)

图 1-3 典型涡轮叶片示意图

1.1.2 涡轮进口温度提升需求与性能参数的影响

从热力学方向分析燃气涡轮发动机的工作过程参数对发动机性能的影响。航空发动机的理想循环为布雷顿循环，具体过程是：空气由进气管进入发动机，由压气机进行绝热压缩，压缩后的高压空气与燃烧室中的燃料混合，经过等压加热，高温高压的燃气在涡轮和尾喷管中绝热膨胀，最后进入大气后放热，完成一个循环。涡轮发动机的特征部件截面如图 1-4 所示。

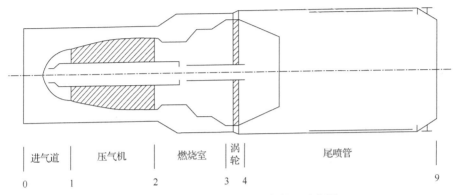

图 1-4 涡轮发动机的特征部件截面示意图

0-发动机气流进口截面；1-压气机几何进口截面；2-压气机出口/燃烧室进口截面；
3-燃烧室出口/涡轮进口截面；4-涡轮出口截面；9-尾喷管出口截面

涡轮发动机单位质量气体的布雷顿热力学循环如图 1-5 所示，图中数字与涡轮发动机的特征部件截面对应。布雷顿热力学循环示意图中的 "0—1" 过程对应空气在进气道中的绝热压缩，"1—2" 过程对应压缩空气在压气机中的绝热压缩，"2—3" 过程对应压缩空气在燃烧室中的进一步等压压缩，"3—4" 过程对应高温燃气在涡轮中的绝热膨胀，"4—9" 过程对应膨胀气体在尾喷管中的进一步绝热压缩。

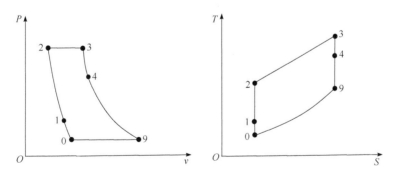

图 1-5 涡轮发动机单位质量气体的布雷顿热力学循环示意图

v 为比容；P 为压力；S 为熵；T 为温度

燃烧室对单位质量气体的加热量为 q_0，则有

$$q_0 = c_p' T_3^* - c_p T_2^* \tag{1-1}$$

大气环境下单位质量气体放热量为 q_1，则有

$$q_1 = c_p' T_9 - c_p T_0 \tag{1-2}$$

定义单位质量气体完成一个循环 "0—1—2—3—4—9—0" 净得到的热量为循环可用功,记为 W,则有

$$W = q_0 - q_1 \tag{1-3}$$

$$W = c_p' \left(T_3^* - T_9 \right) - c_p \left(T_2^* - T_0 \right) \tag{1-4}$$

式(1-1)~式(1-4)中,c_p' 为燃气平均定压比热;c_p 为空气平均定压比热;T_2^* 和 T_3^* 分别为 2、3 过程的总温;T_0 和 T_9 分别为 0、9 过程的总温。式(1-4)中,等号右边第一项为燃气膨胀过程中做的功;第二项为压缩气体过程中做的功。在布雷顿热力学循环中,燃气膨胀过程的膨胀比等于压缩气体过程的增压比,理想循环热效率 η_0 和发动机的总增压比分别为

$$\eta_0 = 1 - \frac{1}{\pi_c^* \frac{k-1}{k}} \tag{1-5}$$

$$\pi_c^* = \frac{p_2^*}{p_0} \tag{1-6}$$

式(1-5)和式(1-6)中,π_c^* 为发动机的总增压比;k 为绝热指数;p_0 和 p_2^* 分别为进气道进口和压气机出口的总压。

考虑总的压缩过程有效效率 η_c 和总的膨胀过程效率 η_p,则循环可用功 W 可由式(1-4)进一步写成

$$W = \left. c_p' T_3^* \left(1 - \frac{1}{\pi_c^* \frac{k'-1}{k'}} \right) \eta_p - c_p T_0 \left(\pi_c^* \frac{k-1}{k} - 1 \right) \right/ \eta_c \tag{1-7}$$

在涡轮喷气发动机中,发动机的循环可用功 W 用于增加流经发动机的气流动能,即

$$W = \frac{1}{2} C_9^2 - \frac{1}{2} C_0^2 \tag{1-8}$$

式中,C_9 和 C_0 分别为 9、0 过程的空气流速。假设尾喷管完全膨胀,且忽略燃气流量与空气流量的差别,则有单位推力 $F_s = C_9 - C_0$。将 C_9 代入 F_s 的表达式,得到

$$F_s = \sqrt{2W + C_0^2} - C_0 \tag{1-9}$$

将每小时燃油与发动机发出的推力比值称为耗油率(SFC),其表达式为

$$\text{SFC} = \frac{3600 q_0}{H_u F_s} \tag{1-10}$$

式中，H_u 为燃油的低热值；q_0 为每秒加入 1kg 空气中的燃油完全燃烧释放出的热量。

燃气涡轮发动机运行时，需要增大发动机的推重比，但进气道进口总温 T_0 和尾喷管出口总温 T_9 随工况的变化而变化，不易调控。为增大发动机推重比，需降低燃烧室进口总温 T_2^* 或提高涡轮进口总温 T_3^*。从式(1-6)可以看出，降低 T_2^* 会导致发动机的总增压比 π_c^* 降低，从而降低发动机热循环效率。因此，提高 T_3^* 则成为增大发动机推重比最为有效的措施。当 $T_3^* > T_{3\min}^*$ 时，由式(1-7)和式(1-9)可知，随着温度增加，循环可用功 W 和单位推力 F_s 总是在增加的，且在 η_c 和 η_p 不变的条件下，W 对 T_3^* 是线性增加的，F_s 随 T_3^* 的增加比线性规律要慢些，耗油率 SFC 则表现为先降低后增加的趋势。T_3^* 对涡轮喷气发动机单位性能参数的影响如图 1-6 所示。

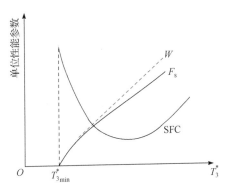

图 1-6 T_3^* 对涡轮喷气发动机单位性能参数的影响

1.1.3 涡轮叶片冷却结构发展

航空发动机的热效率和输出功率与涡轮进气温度成正比，涡轮进气温度每提高 55K，发动机推力可增加 10%左右[2]。涡轮叶片冷却技术在 20 世纪 60 年代出现后不断发展，至 20 世纪 70 年代，发展为从叶片内表面冲击对流强化换热到气膜孔冷却的多种冷却形式并存[3]。20 世纪 90 年代，燃气涡轮进口温度已超过 1900K，近几年则增至 2300K。随着新型冷却技术的发展，叶片冷却系统可将叶片表面温度降低约 500K。叶片冷却技术已从简单的内部冷却发展到多相流冷却。Unnikrishnan 等[4]总结了 1960 年以来涡轮叶片冷却技术的发展历程，如图 1-7 所示。

涡轮叶片冷却方式主要包括与叶片内表面换热的内部冷却、以气膜冷却和热障涂层为主的外部冷却及复合冷却。

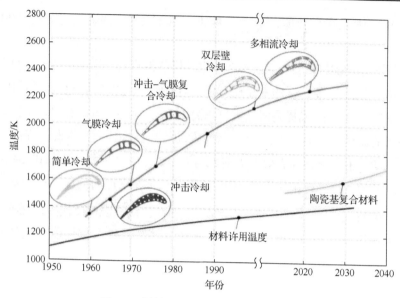

图 1-7 涡轮叶片冷却技术的发展历程[4]

1) 内部冷却

内部冷却主要是强化冷气与叶片内部通道之间的传热,通常由射流冲击冷却、尾缘区域扰流冷却、带肋通道冷却组成的复合冷却结构实现。主要目的是以最少的冷气进量获得最低的整体温度,同时保证冷却叶片温度的均匀性。

射流冲击冷却:冷气通过小孔以高速射流形式冲击叶片内壁,形成薄的速度边界层,冲击驻点产生强烈的对流换热,提高换热效率。射流冲击冷却主要用于叶片前缘等热负荷大的区域,如图 1-8 所示。

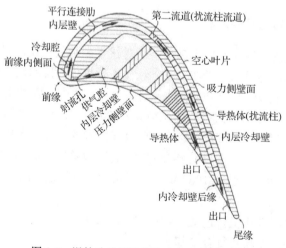

图 1-8 涡轮叶片前缘射流冲击冷却截面图[5]

扰流冷却：在通道两侧壁面设置扰流柱，增加对流换热面积，同时起到支撑作用。扰流柱提高冷气湍流强度，破坏壁面边界层发展，增强冷气与高温壁面之间的换热效率，主要用于叶片尾缘区域。

带肋通道冷却：在通道内壁面布置扰流肋，增加换热面积，扰动冷气流动，在肋前后形成复杂涡流结构，破坏流动和热边界层，增强换热效率。带肋通道冷却主要用于叶片的叶身部位(图 1-9)。尽管扰流肋能强化换热，但同时会增加流动阻力，因此需要综合评估其换热和流动阻力特性。

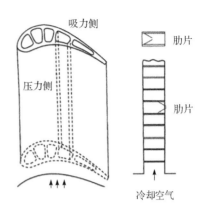

图 1-9 典型带肋通道冷却结构[6]

2) 外部冷却

叶片外壁面主要采用气膜冷却，这种方式结构简单、易于实现且具有较高的冷却效率。其基本原理是，在叶片表面开设槽缝或小孔，使冷气以一定角度喷射出，形成低温薄膜，从而起到隔热和冷却的双重保护作用。影响气膜冷却效率的因素包括孔形、孔径、孔排列方式、雷诺数、努塞特数、传热系数和壁面曲率等。当前发展出了多种气膜孔形状，如簸箕形孔、圆锥形孔、缝形孔、漏斗形孔等，部分气膜冷却结构如图 1-10(a)～(d)所示。圆柱形孔和簸箕形孔在涡轮叶片冷却设计中得到广泛应用。

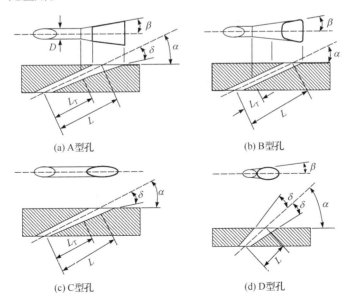

(a) A型孔

(b) B型孔

(c) C型孔

(d) D型孔

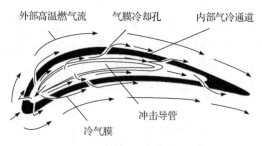

(e) 气膜冷却在叶片上的结构原理

图 1-10　四种经典的气膜冷却结构示意图(A～D 型孔)及涡轮叶片气膜冷却结构原理[7]

3) 复合冷却

双层壁冷却是一种集内部冲击冷却与外部气膜冷却为一体的复合型冷却方

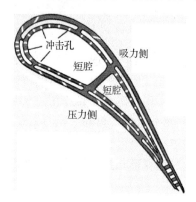

图 1-11　双层壁叶片内部冷却结构
示意图[8]

式，冷气从内壁的冲击孔射流冲击外壁内表面，再从外表面的气膜孔流出，形成气膜冷却(图 1-11)。这种复合冷却方式有效提高局部换热系数，比传统发散冷却效率高出 30%。双层壁冷却的发展和应用研究主要通过数值模拟和实验方式进行，涵盖静止和旋转模型研究。研究重点在于优化冷却结构设计，以提高涡轮叶片的冷却效率，满足高温高负荷条件下的使用需求。

4) 冷却方式在实际叶片中的应用

高压涡轮导向叶片是航空发动机上承受温度最高、冲击力最强的部件，位于高压涡轮工作叶片的前方。一种高压涡轮导向叶片典型冷却结构如图 1-12 所示[9]，其结构主要包括扰流柱、气膜孔和热障涂层等。叶片前缘主要采用致密气膜冷却，冷气从叶片表面气膜孔射入，在叶片表面形成冷却气膜，对叶片外表面进行冷却保护。叶盆、叶背前部低速区常采用气膜或冲击加气膜冷却的复合冷却形式。叶背高速区主要采用冲击冷却形式，一股高动量冷却气体通过小孔或狭缝喷射到高温部件表面，形成强烈的对流换热，从而将高温部件表面的热量吸收，达到降温的效果[10]。叶背后部冲击冷却的冷气会经叶片尾缘的扰流柱对尾缘区域进行冷却，最后从叶片尾缝排出。导叶叶片的缘板主要采用涂覆热障涂层及冲击加气膜的冷却方式。

高压涡轮转子叶片长期处于高转速、高负荷和高温状态，叶片根部应力大，气膜孔的角度、大小、间距等对叶片强度有较大影响。图 1-13 为高压涡轮转子叶片失效破坏情况。转子叶片典型冷却结构如图 1-14 所示，前缘采用冲击冷却，中

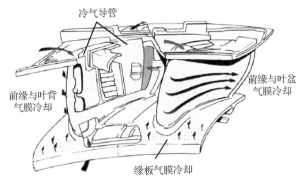

图 1-12 RB211 发动机导向叶片典型冷却结构[9]

间部分采用带扰流肋的通道冷却,尾缘采用劈缝结构冷却。同时,叶片前缘、吸力侧、压力侧和叶片尖端区域分布大量气膜孔。

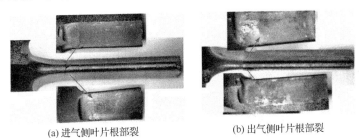

(a) 进气侧叶片根部裂   (b) 出气侧叶片根部裂

图 1-13 高压涡轮转子叶片失效破坏[10]

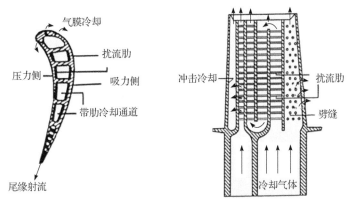

图 1-14 转子叶片典型冷却结构[11]

1.1.4 涡轮叶片材料的发展

涡轮叶片作为航空发动机的核心热端部件,在一定程度上决定了航空发动机的性能。叶片制造材料由变形高温合金、铸造高温合金、定向凝固高温合金演变成几乎所有先进航空发动机叶片采用的镍基单晶高温合金。镍基高温合金材料的发展如下。

变形高温合金：能在高温环境下保持稳定的形状和性能，通常在 800℃以下使用，加工工艺包括冶炼、铸造、热处理等。常见的变形高温合金有 GH2132、GH3030、GH3038、GH4169 等，其中 GH4169 合金是应用范围最广、用量最大的变形高温合金，已制备成压气机盘、涡轮盘、机匣、燃烧室、涡轮轴和各种导管等零件[12]。

铸造高温合金：通过熔炼、铸造、加热处理、表面处理等工艺制成的镍基高温合金材料，常见的铸造高温合金有 K416、K418、K423、K424 等，使用温度可达 900℃，具有抗氧化、耐腐蚀、高热传导、蠕变和裂纹韧性等优良性能。

定向凝固高温合金：采用定向凝固技术制造的高温合金，在凝固过程中控制晶粒和晶界取向，使合金在平行于特定结晶方向上具备优异的力学性能。20 世纪 70 年代开始，我国发展了三代定向凝固高温合金，常见的有 DZ4、DZ6、DZ22、DZ125 等，使用温度可达 1100℃，通常具有高强度、高韧性、高抗氧化性和高耐热性等特点。

镍基单晶高温合金：在定向凝固高温合金基础上发展而来，完全消除了晶界，合金的组织是按照预定方向生长而形成的单一柱状晶。我国自主研制的 DD3、DD6 和 DD9 等单晶高温合金具有优异的力学性能、铸造工艺性能、抗氧化性能和热稳定性能等。

随着航空航天领域迅速发展，这些高温合金的应用正逐步面临挑战。尽管涌现出更耐高温的陶瓷基复合材料和各类金属间化合物，但由于其高温脆性/低韧性和加工技术等不成熟，尚不具备使用条件，因此在当前和未来相当长的一段时间，涡轮叶片仍以镍基单晶材料为主。涡轮叶片及其材料的发展历程如图 1-15、图 1-16 所示。

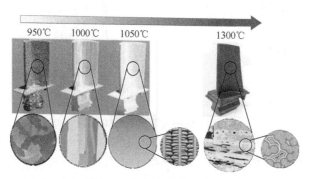

图 1-15　涡轮叶片的发展[13]

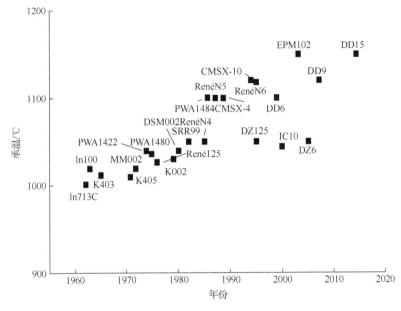

图 1-16 涡轮叶片材料发展历程[14]

在镍基单晶材料的研制方面，随着工业技术的发展，国际上镍基单晶高温合金的研究已经发展到第六代。单晶材料的承温能力和抗疲劳/蠕变性能均得到了空前的提高。国内外各代航空发动机涡轮叶片的发展情况和典型单晶高温合金发展代次及研发单位分别如表 1-1 和表 1-2 所示。概括而言，第一代单晶材料以 PWA1480(普·惠)、René N4(通用电气)、SRR99(罗尔斯-罗伊斯)、CMSX-2(佳能-穆斯克贡)和 DD3(中国航发北京航空材料研究院)为代表，增大了 Cr 含量以提高耐腐蚀性，同时通过增大 γ′相的占比以平衡两相比例，并优化冶炼工艺来提高其高温强度。第二代单晶材料以 PWA1484、René N5、CMSX-4 和 DD6 为代表，相比第一代单晶，显著减少了 Cr 和 Ti 的含量，并引入含量约为 3%的 Re，降低了 γ′相的强度和抗腐蚀性，以显著提高使用温度。第三代单晶材料以 René N6、CMSX-10、TMS-75(日本)和 DD9 为代表，再次降低 Cr 和 Ti 含量并将 Re 含量提高到约 6%，进一步提升了耐温能力，但也导致冶金和强度性能不如第二代单晶稳定。第四代单晶以日本 TMS 系列和罗尔斯-罗伊斯 RR21 系列为代表，保持了第三代单晶的总体元素含量，同时少量提升了 Hf 含量并降低 Re 含量，加入 Ru，从而显著提升了高温抗蠕变性能，但导致叶片造价高昂。第五代和第六代单晶着重通过调节其他元素的配比来实现性能与造价之间的平衡，并取得了不错的进展。不同镍基单晶代次的化学成分含量如图 1-17 所示。

表1-1　国内外各代航空发动机涡轮叶片发展情况[16]

项目	第一代	第二代	第三代	第四代	第五代	第六代
性能指标	推重比为2~4，TET为1100~1300K	推重比为4~6，TET为1300~1500K	推重比为7~8，TET为1680~1750K	推重比为9~10，TET为1850~1980K	推重比为12~15，TET为2100~2200K	推重比为15~20，TET为2200~2400K
典型发动机	J-47、JF-65尼恩，服役时间20世纪50年代	MK202、TF30，服役时间20世纪60年代	F100、F110、F404，服役时间20世纪70年代	F119、EJ200、M-88-Ⅲ，服役时间20世纪90年代	F135、F136，服役时间21世纪初	AX100、PW9000(预研)
涡轮叶片	实心叶片	实心叶片	气膜冷却空心叶片	复合冷却空心叶片	双层壁超冷叶片	多通道双层壁叶片
结构材料	变形高温合金等	定向凝固高温合金	第一代单晶和定向凝固合金	第二代单晶合金	第二、三代单晶合金和金属间化合物	第四~六代单晶和陶瓷基复合材料等复合材料

注：根据公开资料整理；TET为涡轮进口温度。

表1-2　典型单晶高温合金发展代次及研发单位

研发单位	第一代	第二代	第三代	第四代	第五代	第六代
美国通用电气公司	René N4	René N5	René N6	EPM-102	—	—
美国佳能-穆斯克贡公司	CMSX-2	CMSX-4	CMSX-10	—	—	—
美国联合技术公司(普·惠)	PWA1480	PWA1484	—	PWA1487	—	—
日本国立材料研究所	—	—	TMS-75	TMS-138	TMS-196	TMS-238
中国航发北京航空材料研究院	DD3	DD6	DD9	—	—	—
中国科学院金属研究所	DD8	DD5	DD32	—	—	—

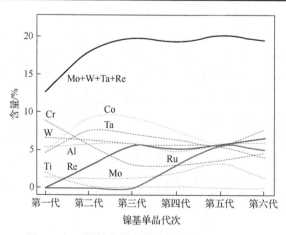

图1-17　不同镍基单晶代次的化学成分含量[15]

1.2　镍基单晶高温合金结构完整性与强度寿命

1.2.1　镍基单晶高温合金的生产制造

　　镍基单晶高温合金通常由镍、铝和钼等元素组成，最大的特点是由一个连续的单一晶格组成，没有晶界，其微观组织如图 1-18 所示。在铸态条件下，镍基单晶具有枝晶组织。图 1-18(a)为国产镍基单晶 DD6 的横向组织，可以清楚地看到一次枝晶和二次枝晶结构。其主要的相组成通常是 γ 相和 γ′相，如图 1-18(b)所示，γ′相长程有序地嵌入 γ 相中。这种规则的两相结构使得单晶材料具有优异的抗疲劳和蠕变性能。

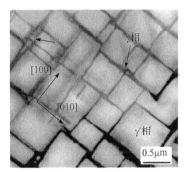

(a) 横向枝晶形貌　　　　　　　　　　　　　(b) 两相组织结构

图 1-18　DD6 原始材料微观组织

　　镍基单晶制备最主要的工艺是定向凝固技术，该技术是由 Versnyder 等[17]于 1960 年首次提出的。定向凝固是指通过采用特定的方法，在金属液相与固相中形成一定方向的温度梯度，使其沿预定方向生长，从而形成单晶或等轴晶[18-19]。定向凝固技术问世以来经历了多次迭代发展，最早使用发热铸型法以实现定向凝固，即将铸件置于连接有水冷系统的结晶盘上，铸件上端置有加热剂，铸件的四周有隔热装置，通过加热剂与水冷盘的温差制造纵向温度梯度，以实现定向凝固。该方法温度梯度过小，导致成品率很低。为提高定向凝固过程中的温度梯度，出现了功率降低法。该方法将铸件置于结晶盘上，同时在铸件上端与下端套上加热线圈，线圈加热熔化铸件后，下方的加热线圈停止工作，此时结晶盘附近产生了较大的温度梯度。距结晶盘较远的位置温度梯度依然过小，且该方法的耗能巨大，难以应用于工业生产。

　　发热铸型法与功率降低法均无法稳定控制合金的凝固组织，因无法满足当前高精度的工业生产需求而被淘汰。布里支曼法(Bridgman method)[20]通过控制铸件从加热区移动至冷区的抽拉速率，成功控制了合金的凝固组织。根据冷却介质的不同，布里支曼法又可以分成快速冷却法与液态金属冷却法，这两种方法是当前工业生产中制备单晶高温合金最常用的手段，定向凝固装置见图 1-19。快速冷却法是功率降低法的优化方法，主要依靠铸件底部的水冷结晶盘冷却铸件，但结晶盘的温度传导范围有限，随着铸件由加热区移至冷区，热传导的效果大幅降低，冷区上端铸件只能通过热辐射进行空冷，导致固/液界面前沿的温度梯度显著下降，进而对合金组织性能产生负面影响。液态金属冷却法最早由 Giamei 等[21]提出，该方法使用 Sn、Ga-In-Sn 等液态金属作为定向凝固中的冷却介质，相比于快速冷却法基于热辐射的散热模式，液态金属冷却法基于热传导的散热模式可显著提升固/液界面前沿的温度梯度，进而获得更加细化的凝固组织[22]。由于液态金属成本高昂且在浇铸过程中会给铸件引入杂质，液态金属冷却法并未在工业当中得到广泛使用。

　　由于普通的定向凝固浇注工艺仅能消除合金的纵向晶界，在制备单晶高温合金的过程中需要进一步采用螺旋选晶法或籽晶法消除横向晶界。图 1-20 为螺旋选晶法和籽晶法的示意图。螺旋选晶法是将铸件熔化为金属液并注入含有选晶器的

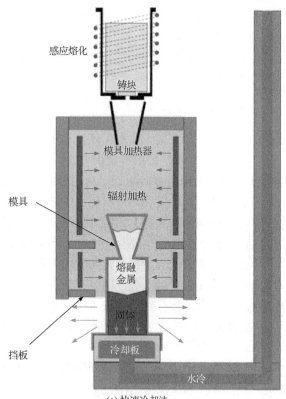

(a) 快速冷却法

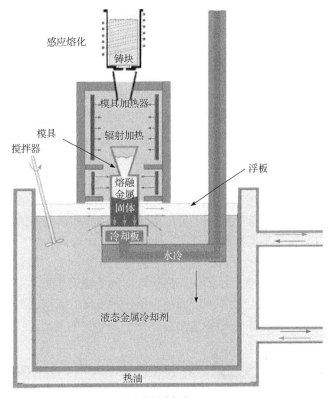

(b) 液态金属冷却法

图 1-19　两种方法的定向凝固装置示意图

形壳中，当金属液接触到选晶器下方的结晶盘时，受激冷作用产生许多细小的晶粒，这些晶粒沿着逆温度梯度的方向生长至选晶器位置时会经历几何约束，与优

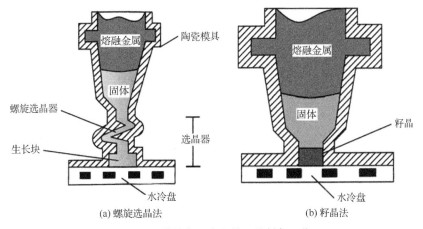

(a) 螺旋选晶法　　　　　　　　　(b) 籽晶法

图 1-20　单晶高温合金的两种制备工艺

势取向偏差较大的晶粒将无法通过几何约束继续生长;在经历多次几何约束之后,仅有一个取向的晶粒通过选晶器继续生长,进而定向凝固成为单晶合金。籽晶法是将一块提前制备好的单晶合金块作为籽晶置于模壳底部的结晶盘上,当熔化成金属液的铸件灌入模壳时,籽晶的上端会熔化;随着定向凝固的进行,新的晶体会在原晶种上外延生长,从而形成具有同晶种向的单晶合金。螺旋选晶法生产成本相对较低,制备过程简便,但对晶粒取向的控制相对困难;籽晶法可对晶粒取向进行控制,并有效减少晶界和晶内缺陷,生产工艺相对简单,但生产成本较高,制备过程中需要消耗大量的原材料和能源,制备周期较长,生产效率较低,对设备和技术要求较高[23]。

　　在选晶器上直接安装叶片模壳,利用选晶法长出单晶叶片。由于结晶过程是按晶体学择优生长的,只能生成[001]方向的单晶,铸件的纵向与[001]的夹角可以控制在15°之内,但是不能控制横向和其他的取向。单晶涡轮叶片铸造如图 1-21所示。籽晶法制备单晶的精度高,能控制单晶的三维取向,一般认为只要籽晶择优取向与热流方向一致,就可以抑制非择优取向的晶粒而生成单晶。由于籽晶需要从制好的单晶上切取,切取不同取向的籽晶比较麻烦,且籽晶的完整性需要检测,制造成本升高,因此常用螺旋选晶法进行单晶叶片的制造。

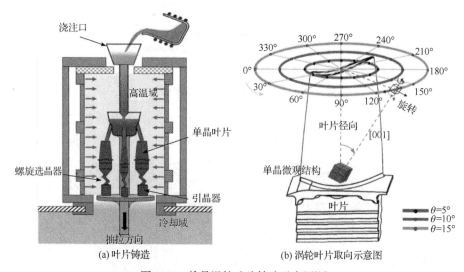

图 1-21　单晶涡轮叶片铸造示意图[24]

1.2.2　涡轮叶片主要缺陷及其对强度寿命的影响

1. 涡轮叶片主要缺陷

涡轮叶片主要的缺陷来源有三个方面:一是叶片材料的缺陷;二是叶片在加

工制造过程中产生的初始缺陷；三是在高温、高压、环境恶劣工况下长时间服役，产生的氧化、热腐蚀等缺陷。这些缺陷不仅会降低叶片的结构强度，还会影响其冷却效率和整体性能，最终导致叶片失效，进而触发发动机故障，对飞行安全构成严重威胁。

1) 材料铸造缺陷

材料在铸造过程中常出现取向偏离、小/大角度晶界、杂晶、再结晶、雀斑、微孔洞、碳化物、共晶、表面疏松、热裂纹等多种缺陷，严重影响材料的力学性能，几种典型缺陷见图 1-22。宏观尺度下，材料的破坏可归因于裂纹的成核、生长和传播，但在微观尺度上，裂纹最初容易在铸造过程中的缺陷处形成[25]。大量研究表明[26-27]，单晶高温合金表面或亚表面不连续或不均匀的微观组织(如微孔洞、碳化物或共晶)在循环加载过程中容易诱发不可逆的循环位错滑移，导致局部塑性应变累积和裂纹萌生。针对材料的铸造微缺陷对力学性能的影响，已进行了大量的研究[28-29]，但是由于微孔洞、微裂纹缺陷和其他微观组织结构的尺寸较小，除了少量高成本的高分辨率扫描电镜下的原位试验之外，现有的试验测试方法不能支持对材料变形机制进行直观观察。Zhang 等[30]采用分子动力学模拟研究了微孔洞生长对纳米级三晶镍薄膜中晶界三重结取向的依赖关系，结果表明肖克莱(Shockley)局部位错在晶界三重结的微孔洞生长中起主导作用。通过研究裂纹与微孔洞之间的相互作用，发现裂纹扩展行为极易受微孔洞分布的影响[31]，在裂纹尖端存在单个的微孔洞可能通过裂纹-微孔洞相互作用影响裂纹传播方向及速度。Yang 等[32]用分子动力学方法研究了镍基单晶高温合金中 γ/γ′相的纳米压痕变形行为，结果表明，带孔缺陷模型中位错的成核要滞后于理想模型，原因在于微孔洞

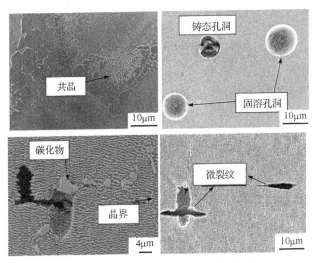

图 1-22 单晶材料几种典型的微观缺陷

坍塌消耗了累积的应变能。温志勋课题组[33-34]通过分子动力学模拟了不同取向具有纳米微孔洞单晶的拉伸行为，结果表明，微孔洞体积分数对材料的杨氏模量、初期屈服应力和初期屈服应变均有显著影响。微孔洞尺寸效应分析表明，空隙半径越大，屈服应力和杨氏模量越小。

2) 叶片制造缺陷

单晶叶片的结构非常复杂，内部精细的风冷通道需要铸造成形，这导致叶片铸造时会出现很多结构性缺陷；此外，由于涡轮进口温度已经远超材料使用的上限温度，材料更新速度已经不能满足涡轮进口温度的要求，气膜孔加工制造引入的再铸层、微裂纹及表面粗糙度变化等缺陷是叶片的主要缺陷之一。常用的气膜孔加工工艺包括激光、电火花、电液束和复合制孔等多种制孔工艺。电火花加工表面生成一定厚度的再铸层，毛刺多，加工质量不高，因此只能在对表面完整性要求不高的部位使用，如图 1-23 所示。随着激光技术的发展，激光加工逐步在单晶叶片上应用，尤其是超短脉冲的飞秒激光近似冷加工，展现了无与伦比的优势。它通过高峰值功率作用于单晶材料产生的库仑斥力破坏分子键，进而可以高效率加工出孔壁光滑、理论上无再铸层、尺寸精度控制好的孔。飞秒激光加工技术已逐步应用于我国航空发动机型号单晶高压涡轮叶片气膜孔的加工中，并取得了不错的效果。电液束工艺原理类似于电化学腐蚀，气膜孔孔边无再铸层、微裂纹等附加影响，但加工效率低且无法加工异型孔[35-36]。一般认为，孔边再铸层和微裂

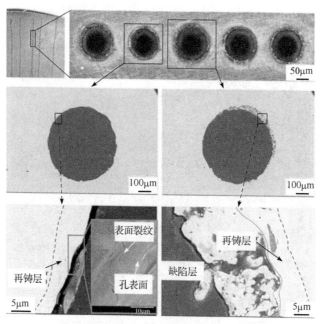

图 1-23　气膜孔孔边典型缺陷(电火花)[41]

纹是导致裂纹萌生的重要因素[37]。叶片型面的复杂性造成气膜孔空间角度分布的随机性，为了最大程度地优化冷却效果，根据相关流体热动力学模型，在传统圆孔的基础上又相继设计出簸箕孔、水滴孔、燕尾孔等异形孔加工方案[38-39]。有相关研究表明，在扇形孔的侧壁上增加表面粗糙度对冷却性能有显著影响，薄膜冷却效率随表面粗糙度的增加而降低，这无疑对新型气膜孔工程化加工技术提出了挑战[40]。

制孔工艺不同带来的气膜孔表面完整性差异，是气膜孔结构设计和寿命评估的首要工作。大量研究表明，不同制孔工艺的镍基高温合金气膜孔试件疲劳寿命相差 3～5 倍。Zhang 等[42]对 980℃下 DD6 镍基单晶高温合金气膜孔平板试件的高周疲劳性能进行了测试，结果表明：电液束制孔工艺的疲劳极限较高速电火花制孔和毫秒激光制孔工艺提升约 5.3%和 7.1%，不同制孔工艺的试件断口形貌特征相似。高温蠕变中的寿命差异也很显著，但静力拉伸的屈服强度差异不明显[43]。寿命差异主要是因为其对表面完整性更为敏感，不同的制孔工艺导致气膜孔的原始表面状态存在明显差异，主要体现在三个方面。①气膜孔表面几何状态，包括气膜孔圆度[44]、锥度、布局[45-46]、表面粗糙度[47]等几何特征。例如，圆度误差 5%会使镍基单晶材料气膜孔试件在高温下的低周疲劳寿命显著降低约 39.1%，气膜孔的圆度误差越小，试件的高温低周疲劳寿命越大。气膜孔孔型的差异也会影响部件的疲劳寿命[48]。②气膜孔孔边冶金状态，包括再铸层等变质层的结构特征、显微组织、热影响区、微裂纹和再结晶[49]，其中再铸层和微裂纹是导致孔边裂纹萌生的重要因素。由于金属表层质地不均匀及微裂纹的存在，金属在长时间交变应力作用下易发生断裂。③气膜孔的孔边力学特性，如弹性模量、硬度、残余应力等。Ralph 等[50]研究了六种制孔参量对高质量制孔质量的影响。激光和电火花加工引起的再铸层为细密的枝晶组织多晶结构[51-52]，伴随着纳米尺度碳化物析出，在热应力作用下易形成微裂纹，同时有残余拉应力的存在[53]。Shang 等[54]通过现场实验和有限元模拟，讨论了再铸层对薄壁镍基单晶高温合金拉伸行为的影响，不同的化学成分和相结构导致再铸层的柔软性和特殊的应力/应变集中。Li 等[55]系统地对镍基单晶在电火花和激光制孔的孔边残余应力进行了定量表征，表明孔边均表现出较大的残余拉应力且分布不均，这些都对裂纹扩展路径和疲劳寿命表现出明显差异。

更为重要的是，涡轮叶片长期服役在高温高压的环境中，孔边微观组织会在制孔工艺的作用下形成枝晶偏析、碳化析出物等缺陷，不仅易诱发裂纹萌生(热裂和冷裂)，而且孔周元素会发生重分布，使得再铸层区域中的 γ' 相发生严重退化。微裂纹区域组织粗糙不平整，基体元素便于在局部区域进行扩散，使孔周的氧化进一步加速。气膜孔表面状态与基体材料的微观组织相互耦合作用[56]，进而显著影响叶片材料的疲劳性能，特别是对初始缺陷敏感的高周疲劳。气膜孔数量的增加会使叶片的固有频率降低,但气膜孔角度的改变对叶片的固有频率影响并不大,差异仅在 0.5%以内;气膜孔位置改变对叶片固有频率的影响也不大,但是对叶片振动的应力和寿命有很大影响[57]。除此之外,材料本身的晶体取向对表面粗糙度演化和驻留滑移带(PSB)位错诱导表面裂纹有较大影响,[001]、[011]、[111]取向的高周、低周疲劳寿命差异非常大,二次取向对动强度影响明显,这必将在工程设计中引起研究者足够的重视[58-59]。总体来说,气膜孔表面状态特征与制孔工艺、工艺参数、叶片材料和叶片结构等因素相关,因此对镇基单晶材料原始表面状态特征进行定量分析是认识各种制孔工艺失效机理和优化工艺的重要前提。

3) 服役过程中的氧化和热腐蚀

涡轮叶片长期工作于高温、高压、环境恶劣工况下,会产生氧化、热腐蚀等缺陷,这都会降低叶片的使用寿命,造成安全隐患。首先是氧化,有研究表明,合金高温氧化行为会使合金抗疲劳、蠕变能力降低,诱发表面裂纹和缺陷的萌生(图 1-24),造成表面强度降低,加速合金的失效[60-61]。同时,裂纹的出现使得裸露的金属基体暴露在恶劣的外部氧化环境中,进一步加剧了合金的氧化,裂纹处进一步的氧化又化促进了合金裂纹的扩展。如此循环,使得合金的服役寿命缩短,在循环氧化的情况下,这个过程进一步加剧。针对热腐蚀,众多研究指出,热腐蚀增加晶间氧化物和空腔成核率,加速应力辅助晶界氧化和蠕变速率,从而降低蠕变寿命[62-63]。Mahobia 等[64]认为,裂纹萌生部位存在盐颗粒及其化合物,证明热腐蚀对疲劳寿命有有害影响,加速了裂纹萌生和扩展过程。为此,近年来,本书作者团队开展了针对氧化、热腐蚀及叶片单晶材料微结构退化对材料力学性能影响的研究。在对氧化后单晶蠕变剩余寿命的研究中发现,氧化显著降低了材料的蠕变寿命[65]。在单晶热疲劳行为的研究中发现,随着加热温度的升高,裂纹的长度和宽度均增加,且裂纹中的氧化物沉积明显增加,说明高温引起的氧化是引起热疲劳损伤的重要因素[66-67]。相关研究发现[68],热腐蚀主要通过削弱材料的

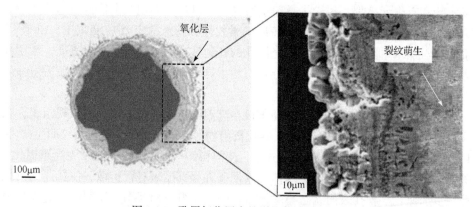

图 1-24　孔周氧化层中的裂纹萌生现象[40]

抗变形能力、减小应力面积、影响蠕变断裂模式等方式，加速镍基单晶高温合金的蠕变失效。在对 25～900℃热腐蚀环境下合金的裂纹萌生和扩展行为研究中发现[69]，热腐蚀环境下热疲劳裂纹的萌生和扩展速率均加快。

2. 涡轮叶片的主要失效形式

叶片断裂一直是燃气轮机和航空发动机可靠性的技术难题之一。涡轮叶片在高温、高压和高速的气流环境中运行，主要承受的载荷包括离心载荷(接近叶片自重 10 万倍，产生很大拉伸应力和弯曲应力，可能产生扭转应力)、气动载荷(产生弯曲应力和扭转应力)、温度载荷(温度分布不均，在运行时极易产生热机械疲劳)及各种振动载荷(产生交变的弯曲应力和扭转应力)，作用在转子叶片上的力如图 1-25 所示。这些复杂的载荷条件产生了多种失效模式，主要包括各类疲劳断裂(如高周疲劳、低周疲劳、热疲劳等)、蠕变失效、异物撞击损伤、高温损伤及制造工艺和材料缺陷引起的问题。

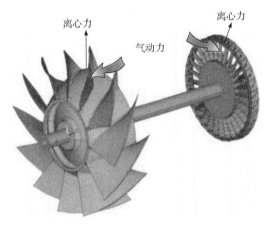

图 1-25　作用在转子叶片上的力[70]

转子叶片的断裂(图 1-26)是其中最常见也是最危险的失效形式，一个叶片断裂往往会损坏其他叶片，进而导致整个发动机停止工作，严重影响运行安全。除外物撞击造成的瞬时过载断裂外，大多数叶片断裂是各种疲劳失效引起的。叶片疲劳断裂的原因多样，包括离心力和弯曲应力引起的疲劳，颤振、扭转共振和弯曲振动引起的疲劳，以及高温、材料缺陷、加工损伤和腐蚀损伤等因素引起的疲劳。实际上，叶片的疲劳断裂往往是多种疲劳模式叠加形成"复合"疲劳断裂[70-72]。近几十年来，各类原因引起的复合疲劳失效引发的航空发动机故障事件占据了我国航空发动机各类重大失效事件的 80%以上，复合疲劳断裂已经成为转动部件失效的主要形式。

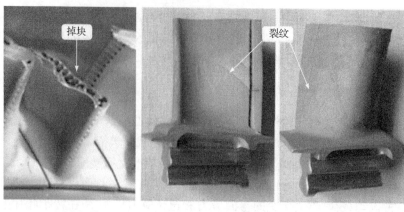

(a) 叶身断裂   (b) 尾缘疲劳裂纹

图 1-26　叶片断裂[73]

以下列举几种典型涡轮叶片失效模式。

(1) CFM56-7 型航空发动机高压动叶。CFM56-7 型航空发动机退役涡轮叶片及气膜孔如图 1-27 所示。通过采用光学显微镜对叶片外观进行分析，叶片前缘气膜孔边缘出现微裂纹，伴有多处表面剥落和划痕[图 1-27(b)]。渐扩型气膜孔[图 1-27(c)和(d)]在气体出口存在明显的烧蚀痕迹，气膜孔边缘也观察到多处放射状微裂纹，叶片尾缘狭缝型气膜孔[图 1-27(e)]则出现气孔阻塞等情况。

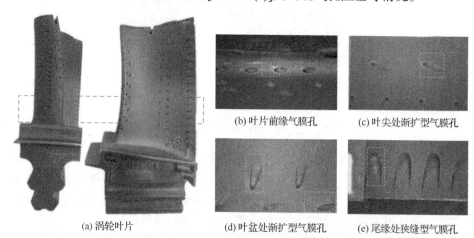

(a) 涡轮叶片   (b) 叶片前缘气膜孔   (c) 叶尖处渐扩型气膜孔

(d) 叶盆处渐扩型气膜孔   (e) 尾缘处狭缝型气膜孔

图 1-27　CFM56-7 型航空发动机退役涡轮叶片及气膜孔[74]

(2) 某型燃气轮机高压涡轮转子叶片。某型燃气轮机涡轮转子叶片损伤失效形貌如图 1-28 所示。高压 1 级涡轮转子叶片断裂起源于进气端叶盆一侧梨形冷却孔转接 R 部位，呈类解理断裂特征，源区附近表面未见机械损伤痕迹，但距起源转接 R 表面约 0.270mm、0.160mm、0.125mm 的近表面有 3 处尺寸分别约为

0.08mm、0.13mm、0.04mm 的铸造显微疏松。疲劳扩展区有清晰疲劳弧线和疲劳条带，条带细密且扩展规则；其他各级叶片断裂均是二次损伤引起的。

图 1-28　某型燃气轮机涡轮转子叶片损伤失效形貌[75]

1.3　疲劳设计的损伤容限法

常规的疲劳设计方法基于安全寿命设计理论，是在材料内部没有缺陷的假设下进行的。安全寿命是指裂纹的萌生寿命，萌生裂纹的疲劳破坏准则为产生一条工程裂纹。工程裂纹往往定义为一条 0.76mm 长的表面线裂纹或半径为 0.38mm 的裂纹，该裂纹常作为损伤容限分析的初始裂纹尺寸。裂纹萌生寿命也常用 2/3 功能失效寿命代替，即用破裂或产生一条长裂纹寿命的 2/3 作为裂纹萌生寿命。安全寿命设计方法忽略了材料和结构可能从一开始就带有的材料和制造缺陷，在运行过程中存在环境影响、过载或外部损伤产生的缺陷和裂纹随时间扩大的可能性，从而无法全面保障结构在其整个使用周期内的安全性。

为了考虑初始缺陷或裂纹的影响，在断裂力学理论的基础上，提出了抗疲劳设计方法——损伤容限法。损伤容限法识别并补充了安全寿命设计的关键缺陷，即允许零件有初始缺陷，或在使用寿命中出现裂纹，但检修前要保证一定的剩余强度，直至下次检修时能够发现，予以修复或更换。损伤容限法针对结构在疲劳载荷影响下具有特定初始缺陷或裂纹大小时的裂纹扩展分析和剩余强度分析，分析流程如图 1-29 所示。裂纹扩展分析的主要目的是确定结构的剩余疲劳寿命，即裂纹扩展寿命。相较于安全寿命法，损伤容限法不仅考虑了裂纹萌生寿命，还充分考虑了裂纹扩展寿命。这与裂纹萌生后需要大修或报废的安全寿命方法比，节约了大量时间和经济成本，更加合理。剩余强度分析主要是评估一个已经存在裂纹或其他缺陷的结构部件，在特定载荷和环境条件下，还能承受多大的载荷而不发生失效，这是确保结构在实际使用过程中安全性和可靠性的关键步骤。

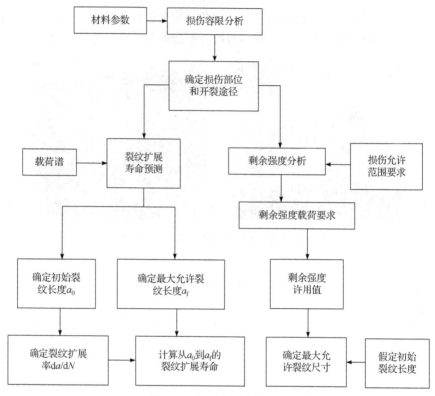

图 1-29　损伤容限分析流程

　　理解材料疲劳裂纹扩展行为是研究疲劳损伤容限的关键,一般认为控制或决定疲劳裂纹扩展的因素主要有两种:材料本身的固有属性(弹性模量、断裂韧性、循环塑性参数和晶体尺度)和外部试验条件(温度、腐蚀氧化、频率、应力比、过载等)。由于存在这些因素的干扰,裂纹扩展行为的描述显得尤为重要。国内外相关学者陆续开展了结构含裂纹的损伤容限设计。例如,Miao 等[76-77]采用克里金(Kriging)法建立了一种计算贯通疲劳裂纹损伤容限寿命的代理模型,采用随机配置网络方法和改进的高维模型表示技术构建代理模型,预测不同空间参数变化下疲劳裂纹的剩余寿命,通过试验和有限元分析确定了用于疲劳裂纹损伤容限寿命预测的代理模型样本库。Ding 等[78]提出了概率损伤容限评估的新技术,包括基于小样本的高效异常分布获取方法、考虑暂态过程的区域定义方法和结合机器学习方法的任意应力分布下应力强度因子求解方法。Dong 等[79]基于近场动力学疲劳损伤理论,综合分析了钢轨材料在不同工况下的疲劳损伤行为、疲劳寿命和损伤容限。Tenkamp 等[80-81]完善了疲劳损伤容限评价的弹塑性断裂力学模型,确定了起裂缺陷处的应力强度因子,使其基于主裂纹缺陷的疲劳加载结构力学设计更为可靠。陈霞等[82]以 Kitagawa-Takahashi 线图的形式,对热暴露引起的疲劳强化、长裂纹扩展门槛值和合金表面损伤容限进行了定量分析。李宇飞[83]基于弯折裂纹理论模型，建立了应力强度因子估算式，探索了关键部位裂纹尺寸与剩余寿命的联系。张金睿[84]采用损伤容限性能开展了缺口疲劳、裂纹扩展及断裂韧性研究，为金属材料强度与损伤容限关系提供优化方案。由上可见，损伤容限设计要求的提出，可在材料结构存在裂纹的情况下保证其具有足够的裂纹扩展寿命，从而提高服役寿命期的安全性和经济性，在高温合金材料领域具有广泛应用。

在对含初始缺陷的构件进行损伤容限设计时，往往采用"缺陷等效理论"模型，即将缺陷等效成圆形或椭圆形裂纹，圆形等效相对保守。若假定某一构件亚表面缺陷在扩展过程中裂纹始终保持圆形，当裂纹扩展到与自由表面相交后，等效为半圆形表面裂纹扩展直至断裂。由亚表面裂纹转变为表面裂纹的处理方法一般有两种：一种是等深度准则，即等效后的半圆形裂纹半径 R 与临界状态时亚表面裂纹半径的 2 倍相等；另一种是等面积准则，等效前后的裂纹面积相等，由此可得 $R = \sqrt{2}r$，r 为初始缺陷近似边长。前一种准则偏于安全，但过于保守；相比之下，后一种准则更接近实际情况[85]。一种缺陷半径与裂纹半径的等效转化如图 1-30 所示。

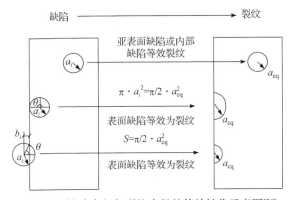

图 1-30 缺陷半径与裂纹半径的等效转化示意图[86]

1.4 原始疲劳质量评估的关键科学问题

通常将材料或结构在开始承受循环载荷之前存在的固有疲劳特性称为原始疲劳质量(initial fatigue quality，IFQ)，它通常与材料加工和结构制造过程相关。对镍基单晶叶片结构原始疲劳质量的研究，需要结合航空发动机工作状态进行，既要考虑制造工艺的影响，也要考虑结构几何形式；不仅要考虑发动机工作状态(温度梯度、载荷状态)下的力学响应，也要研究镍基单晶材料的特点(晶体取向、微细观组织)。针对镍基单晶叶片气膜孔结构，目前研究的不足有：①缺乏对不同工艺下叶片表面状态微细观的系统研究，表面状态特征与力学宏观响应的定量描述关系尚未建立；②在服役环境中，应力集中部位裂纹是叶片结构失效的重要故障模式之一，目前对其裂纹机理与描述缺乏系统的研究；③对高温环境下的应力集中部位结构失效细观机理和理论尚缺乏系统认识和掌握，不同应力集中状态也没有得到很好的考虑；④国内外尚无公认的、合理、准确的叶片结构寿命分析模型，已有的一些模型几乎没有考虑原始疲劳质量的影响；⑤研究者一般在特定的实验条件下得到特定初始裂纹，而加载过程中载荷条件容易受多种因素影响；⑥为保证涡轮叶片安全运行，不可能采用常规的破损安全损伤容限设计，相反更加倾向于单晶小裂纹扩展情况。针对目前研究的不足，统筹考虑试验结构件的原始状态，研究镍基单晶合金叶片气膜孔结构的不同制孔工艺、裂纹机理、孔型差异和寿命预测，这是本书研究的核心内容。因此，应针对以下几个关键科学问题展开研究。

1) 当量初始裂纹理论评估体系与试验验证

镍基单晶叶片疲劳寿命之所以难以预测，除了是因为方法本身的误差，主要还有如下几个因素：①材料各向异性显著，且材料内部含有众多的初始缺陷，这主要是因为单晶材料在生产制造中产生的一些夹杂、微孔洞等，理想化的本构关系不足以描述这一分散性；②制造质量不可控，如叶片为提高服役温度大量引入了气膜孔，气膜孔的制造质量从冶金、几何、力学等多个维度影响应力集中和微观组织演化(图 1-31)，这足以影响疲劳寿命，且已有的方法无法量化这一初始损伤(或状态)；③环境依赖性，应力集中部位的实际工作环境不同会造成失效机制不一样，一般的损伤累积规律和本构模型无法实现不同条件的统一。因此，亟须采用一种先进测试、理论构建、数值模拟相结合的方法，建立镍基单晶裂纹材料级、模拟件级原始疲劳质量评估方法。

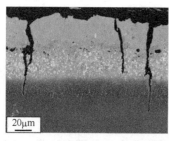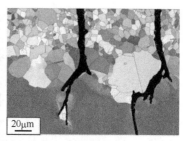

图 1-31　气膜孔孔边裂纹形核与扩展[87]

2) 表面完整性对镍基单晶疲劳性能的影响规律研究

镍基单晶合金疲劳破坏机理及单轴、多轴应力下的疲劳损伤模型和寿命预测方法，已有较为成熟的研究体系并取得了一定的成果。在实际工况中，受铸造工艺和材料特性等因素的综合影响，涡轮叶片表面并不是光滑的，这将导致局部明显的应力集中(图 1-32)，但关于表面形貌对镍基单晶合金疲劳性能影响和寿命预测的研究还很少。研究表面完整性对镍基单晶合金疲劳性能的影响及其机理，能够促进量化各表面参数对应力集中系数和疲劳寿命影响综合作用的发展，更加准确地对镍基单晶高温合金涡轮叶片的疲劳寿命进行预估。

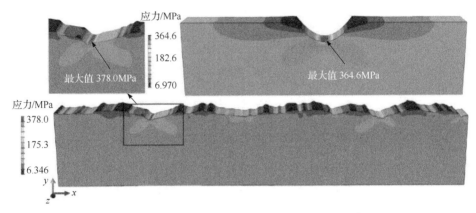

图 1-32　镍基单晶表面粗糙度对疲劳裂纹萌生影响[88]

3) 镍基单晶裂纹形核与扩展规律

疲劳失效的历史特征是裂纹萌生和裂纹扩展，目前的疲劳寿命预测方法并没有将这两个阶段分开，因为它们的边界很难确定。裂纹形核与扩展是损伤容限的前提，但镍基单晶合金在不同裂纹长度下的裂纹扩展路径和扩展率有明显差异[89]，描述起来十分复杂，如图 1-33 所示。以往关于镍基单晶高温合金缺陷处或短裂纹扩展的研究报道，裂纹的形核和扩展与晶体取向、载荷和温度密切相关[90-91]。传统的线弹性断裂力学(LEFM)不能简单地根据应力强度因子范围 ΔK 确定的应力强度来确定裂纹扩展的驱动力，尽管裂纹扩展寿命可以结合 Paris 定律在 ΔK 的基础上建立裂纹扩展率模型[92-94]。与此同时，裂纹扩展率模型通常也可以用损伤参数来描述，如最大塑性应变和最大分解剪应力[92, 95]。此外，镍基单晶材料在不同温度和晶向下呈现出不同的断裂模式，一般表现为垂直于加载轴的 I 型断裂和沿晶面混合裂纹扩展[96]，这进一步增加了描述的难度。

4) 考虑初始损伤的疲劳寿命预测方法

镍基单晶合金材料的裂纹形核和扩展与表面状态密切相关，局部应力集中部位(如气膜孔)的再铸层、微裂纹、表面粗糙度等严重影响疲劳寿命，对其根本的认识和理解是建立考虑初始损伤的单晶叶片寿命模型的基础，这必然会加剧数值分析的复杂性，使常规模型求解面临阻碍。已有的微观多尺度模拟和宏观寿命预测模型(图 1-34)无一例外都只能解释单一因素或者有限因素耦合的结果，然而实际疲劳失效大部分从微观缺陷开始，如再铸层的微裂纹、材料的微孔洞(尺寸约为

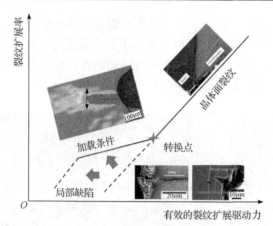

图 1-33 镍基单晶全裂纹扩展阶段[54, 97-98]

10^{-6}m)等，这些因素很难在上述模型中综合考虑。采用基于原始疲劳质量的断裂力学估算疲劳寿命的方法是有效的，将裂纹扩展率积分下限替换为当量初始裂纹，求出全阶段疲劳总寿命[99]，绕过了上述裂纹扩展两阶段分开求解的困难。一旦当量初始裂纹尺寸确定下来，就可以对类似载荷条件下的其他类似结构提供估计，避免结构的过度工程化。

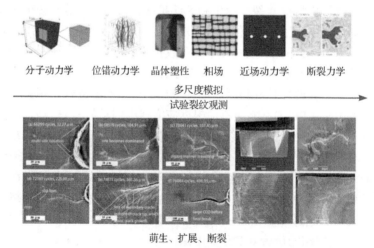

图 1-34 镍基单晶疲劳寿命预测多尺度分析

参 考 文 献

[1] 周贺, 张志轩. 航空发动机原理及进展研究[J]. 南方农机, 2015, 46(10): 43-44.

[2] 王云. 航空发动机原理[M]. 北京: 北京航空航天大学出版社, 2009.

[3] 赵明, 邓明, 刘长福. 航空发动机结构分析[M]. 西安: 西北工业大学出版社, 2016.

[4] UNNIKRISHNAN U, YANG V. A review of cooling technologies for high temperature rotating components in gas turbine[J]. Propulsion and Power Research, 2022, 11(3): 293-310.

[5] 郭文, 王鹏飞. 涡轮叶片冷却技术分析[J]. 航空动力, 2020(6): 55-58.

[6] 李磊, 杨子龙, 王佩艳, 等. 燃气轮机涡轮冷却叶片设计及优化[M]. 北京: 科学出版社, 2018.

[7] 王海涛, 张文武, 郭春海. 先进气膜孔形研究综述[J]. 航空制造技术, 2021, 64(18): 46-52.

[8] LI W, LI X, REN J, et al. A novel method for designing fan-shaped holes with short length-to-diameter ratio in producing high film cooling performance for thin-wall turbine airfoil[J]. Journal of Turbomachinery, 2018, 140(9): 091004.

[9] 《航空发动机设计手册》总编委会. 航空发动机设计手册(第 16 册)[M]. 北京: 航空工业出版社, 2000.

[10] 倪萌, 朱惠人, 裘云. 航空发动机涡轮叶片冷却技术综述[J]. 燃气轮机技术, 2015, 18(4): 25-38.

[11] LIGRANI P. Heat transfer augmentation technologies for internal cooling of turbine components of gas turbine engines[J]. International Journal of Rotating Machinery, 2013(1): 275653.

[12] 师昌绪, 仲增墉. 中国高温合金五十年[M]. 北京: 冶金工业出版社, 2006.

[13] DAI H J, GEBELIN J C, NEWELL M, et al. Grain selection during solidification in spiral grain selector[J]. Superalloys, 2008(1): 367-374.

[14] 益小苏, 李兴无, 苏彬, 等. 航空发动机材料技术学科发展研究[R]. 2014—2015 航空科学技术学科发展报告, 2016.

[15] 张龙飞, 江亮, 周科朝, 等. 航空发动机用单晶高温合金成分设计研究进展[J]. 中国有色金属学报, 2022, 32(3): 630-644.

[16] 董志国, 王鸣, 李晓欣, 等. 航空发动机涡轮叶片材料的应用与发展[J]. 钢铁研究学报, 2011, 23(S2): 455-457.

[17] VERSNYDER F L, GUARD R W. Directional grain structure for high temperature strength[J]. Trans. ASM, 1960, 52: 485-493.

[18] RAPPAZ M. Modeling and characterization of grain structures and defects in solidification[J]. Current Opinion in Solid State and Materials Science, 2016, 20(1): 37-45.

[19] 问亚岗, 崔autumn娟, 田露露, 等. 定向凝固技术的研究进展与应用[J]. 材料导报, 2016, 30(3): 119-123.

[20] ERICKSON J S, OWCZARSKI W A, CURRAN P W. Process speeds up directional solidification[J]. Metal Prog., 1971, 99(3): 58-60.

[21] GIAMEI A F, TSCHINKEL J G. Liquid metal cooling: A new solidification technique[J]. Metallurgical Transactions A, 1976, 7: 1427-1434.

[22] BRUNDIDGE C L, MILLER J D, POLLOCK T M. Development of dendritic structure in the liquid-metal-cooled, directional-solidification process[J]. Metallurgical and Materials Transactions A, 2011, 42: 2723-2732.

[23] D'SOUZA N, JENNINGS P A, YANG X L, et al. Seeding of single-crystal superalloys: Role of constitutional undercooling and primary dendrite orientation on stray-grain nucleation and growth[J]. Metallurgical and Materials Transactions B, 2005, 36: 657-666.

[24] ZHAO Y C, GAO H S, CHENG H, et al. Reliability study on the fatigue life of film cooling blades in advanced aero-engine turbines: Neglected crystal orientation uncertainty in casting[J]. Aerospace Science and Technology, 2022, 130: 107880.

[25] XU S, DENG X. Nanoscale void nucleation and growth and crack tip stress evolution ahead of a growing crack in a single crystal[J]. Nanotechnology, 2008, 19(11): 115705.

[26] CERVELLON A, HÉMERY S, KÜRNSTEINER P, et al. Crack initiation mechanisms during very high cycle fatigue

of Ni-based single crystal superalloys at high temperature[J]. Acta Materialia, 2020, 188: 131-144.

[27] JIANG R, BULL D J, EVANGELOU A, et al. Strain accumulation and fatigue crack initiation at pores and carbides in a SX superalloy at room temperature[J]. International Journal of Fatigue, 2018, 114: 22-33.

[28] LIANG S, HUANG M, LI Z. Discrete dislocation modeling on interaction between type-I blunt crack and cylindrical void in single crystals[J]. International Journal of Solids and Structures, 2015, 56: 209-219.

[29] LIU T, GROH S. Atomistic modeling of the crack-void interaction in α-Fe[J]. Materials Science and Engineering: A, 2014, 609: 255-265.

[30] ZHANG Y, JIANG S, ZHU X, et al. Orientation dependence of void growth at triple junction of grain boundaries in nanoscale tricrystal nickel film subjected to uniaxial tensile loading[J]. Journal of Physics and Chemistry of Solids, 2016, 98: 220-232.

[31] WANG L, LIU Q, SHEN S. Effects of void-crack interaction and void distribution on crack propagation in single crystal silicon[J]. Engineering Fracture Mechanics, 2015, 146: 56-66.

[32] YANG B, ZHENG B, HU X, et al. Atomistic simulation of nanoindentation on incipient plasticity and dislocation evolution in γ/γ′ phase with interface and void[J]. Computational Materials Science, 2016, 114: 172-177.

[33] WANG J P, YUE Z F, WEN Z X, et al. Orientation effects on the tensile properties of single crystal nickel with nanovoid: Atomistic simulation[J]. Computational Materials Science, 2017, 132: 116-124.

[34] WANG J P, LIANG J W, WEN Z X, et al. Atomic simulation of void location effect on the void growth in nickel-based single crystal[J]. Computational Materials Science, 2019, 160: 245-255.

[35] 王鹏. 大深径比气膜孔的电火花加工技术[J]. 航空制造技术, 2003, 46(7): 71.

[36] 彭国平, 彭秀云. 发动机涡轮导向叶片气膜孔的加工工艺[J]. 航天制造技术, 2008(6): 26-29.

[37] JAVIDI A, RIEGER U, EICHLSEDER W. The effect of machining on the surface integrity and fatigue life[J]. International Journal of Fatigue, 2008, 30(10-11): 2050-2055.

[38] YANG F, TASLIM M E. Experimental and numerical studies of the film cooling effectiveness downstream of a curved diffusion film cooling hole[J]. International Journal of Rotating Machinery, 2022(5): 9913692.

[39] LEE K D, KIM K Y. Performance evaluation of a novel film-cooling hole[J]. Journal of heat transfer, 2012, 134(10): 1-7.

[40] PEI H, WANG J, LI Z, et al. Oxidation behavior of recast layer of air-film hole machined by EDM technology of Ni-based single crystal blade and its effect on creep strength[J]. Surface and Coatings Technology, 2021, 419: 127285.

[41] ZAMIRI A, YOU S J, CHUNG J T. Surface roughness effects on film-cooling effectiveness in a fan-shaped cooling hole[J]. Aerospace Science and Technology, 2021, 119: 107082.

[42] ZHANG Z, ZHANG M. Effect of different drilling techniques on high-cycle fatigue behavior of nickel-based single-crystal superalloy with film cooling hole[J]. High Temperature Materials and Processes, 2021, 40(1): 121-130.

[43] WEN Z X, LIANG J W, LIU C Y, et al. Prediction method for creep life of thin-wall specimen with FCHs in Ni-based single-crystal superalloy[J]. International Journal of Mechanical Sciences, 2018, 141: 276-289.

[44] ZHANG Y, WEN Z, PEI H, et al. Equivalent method of evaluating mechanical properties of perforated Ni-based single crystal plates using artificial neural networks[J]. Computer Methods in Applied Mechanics and Engineering, 2020, 360: 112725.

[45] YANG C, ZHANG J. Influence of multi-hole arrangement on cooling film development[J]. Chinese Journal of Aeronautics, 2012, 25(2): 182-188.

[46] WEN Z, PEI H, YANG H, et al. A combined CP theory and TCD for predicting fatigue lifetime in single-crystal superalloy plates with FCHs[J]. International Journal of Fatigue, 2018, 111: 243-255.

[47] WANG J J, WEN Z X, ZHANG X H, et al. Effect mechanism and equivalent model of surface roughness on fatigue behavior of nickel-based single crystal superalloy[J]. International Journal of Fatigue, 2019, 125: 101-111.

[48] 陈龙. 镍基单晶气膜孔结构疲劳性能研究[D]. 西安: 西安建筑科技大学, 2014.

[49] GAROFANO J K M, MARCUS H L, AINDOW M. Characterization of microstructural effects in a percussion laser-drilled powder metallurgy Ni-based superalloy[J]. Journal of Materials Science, 2009, 44(2): 680-684.

[50] RALPH W C, JOHNSON W S, TOIVONEN P, et al. Effect of various aircraft production drilling procedures on hole quality[J]. International Journal of Fatigue, 2006, 28(8): 943-950.

[51] GAROFANO J K M, MARCUS H L, AINDOW M. Extraction replication studies of near-surface microstructures in laser-drilled samples of the powder metallurgy Ni-based superalloy IN100[J]. Materials Characterization, 2010, 61(10): 929-936.

[52] GAROFANO J K M, MARCUS H L, AINDOW M. Nanoscale carbide precipitation in the recast layer of a percussion laser-drilled superalloy[J]. Scripta Materialia, 2009, 61(10): 943-946.

[53] HUA Z, JIAWEN X. Modeling and experimental investigation of laser drilling with jet electrochemical machining[J]. Chinese Journal of Aeronautics, 2010, 23(4): 454-460.

[54] SHANG Y, ZHANG H, HOU H Z, et al. High temperature tensile behavior of a thin-walled Ni based single-crystal superalloy with cooling hole: In-situ experiment and finite element calculation[J]. Journal of Alloys and Compounds, 2019, 782: 619-631.

[55] LI F, ZHANG Y, WU Z, et al. Fatigue crack initiation and propagation behavior of nickel-based single crystal DD6 under different drilling processes[J]. Materials Science and Engineering: A, 2022, 831: 142246.

[56] HU Y B, CHENG C Q, CAO T S, et al. A study on the multiple stages of oxidation kinetics in a single crystal nickel-based superalloy[J]. Corrosion Science, 2021, 188: 109512.

[57] 吴磊, 白广忱. 气膜孔对涡轮叶片振动特性的影响[J]. 航空发动机, 2015, 41(6): 54-58.

[58] SANGID M D. The physics of fatigue crack initiation[J]. International Journal of Fatigue, 2013, 57: 58-72.

[59] LUO C, YUAN H. Life assessment of anisotropic low cycle fatigue of nickel-base single crystal superalloy[J]. International Journal of Fatigue, 2023, 167: 107310.

[60] ZHENG L, ZHANG M, DONG J. Oxidation behavior and mechanism of powder metallurgy René95 nickel based superalloy between 800 and 1000℃[J]. Applied Surface Science, 2010, 256(24): 7510-7515.

[61] BENSCH M, PREUßNER J, HÜTTNER R, et al. Modelling and analysis of the oxidation influence on creep behaviour of thin-walled structures of the single-crystal nickel-base superalloy René N5 at 980℃[J]. Acta Materialia, 2010, 58(5): 1607-1617.

[62] HAGIHARA K, OKUBO M, YAMASAKI M, et al. Crystal-orientation-dependent corrosion behaviour of single crystals of a pure Mg and Mg-Al and Mg-Cu solid solutions[J]. Corrosion Science, 2016, 109: 68-85.

[63] XU H, WANG L, SUN D, et al. The passive oxide films growth on 316L stainless steel in borate buffer solution measured by real-time spectroscopic ellipsometry[J]. Applied Surface Science, 2015, 351: 367-373.

[64] MAHOBIA G S, PAULOSE N, MANNAN S L, et al. Effect of hot corrosion on low cycle fatigue behavior of superalloy IN718[J]. International Journal of Fatigue, 2014, 59: 272-281.

[65] PEI H, YANG Y, GU S, et al. Study on oxidation-creep behavior of a Ni-based single crystal superalloy based on crystal plasticity theory[J]. Materials Science and Engineering: A, 2022, 839: 142834.

[66] PEI H, WEN Z, WANG Z, et al. Transient thermal fatigue crack propagation behavior of a nickel-based single-crystal superalloy[J]. International Journal of Fatigue, 2020, 131: 105303.

[67] PEI H, ZHANG Y, WEN Z, et al. Crack initiation behavior of a Ni-based SX superalloy under transient thermal stress[J]. Materials Science and Engineering: A, 2019, 754: 581-592.

[68] YANG Y Q, ZHAO Y C, WEN Z X, et al. Study on the hot corrosion-creep failure mechanism of Ni-based single crystal superalloy considering the stress dependence[J]. Materials Science and Engineering: A, 2024, 897: 146350.

[69] YANG Y Q, WEN Z X, ZHAO Y C, et al. Influence of hot corrosion on thermal fatigue behavior of Ni-based single crystal superalloy: Invisible and accelerated crack[J]. International Journal of Fatigue, 2024, 182: 108162.

[70] 陆山, 唐俊星, 赵明, 等. 航空发动机结构强度设计与分析[M]. 北京: 科学出版社, 2022.

[71] 荆甫雷, 张常贤, 王希影, 等. 涡轮叶片应变/温度非接触同步测试技术分析[J]. 航空动力, 2020(6): 35-38.

[72] 王琰, 郭定文. 航空发动机转子叶片的声振疲劳特性试验[J]. 航空动力学报, 2016, 31(11): 2738-2743.

[73] 郭定文, 黄文超, 王琰, 等. 发动机叶片的声响应与声振疲劳特性试验研究[J]. 结构强度研究, 2014(3): 23-26.

[74] 赵婷. 某高温合金气膜孔蠕变/疲劳行为研究[D]. 南昌: 南昌航空大学, 2022.

[75] 李钊. 发动机涡轮叶片断裂故障分析[J]. 失效分析与预防, 2013, 8(6): 361-365.

[76] MIAO X, HUANG X, DING P, et al. Surrogate model building and error analysis for the damage tolerance life of penetration type fatigue crack[J]. International Journal of Fatigue, 2023, 176: 107857.

[77] MIAO X, HUANG X, LIU H, et al. Fatigue crack damage tolerance life prediction based on SCN-IHDMR method[J]. International Journal of Fatigue, 2024, 182: 108179.

[78] DING S, ZHOU H, LIU J, et al. Review of the development of the probabilistic damage tolerance assessment of life-limited parts in compliance with the airworthiness regulations[J]. Propulsion and Power Research, 2023, 12(3): 297-321.

[79] DONG W, LI S, WANG X, et al. Study on fatigue damage tolerance of rail steel materials using peridynamics[J]. Engineering Failure Analysis, 2024, 159: 108138.

[80] TENKAMP J, STAMMKÖTTER S, MERGHANY M, et al. Uniform fatigue damage tolerance assessment for additively manufactured and cast Al-Si alloys: Size and mean stress effects[J]. Additive Manufacturing Letters, 2022, 3: 100076.

[81] TENKAMP J, STERN F, WALTHER F. Uniform fatigue damage tolerance assessment for additively manufactured and cast Al-Si alloys: An elastic-plastic fracture mechanical approach[J]. Additive Manufacturing Letters, 2022, 3: 100054.

[82] 陈霞, 黄泽文. 长期热暴露对含钨铌 γ-TiAl 合金疲劳及表面损伤容限的影响[J]. 中国有色金属学报, 2016, 26(6): 1191-1197.

[83] 李宇飞. 基于三维裂纹扩展模拟方法的涡轮盘损伤容限研究[D]. 北京: 中国科学院工程热物理研究所, 2018.

[84] 张金睿. Ti-24Nb-4Zr-8Sn 合金损伤容限行为研究[D]. 沈阳: 中国科学院金属研究所, 2019.

[85] 秦银雷. 涡轮盘损伤容限分析方法研究[D]. 北京: 北京航空航天大学, 2010.

[86] 王荣桥, 胡殿印. 发动机结构可靠性设计理论及应用[M]. 北京: 科学出版社, 2017.

[87] LAFATA M A, RETTBERG L H, HE M Y, et al. Oxidation-assisted crack growth in single-crystal superalloys during fatigue with compressive holds[J]. Metallurgical and Materials Transactions A, 2018, 49(1): 105-116.

[88] WANG J J, WEN Z X, ZHANG Y M, et al. Experimental characterization and computational modelling for fatigue behavior of a Ni-based single crystal alloy considering surface roughness[J]. Metals and Materials International, 2021, 27: 4383-4396.

[89] KARAMITROS V, MACLACHLAN D W, DUNNE F P E. Mechanistic fatigue in Ni-based superalloy single crystals: A study of crack paths and growth rates[J]. Journal of the Mechanics and Physics of Solids, 2022, 158: 104663.

[90] SAKAGUCHI M, KOMAMURA R, CHEN X, et al. Crystal plasticity assessment of crystallographic stage I crack propagation in a Ni-based single crystal superalloy[J]. International Journal of Fatigue, 2019, 123: 10-21.

[91] REED R C. The Superalloys: Fundamentals and Applications[M]. Cambridge: Cambridge University Press, 2008.

[92] ZHANG L, ZHAO L G, ROY A, et al. In-situ SEM study of slip-controlled short-crack growth in single-crystal nickel superalloy[J]. Materials Science and Engineering: A, 2019, 742: 564-572.

[93] MUSINSKI W D, MCDOWELL D L. Microstructure-sensitive probabilistic modeling of HCF crack initiation and early crack growth in Ni-base superalloy IN100 notched components[J]. International Journal of Fatigue, 2012, 37: 41-53.

[94] PARIS P, ERDOGAN F. A critical analysis of crack propagation laws[J]. Journal of Fluids Engineering, 1963, 85(4):528-533.

[95] HONG H U, KANG J G, CHOI B G, et al. A comparative study on thermomechanical and low cycle fatigue failures of a single crystal nickel-based superalloy[J]. International Journal of Fatigue, 2011, 33(12): 1592-1599.

[96] GUO Z, SONG Z, FAN J, et al. Experimental and analytical investigation on service life of film cooling structure for single crystal turbine blade[J]. International Journal of Fatigue, 2021, 150: 106318.

[97] LIANG J, WANG Z, XIE H, et al. In situ scanning electron microscopy analysis of effect of temperature on small fatigue crack growth behavior of nickel-based single-crystal superalloy[J]. International Journal of Fatigue, 2019, 128: 105195.

[98] BUSSE C, PALMERT F, SJÖDIN B, et al. Evaluation of the crystallographic fatigue crack growth rate in a single-crystal nickel-base superalloy[J]. International Journal of Fatigue, 2019, 127: 259-267.

[99] LIU Y, MAHADEVAN S. Probabilistic fatigue life prediction using an equivalent initial flaw size distribution[J]. International Journal of Fatigue, 2009, 31(3): 476-487.

第2章 表面形貌对镍基单晶高温合金疲劳性能影响研究

2.1 引　言

表面形貌对工件的使用性能有着非常重要的影响，尤其是对疲劳性能的影响显著。多数情况下，疲劳裂纹起源于试件表面或接近表面的区域[1]。国内外多位学者从断裂机理、表面局部微应力集中等方面采用试验和数值模拟的方法，研究了不同表面形貌对不同材料工件疲劳性能的影响。在试验方面，Novovic 等[2]的研究表明，在不考虑残余应力的情况下，表面粗糙度小于 0.1μm 时，表面形貌对疲劳性能几乎没有影响；当表面粗糙度大于 0.1μm 时，表面形貌不同对疲劳性能的影响则非常显著。Yao 等[3]的研究表明，疲劳性能随着不同表面形貌等效应力集中系数的增加而急剧下降。Zhang 等[4]研究了不同表面粗糙度对疲劳性能的影响，结果表明，随着表面粗糙度的增加，裂纹起源从表面变为次表面的过渡应力降低，最终出现常规疲劳极限，表面粗糙度对疲劳性能有着显著影响。Li 等[5]将铣削和研磨表面产生的表面轮廓分为静态表面粗糙度曲线和随机表面粗糙度曲线，研究表明，随机表面粗糙度曲线的最大高度对试件的疲劳寿命影响最大。要研究表面形貌对镍基单晶高温合金疲劳性能的影响规律，首先需要对表面形貌进行准确的检测和表征。

在数值计算方面，Neuber[6]用连续相邻的缺口等效表面粗糙度，提出了施加单轴拉伸载荷时，应力集中系数与轮廓微观不平度十点高度 R_z，缺口距离与缺口深度比 λ、缺口根部曲率半径 ρ 的半经验关系式。由于实际加工表面的 λ 难以测量，Arola 等[7]提出了应力集中系数与表面粗糙度参数轮廓算数平均偏差 R_a、轮廓微观不平度十点高度 R_z、最大轮廓高度 R_y 和轮廓谷底有效曲率半径的半经验关系式。Arola 等[8]基于 Neuber 理论和 Arola-Ramulu 模型，得到弹性应力集中系数和疲劳应力集中系数与表面粗糙度参数 R_a 和 R_y 的关系，并对具有不同表面粗糙度的合金钢进行了寿命预测和试验验证。Aono 等[9]提取了对疲劳极限有影响的有效二维轮廓表面，用单个缺口等效表面粗糙轮廓，根据应力集中系数相等来确定等效缺口参数，建立了复杂表面疲劳强度的预估方法。

镍基单晶合金疲劳破坏机理及单轴、多轴应力下的疲劳损伤模型和寿命预测方法已有较为成熟的研究体系，并取得了一定的成果。在实际工况中，由于铸造工艺和材料特性等因素的综合影响，涡轮叶片的表面并不是光滑的，而是具有一定表面粗糙度的非理想状态，考虑表面形貌对镍基单晶合金疲劳性能的影响和寿命预测研究还很少。因此，本章探究不同微观表面形貌的表面粗糙度参数差别及其对应力集中系数和疲劳性能的影响规律、损伤失效机理，根据实测表面二维轮廓线建立实际三维表面模型，并对模型进行弹性和弹塑性等效简化，拟合应力集中系数和表面粗糙度参数的定量表达式。基于晶体塑性理论，对不同表面粗糙度试件的疲劳行为进行有限元仿真计算，得到实际疲劳过程中试件表面的应力分布及损伤变化，建立考虑表面粗糙度的疲劳寿命预测模型。

2.2　试验方法与结果

2.2.1　试验材料及方法

本章采用的试验材料为国产第二代镍基单晶高温合金 DD6，主要化学元素质量分数如表 2-1 所示。所用试件均采用标准热处理方法。晶体取向为[001]，经劳厄(Laue)背散射方法测试，晶体取向偏差均小于 10°。

表 2-1　DD6 成分组成及质量分数

元素	C	Cr	Ni	Co	W	Mo	Al
质量分数/%	0.015	4.0	剩余	9.0	8.0	2.0	5.7
元素	Ti	Ta	Re	Nb	B	Si	Hf
质量分数/%	≤0.10	7.0	2.2	1.0	≤0.02	≤0.20	1.0

试验采用工字型小试件，其尺寸标注如图 2-1 所示，试件厚度为 1.3mm。将试件分为 6 组，不同表面形貌采用不同的加工方式对试件表面进行处理，为减小偶然误差，每组 3 个试件，共计 18 个试件。A 组为电火花线切割试件，如图 2-2(a) 所示；B 组为砂轮粗磨试件，如图 2-2(b)所示；C 组、D 组和 E 组试件表面分别用#240、#800 和 #1500 粒度的金刚石砂纸沿垂直于载荷施加方向，即垂直于[001]晶体取向的方向打磨，所有金刚石砂纸打磨试件施加相同压力打磨相同时间，以保证打磨出的试件表面均匀，此处仅展示#240 砂纸

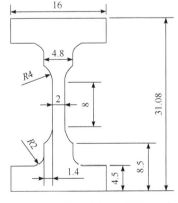

图 2-1　试件尺寸标注(单位：mm)

打磨试件来进行说明，如图 2-2(c)所示；F 组试件为表面用金刚石研磨膏手工抛光后的光滑对比试件组，如图 2-2(d)所示。

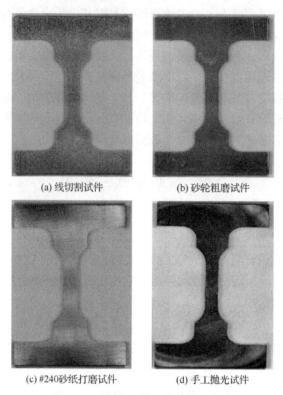

(a) 线切割试件　　　　　　　　　(b) 砂轮粗磨试件

(c) #240砂纸打磨试件　　　　　　(d) 手工抛光试件

图 2-2　不同表面微观形貌加工方式

在超景深高倍光学显微镜下观察这 6 组试件的表面微观形貌，并用表面轮廓仪检测其主要表面粗糙度表征参数。为减小偶然误差，每个试件正反面各取 3 个测量点，共计 6 个数据，取表面粗糙度平均值。由于受到不同表面形貌测量仪器测量范围和测量精度的限制，这 6 组表面形貌差异很大的试件无法用同一种表面形貌检测仪器进行检测。根据不同表面形貌检测仪器的适用情况，采用激光扫描显微系统对 A 组线切割试件和 B 组砂轮粗磨试件的表面形貌和表面粗糙度参数进行检测，C～F 组的砂纸打磨试件和手工抛光试件的表面形貌和相关参数则由表面轮廓仪和原子力显微镜检测得到。经过交叉测量对比，发现不同表面形貌检测仪器得到的数据误差较小，在可接受范围之内，因此认为三种表面形貌检测仪器得到的表面粗糙度表征参数均是可信的。

检测试件表面微观形貌之后，对这 6 组试件进行高温低周疲劳试验。所有试验均在同一台电液伺服疲劳试验机 Instron 8801 上进行，采用载荷控制，最大载荷 480MPa，载荷施加轴与[001]晶体取向方向一致，载荷波形为应力比 0.1、频率

3Hz 的三角波。根据涡轮叶片的实际服役环境，试验温度选为 980℃，试验温度由保温炉自带的热电偶控制，控制精度为±3℃，升温速率为 10℃/min。试件装夹好后封闭保温炉进行升温，为保证其封闭性，用石棉塞好保温炉的缝隙，升至指定温度后保温 0.5h，保证试件均匀受热再开始疲劳试验，所有疲劳试验均进行至试件断裂失效为止。记录每个试件的疲劳断裂寿命，并在扫描电子显微镜(SEM)下观察试件断口形貌和裂纹源位置，分析其断裂机理。

2.2.2　试验结果

1. 表面形貌

在超景深高倍光学显微镜下放大 200 倍，观察 6 组不同表面加工方式试件的表面形貌细节，得到局部放大形貌，如图 2-3 所示。由于不同粒度砂纸打磨试件的表面形貌相似，此处仅展示#240 砂纸打磨试件的表面形貌来进行说明。

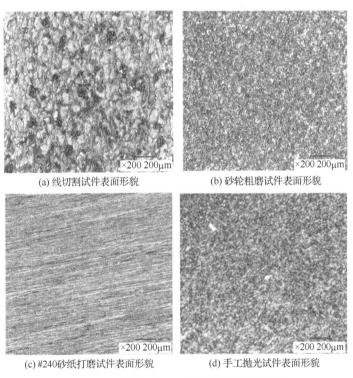

(a) 线切割试件表面形貌　　　　　(b) 砂轮粗磨试件表面形貌

(c) #240砂纸打磨试件表面形貌　　　(d) 手工抛光试件表面形貌

图 2-3　不同表面加工方式试件的表面形貌

由不同表面加工方式试件的表面形貌(图 2-3)可以看出，线切割试件的表面非常粗糙，由无数随机分布的大小不一、方向不同的近似椭球型的凸峰和凹坑组成，凸峰和凹坑之间通过圆弧连接，尖角较少，并且能够观察到表面富集一些球状的熔滴。砂轮粗磨减少了线切割试件表面大的凸峰和熔滴，使得试件表面粗糙度有了明显的改善，但仍随机分布着一些小的凹坑和凸起，并且磨削引入了新的不连续的犁沟，试件表面存在一些小面积的光滑平面。砂纸打磨试件表面形貌主要由近似平行的连续划痕组成，划痕深浅相近，偶尔出现几条较深的刻痕，可观察到少量小的孔洞状缺陷。手工抛光试件的表面十分光滑，仅有几条非常浅显的划痕，几乎观察不到孔洞缺陷，因此可以将其近似作为光滑试件用于对比试验。

　　用表面轮廓仪对不同粒度砂纸打磨试件和手工抛光试件的表面形貌进行测量分析，得到试件表面三维轮廓和二维轮廓线，如图 2-4～图 2-8 所示。

(a) #240砂纸打磨试件　　　　(b) #800砂纸打磨试件

(c) #1500砂纸打磨试件　　　　(d) 手工抛光试件

图 2-4　不同表面粗糙度试件的表面三维轮廓

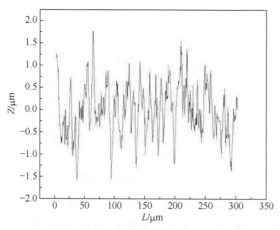

图 2-5　#240 砂纸打磨试件表面二维轮廓线

L 为测量区域水平距离；Z 为试件表面高度；后同

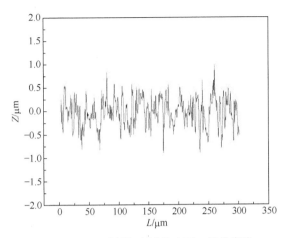

图 2-6　#800 砂纸打磨试件表面二维轮廓线

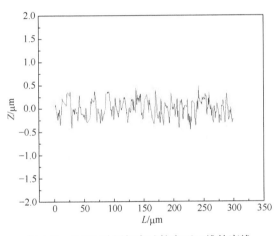

图 2-7　#1500 砂纸打磨试件表面二维轮廓线

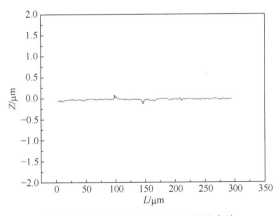

图 2-8　手工抛光试件表面二维轮廓线

对比不同粒度砂纸打磨试件的表面三维轮廓可以发现，用于打磨的砂纸粒度越大，打磨出的沟槽越深，波峰和波谷的宽度越宽，波峰的"尖峰"形貌越不明显；砂纸粒度越小，波谷越浅，波峰的"尖峰"形貌越明显，波峰和波谷的宽度越窄，峰谷分布越来越紧密，越来越均匀，出现偶然较深刻痕的概率越小。手工抛光试件表面非常光滑，仅有少量小的凸起和非常浅显的划痕。

从二维轮廓线可以看出，砂纸打磨试件表面二维轮廓线由近乎均匀的波峰和波谷组成，在0μm线上下波动。打磨所用砂纸的粒度越大，其上下波动的幅度越大，波峰和波谷的宽度越大。随着砂纸粒度的减小，试件表面二维轮廓线起伏趋于平缓，波峰和波谷的最值减小，波峰和波谷的宽度减小。手工抛光试件表面二维轮廓线为一条在0μm线附近轻微波动的近似直线。

利用三种表面轮廓检测仪得到的不同表面加工方式6组试件的表面粗糙度四种表征参数：轮廓算数平均偏差R_a、轮廓微观不平度十点高度R_z、最大轮廓高度R_y和轮廓单元平均宽度R_{sm}，测试值如表2-2所示。由表2-2可以看出，不同表面加工方式产生的各表面粗糙度表征参数都有很大的差异。线切割试件表面最为粗糙，其四种表征参数均远大于其余表面加工方式。砂轮粗磨试件表面的R_a、R_z、R_y、R_{sm}相比线切割试件表面，分别降低了69.8%、46.4%、45.2%、45.8%；#240粒度砂纸打磨试件表面的R_a、R_z、R_y、R_{sm}相比线切割试件表面，分别降低了88.2%、84.9%、84.9%、65.0%，相比砂轮粗磨试件表面的R_a、R_z、R_y、R_{sm}分别降低了60.8%、71.8%、72.5%、35.3%。随着用于打磨试件的砂纸粒度继续细化，表面粗糙度的各个表征参数值有所减小，变化幅度也有所减小。手工抛光试件的表面最为光滑，其R_a、R_z、R_y、R_{sm}与线切割试件相比，分别减小99.5%、99.7%、99.6%、95.3%，各表征参数的值都很小，可以近似作为光滑试件进行对比试验。这说明机械研磨和抛光能够极大地减小表面粗糙度，提高试件表面质量。

表2-2 试件表面粗糙度主要表征参数

加工方式	R_a / μm	R_z / μm	R_y / μm	R_{sm} / μm
线切割	3.98	28	31	24
砂轮粗磨	1.20	15	17	13
#240 砂纸打磨	0.47	4.23	4.67	8.41
#800 砂纸打磨	0.26	2.56	2.93	6.50
#1500 砂纸打磨	0.12	1.20	1.39	4.56
手工抛光	0.02	0.085	0.11	1.12

2. 疲劳寿命

6组不同方式加工试件的轮廓算数平均偏差 R_a、疲劳寿命和每组试件的平均疲劳寿命如表2-3所示，疲劳寿命随轮廓算数平均偏差 R_a 的变化如图2-9所示。

表 2-3　疲劳寿命测试结果

加工方式	$R_a/\mu m$	疲劳寿命 N_f	平均疲劳寿命 $N_{f,ave}$
A 组(线切割)	3.97	267491	263845
	3.79	271807	
	4.06	252236	
B 组(砂轮粗磨)	1.28	192832	213069
	1.19	215654	
	1.06	230722	
C 组(#240 砂纸打磨)	0.43	247586	286941
	0.52	270207	
	0.44	343031	
D 组(#800 砂纸打磨)	0.27	272899	362391
	0.27	461459	
	0.25	352815	
E 组(#1500 砂纸打磨)	0.15	515379	499047
	0.10	508871	
	0.11	472891	
F 组(手工抛光)	0.02	473579	501684
	0.02	528614	
	0.03	502858	

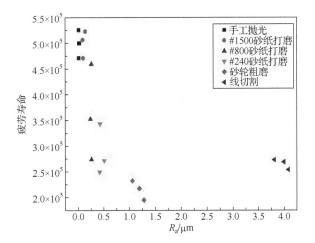

图 2-9　不同加工方式试件疲劳寿命随 R_a 的变化

由表 2-3 可以看出,不同加工方式的镍基单晶高温合金试件疲劳寿命差别很大,说明表面形貌对镍基单晶合金疲劳性能有非常大的影响。从平均疲劳寿命来看,砂轮粗磨试件的平均疲劳寿命最短,手工抛光试件的平均疲劳寿命最长,相对于砂轮粗磨试件,其平均疲劳寿命增加 135.46%。线切割试件与砂轮粗磨试件平均疲劳寿命相近。对于砂纸打磨试件来说,随着所用砂纸粒度减小,平均疲劳寿命明显增加,#1500 砂纸打磨试件与#240 砂纸打磨试件相比,其平均疲劳寿命增加 73.92%,#1500 砂纸打磨试件与手工抛光试件的平均疲劳寿命相差不大。由图 2-9 可以看出,R_a 为 0.25~1.25μm 时,随着 R_a 的增加,疲劳寿命迅速减小,但 R_a 较大的线切割试件的疲劳寿命大于砂轮粗磨表面试件,因此不能简单地仅从某一表面粗糙度表征参数来分析表面粗糙度对疲劳性能的影响规律,而应综合考虑其他表征参数和表面微观形貌的影响。

结合观察到的试件表面微观三维形貌进行分析,线切割试件表面形貌主要由以圆弧连接的凹坑和凸峰组成,少有尖角,因此虽然其表面粗糙度很大,但圆弧缓解了应力集中现象。砂轮粗磨试件相比于线切割试件,虽然表面粗糙度有所改善,但其表面存在磨削引起的不连续犁沟,易引起应力集中而成为疲劳裂纹形核位置,使其疲劳寿命小于线切割试件。砂纸打磨试件表面由连续划痕组成,砂纸粒度越大,划痕越深,应力集中情况越严重,越有利于疲劳裂纹形核和扩展,因此粒度越大的砂纸打磨试件疲劳寿命越短。此外,对于同一加工方式,表面粗糙度越大,其疲劳寿命越短。#1500 砂纸打磨试件与手工抛光试件的疲劳寿命差别不大,可能是因为砂纸打磨造成的划痕太浅,不足以影响试件的疲劳寿命,这与程正坤等[10]提出的当表面粗糙度等级足够小时,表面形貌对疲劳强度没有影响的研究结果相符。

3. 疲劳断口

在 SEM 下观察 6 组不同微观形貌表面试件的断口形貌,由图 2-10 可以看出,线切割试件疲劳断口存在明显的氧化和磨损现象,没有明显塑性变形,断口比较平齐,呈脆性断裂模式。断口由裂纹源区、扩展区和瞬断区三部分组成,将其局部放大观察,发现线切割试件疲劳裂纹起源于试件表面微缺陷处,在疲劳载荷作用下,微缺陷处产生应力集中,形成初始裂纹源。裂纹源区是整个断口上最平滑的区域,这是因为在初始裂纹萌生后,随着疲劳加载,裂纹源区承受持续不断的循环摩擦和挤压,所以该区域相对其他区域光滑。裂纹从表面起源后,呈现圆弧形向试件内部扩展,扩展区呈典型的海滩状形貌特征,有少量尺度在 10μm 左右的微小孔洞状缺陷。裂纹扩展至一定位置后发生瞬断,瞬断区非常粗糙,可以观察到明显的撕裂岭和台阶形貌,断口起伏较大。由于不同表面微观形貌试件的疲劳断口扩展区和瞬断区形貌相近,而裂纹源区差异较大,因此之后重点集中观察和分析裂纹源区，而对于扩展区和瞬断区，仅在宏观断口图上进行标识。

| (a) 宏观断口形貌 | (b) 裂纹源区形貌 |
| (c) 扩展区形貌 | (d) 瞬断区形貌 |

图 2-10　线切割试件断口形貌

砂轮粗磨试件的疲劳断口呈现明显的多源开裂(图 2-11)，可观察到三处疲劳裂纹源 1、2、3。裂纹源区是整个断口上最为平整光滑且颜色最暗的区域，这是由于加载过程中此区域一直被摩擦挤压并且暴露于空气中，发生氧化。对这三处裂纹源区进行局部放大观察，可以看到，裂纹源 1 和 2 均从试件表面微缺陷处起裂，裂纹源 3 则从右侧表面一处直径约为 30μm 的球状夹杂处起裂，夹杂已经脱落，形成一个浅坑。三处裂纹源在疲劳载荷的持续作用下呈圆弧状各自向试件内部扩展并很快相遇，相邻裂纹源相遇后相互作用继续扩展，并分别在相互作用的位置形成两条棱线。从三处裂纹源区起裂后，图 2-11(a)中 b 为近裂纹源区，有明显放射棱线；c 和 e 为裂纹扩展区，比较平整，呈现典型海滩状形貌，有明显的贝纹线；裂纹扩展至一定位置发生瞬断，d 和 f 为瞬断区，有明显的撕裂岭和台阶形貌，断面高度起伏很大。

砂纸打磨试件的宏观断口仍呈现典型的疲劳断口形貌，分为裂纹源区(b)、扩展区(c)和瞬断区(d)三部分，疲劳裂纹从裂纹源区起裂，呈圆弧形状扩展，扩展区呈现沙滩状形貌，裂纹扩展至一定位置试件发生瞬断，瞬断区有明显的撕裂岭和

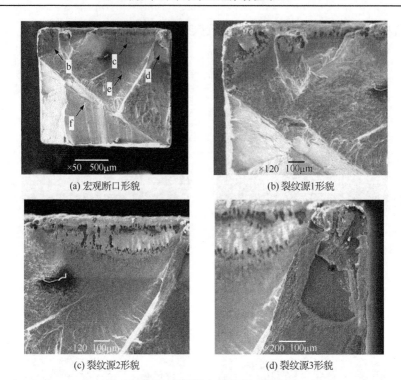

(a) 宏观断口形貌　　　　　　　(b) 裂纹源1形貌

(c) 裂纹源2形貌　　　　　　　(d) 裂纹源3形貌

图 2-11　砂轮粗磨试件断口形貌

台阶形貌。对比不同粒度砂纸打磨试件的裂纹源区，可以看到，#240 砂纸打磨试件裂纹源位于试件上表面中部，#800 砂纸打磨试件裂纹源位于试件左上角位置，二者均由试件表面微缺陷处起源。#1500 砂纸打磨试件的疲劳裂纹从试件内部缺陷处起源，该缺陷为一形状不规则的夹杂，夹杂已经脱落，在其附近还能够观察到直径约为 10μm 的孔洞状缺陷，在疲劳载荷下，夹杂处发生应力集中，形成初始裂纹源(图 2-12～图 2-14)。

(a) 宏观断口形貌　　　　　　　(b) 裂纹源形貌

图 2-12　#240 砂纸打磨试件断口形貌

(a) 宏观断口形貌　　　　　　　　　　(b) 裂纹源形貌

图 2-13　#800 砂纸打磨试件断口形貌

(a) 宏观断口形貌　　　　　　　　　　(b) 裂纹源形貌

图 2-14　#1500 砂纸打磨试件断口形貌

由图 2-15(a)可以看出，手工抛光试件疲劳裂纹源区域为一光滑的圆形区域，颜色较暗，主要裂纹源为距离下表面 200μm、右表面 500μm 的一处不规则内部夹杂。将其局部放大[图 2-15(b)]进行观察，可见夹杂呈现聚集的瘤状结构，部分脱落，裂纹源中心有一直径约 10μm 的孔洞缺陷，边缘处也有少量直径约 5μm 的孔洞缺陷，这些缺陷可能是在定向凝固过程中形成的。施加疲劳载荷后，试件夹杂和孔洞缺陷处出现明显的应力集中，形成裂纹源区。持续加载时，裂纹源区不断被摩擦和挤压并呈圆形向周围扩展，裂纹源区和扩展区之间可以观察到一个细圆

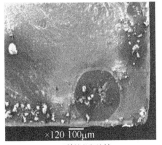

(a) 宏观断口形貌　　　　　　　　　　(b) 裂纹源形貌

图 2-15　手工抛光试件断口形貌

环形的过渡区域，裂纹扩展至一定位置，试件瞬间断裂，瞬断区为整个断面最为粗糙和高度起伏最大的区域。

对比不同表面微观形貌试件的疲劳断口形貌，可以发现，表面较为粗糙的试件，疲劳裂纹更易从表面微缺陷处起裂再向试件内部扩展。线切割、#240 和#800砂纸打磨试件均为单个表面疲劳源起裂；砂轮粗磨试件为多源开裂，其三个疲劳裂纹源中有两个从表面开裂，一个从试件内部开裂；表面较为光滑的试件裂纹源则主要为试件内部的夹杂和孔洞缺陷。结合表面粗糙度参数和试件的疲劳寿命可以发现，一般情况下，表面粗糙度越大的试件，其疲劳裂纹越易从试件表面微缺陷处起源，内部夹杂起裂的试件疲劳寿命往往高于裂纹源为表面微缺陷的试件。砂轮粗磨试件虽然表面粗糙度小于线切割试件，但是其寿命却低于线切割试件。由于线切割试件表面的椭圆状凸峰和凹坑之间多以圆弧连接，少有尖角，而砂轮粗磨试件表面有不连续的犁沟，因此在疲劳加载时，其表面缺陷处更易产生严重的应力集中，形成两处初始裂纹源，疲劳寿命低于线切割试件。

2.3　表面微观形貌弹性等效简化模型

2.3.1　等效理论

疲劳载荷作用下，试件表面缺陷处会形成应力集中，疲劳裂纹易在应力集中部位形核扩展，导致疲劳寿命降低。因此，要定量评估表面形貌对镍基单晶合金疲劳性能的影响，需要通过数值计算对试件表面在疲劳载荷作用下的实际应力分布进行分析。研究表面形貌对应力集中系数和疲劳性能的影响规律时，首先需要建立试件表面微观形貌的等效简化模型，以便于对其进行数值分析。

采用等效方法可以简化计算、提高效率，而且根据现有的一些等效理论建立的等效简化模型可以达到较高的精度。静变形相等法等效理论的等效准则：在相同的静载荷下，原模型与等效简化模型的静变形量相同。基于静变形相等法等效理论，提出表面粗糙度等效时需要遵循的等效原则：等效简化模型与计算模型的最大米泽斯(Mises)应力相等，即

$$\sigma_c = \sigma_e \tag{2-1}$$

式中，σ_e 为单轴拉伸应力作用下等效简化模型的最大 Mises 应力；σ_c 为在相同条件下实际计算模型的最大 Mises 应力。

等效简化模型与计算模型沿拉伸载荷方向的最大应力集中系数相等，即

$$K_{te} = K_{tc} \tag{2-2}$$

式中，K_{te} 和 K_{tc} 分别为等效简化模型和计算模型沿加载轴方向的应力集中系数，

其计算公式为

$$K_t = \frac{\sigma_{11}}{\sigma_{\text{nom}}} \qquad (2\text{-}3)$$

式中，σ_{11} 为沿拉伸轴方向(x 方向)的应力分量；σ_{nom} 为微缺口根部的名义应力。

等效简化模型与计算模型的最大静变形比例相等，即

$$R_e = R_c \qquad (2\text{-}4)$$

式中，R_e 和 R_c 分别为等效简化模型和计算模型的最大静变形比例，其计算公式为

$$R = \frac{D_{\text{max}}}{L} \qquad (2\text{-}5)$$

式中，D_{max} 为模型沿拉伸轴方向的最大变形；L 为模型长度。

2.3.2　三维表面计算模型

1. 模型三维尺寸标定

根据表面轮廓仪检测得到的试件实际表面二维轮廓线，建立试件表面微观形貌三维计算模型。首先对模型的三维尺寸进行标定。由于表面形貌具有几何自相似性和自仿射性[11]，仅取其中 75μm 的轮廓，认为其可以代表整个试件表面的情况，即模型长度取为 75μm。由于三维局部小区域应力集中扩散的速度比较快，模型尺寸需要大于表面缺陷尺寸的 2 倍，根据实测砂纸打磨表面缺陷尺寸，将模型宽度取为 15μm。根据 R_a 0.47(表示 R_a 取值为 0.47μm，后同)的试件二维轮廓线对模型厚度进行标定。R_a 0.47 的砂纸打磨试件截取 75μm 的表面二维轮廓线和根据此二维轮廓线图建立的二维模型分别如图 2-16 和图 2-17 所示。

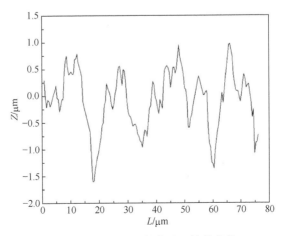

图 2-16　R_a 0.47 试件截取二维轮廓线

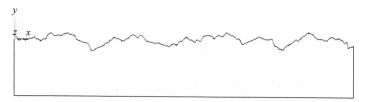

图 2-17　R_a 0.47 试件二维模型

在建立试件实际表面形貌三维模型时，考虑微应力集中最严重的情况，即施加拉伸载荷垂直于砂纸打磨方向。基于尺寸效应，通过逐渐增加模型厚度，直至施加相同单轴拉伸载荷时最大 Mises 应力不再改变的方法来标定三维计算模型的厚度。分别建立厚度为 2μm、4μm、6μm、8μm 的三维计算模型，沿 x 轴方向施加 100MPa 的拉伸载荷进行有限元计算，得到各个模型的最大 Mises 应力如图 2-18 所示。

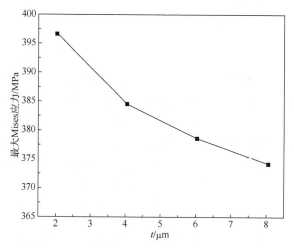

图 2-18　不同厚度计算模型的最大 Mises 应力

由图 2-18 可以看出，随着计算模型厚度 t 的增加，最大 Mises 应力略有减小，当模型厚度增加至 6μm 后，最大 Mises 应力的变化已经非常小，认为此时的模型可以代表计算模型厚度持续增加至试件真实厚度的情况。因此，最终确定的三维模型的尺寸为 75μm×15μm×6μm。

2. 不同表面粗糙度三维计算模型

根据前文得到的模型三维尺寸，建立三组不同表面粗糙度试件的实际三维表面形貌计算模型，R_a 0.12、R_a 0.26 和 R_a 0.47 试件的 75μm 长度表面二维轮廓线分别如图 2-19～图 2-21 所示。

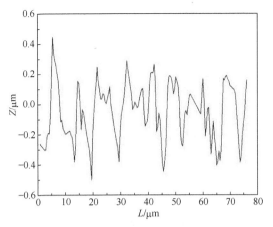

图 2-19　R_a 0.12 试件二维轮廓线

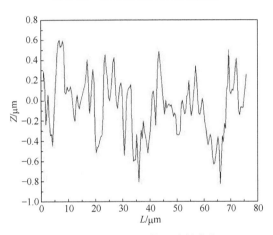

图 2-20　R_a 0.26 试件二维轮廓线

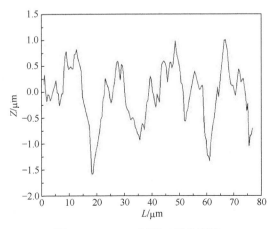

图 2-21　R_a 0.47 试件二维轮廓线

根据试件实测表面二维轮廓线，建立三组不同形貌试件的三维表面形貌计算模型，如图 2-22～图 2-24 所示。

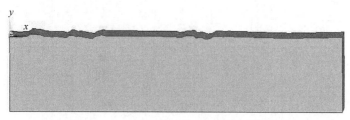

图 2-22　R_a 0.12 试件三维表面形貌计算模型

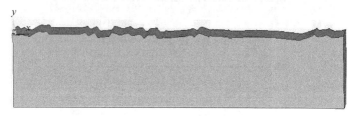

图 2-23　R_a 0.26 试件三维表面形貌计算模型

图 2-24　R_a 0.47 试件三维表面形貌计算模型

3. 单轴拉伸 Mises 应力云图

建模完成后，对计算模型进行网格划分，采用计算效果较好的六面体网格。划分网格时，考虑到微缺陷根部会出现比较严重的应力集中情况且应力梯度比较大，采用映射网格画法，对微缺陷根部的网格进行细化处理，如图 2-25 所示。网格单元密度从微缺陷根部起逐渐由大减小，微缺陷根部网格尺寸为 $0.2\mu m \times 0.2\mu m \times 0.5\mu m$，是模型底部网格尺寸的五分之一。

网格划分完成后，对其进行弹性拉伸有限元分析计算。在模型右侧表面施加沿 x 正方向的均布拉力 $P=100MPa$。为保证右侧表面整体沿 x 方向的位移一致，施加位移协调边界条件；左侧表面施加沿 x 方向的位移约束，左侧表面中线施加沿 z 方向的位移约束，下表面施加沿 y 方向的位移约束。

试验所用材料为 DD6，980℃下其弹性模量 $E=80.5GPa$，泊松比 $v=0.39$。各计算模型在单轴拉伸载荷下的 Mises 应力云图如图 2-26 所示。

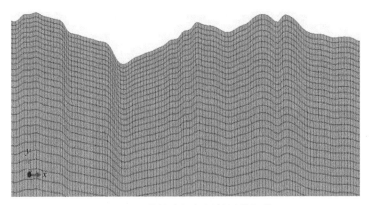

图 2-25　微缺陷根部局部网格细化

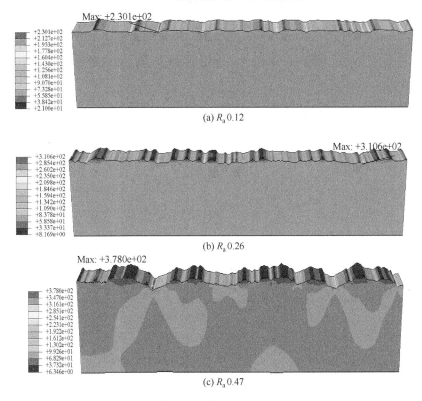

图 2-26　不同表面粗糙度计算模型 Mises 应力云图(单位：MPa)

由图 2-26 可以看出，在施加单轴拉伸载荷时，模型表面的 Mises 应力分布随表面凹陷和凸峰的情况不同而有较人的不同，在凹陷根部会出现比较严重的应力集中现象，凹陷根部应力呈现蝴蝶形放射状分布，最大应力点出现在凹陷最深的地方，沿凹陷底部迅速递减，应力梯度很大。凸峰区域的应力则明显小于其他位置，其余地方应力分布基本相同。对比三个模型的 Mises 应力云图可以发现，表面粗糙度越大，模型表面凹凸不平的现象就越严重，在凹陷处应力集中也就越明显，其应力集中现象影响的区域也越大，这也就能解释表面粗糙度越大的试件在实际工程应用中越容易发生断裂失效的原因。

2.3.3　表面粗糙度的等效简化模型

1. 建模过程

由于真实试件的表面微观形貌非常复杂，建立其表面形貌三维计算模型非常复杂并且计算量庞大，为了简化计算，根据较易检测到的数据得到试件真实表面的应力集中情况，建立等效简化计算模型。由 2.3.2 小节中真实表面三维计算模型的应力分布可以看出，应力最大的危险点出现在凹陷最深的微缺口处，并且相邻微缺口的存在对 Mises 应力分布和弹性应力集中系数的影响非常小，因此可以用带有单一微缺口的平板模型，结合实测表面粗糙度表征参数来对试件表面形貌进行等效简化。

将表面缺陷等效为正弦曲线形状的单微缺口，微缺口参数根据表面粗糙度表征参数来确定。结合各表面粗糙度表征参数的含义，用轮廓单元平均宽度 R_{sm} 作为微缺口宽度，微观不平度十点高度 R_z 或最大轮廓高度 R_y 作为微缺口深度，结合轮廓算数平均偏差 R_a，建立具有单一正弦形状单微缺口的不同表面粗糙度平板等效简化模型。

对于正弦形状微缺口而言，假设微缺口的宽度为 W，深度为 A，则微缺口处曲线的函数表达式为

$$y = A\sin\left(\frac{\pi}{W}x\right) \tag{2-6}$$

根据轮廓算数平均偏差 R_a 的定义，有

$$R_a = \frac{1}{L}\int_0^L |y|\,\mathrm{d}x = \frac{1}{L}\int_0^L \left|A\sin\left(\frac{\pi}{W}x\right)\right|\mathrm{d}x = \frac{2AW}{\pi L} \tag{2-7}$$

因此模型长度的表达式为

$$L = \frac{2AW}{\pi R_a} \tag{2-8}$$

以 R_{sm} 作为微缺口宽度，即

$$W = R_{sm} \tag{2-9}$$

以 R_z 或 R_y 作为微缺口深度，即 $A = R_z$ 或 $A = R_y$，得到模型长度与表面粗糙

度表征参数的关系为

$$L = \frac{2R_z R_{sm}}{\pi R_a} \tag{2-10}$$

或者

$$L = \frac{2R_y R_{sm}}{\pi R_a} \tag{2-11}$$

根据试验测量得到 R_a 0.12、R_a 0.26 和 R_a 0.47 三组不同表面形貌试件的 R_y、R_z、R_{sm}、R_a，计算得到的模型长度如表 2-4 所示。

表 2-4　模型长度

模型编号	微缺口宽度 $W/\mu m$	微缺口深度 $A/\mu m$	模型长度 $L/\mu m$
R_a 0.12-R_z	4.56	1.20	29.03
R_a 0.12-R_y	4.56	1.39	33.63
R_a 0.26-R_y	6.50	2.56	40.74
R_a 0.26-R_z	6.50	2.93	46.63
R_a 0.47-R_z	8.41	4.67	53.20
R_a 0.47-R_y	8.41	4.23	48.19

根据表 2-4 中的模型长度，保持模型宽度和厚度与 2.3.2 小节中三维表面形貌计算模型的宽度和厚度相同，建立分别以 R_z 和 R_y 作为正弦形状微缺口深度的不同表面粗糙度等效简化模型，共计 6 个模型。由于模型形状大致相同，因此仅展示编号为 R_a 0.47-R_z 的模型，即 R_a 为 0.47μm，以 R_z 作为正弦形状微缺口深度的等效简化模型，如图 2-27 所示。

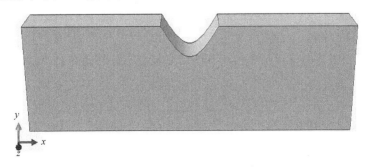

图 2-27　R_a 0.47-R_z 等效简化模型

2. 单轴拉伸 Mises 应力云图

对等效简化模型进行单轴弹性拉伸有限元分析,边界条件和载荷等均与 2.3.2 小节中实际表面三维形貌计算模型相同。为尽量减小计算误差,网格密度也与实际表面三维计算模型大致相同,同样在微缺口根部进行网格细化处理,采用 SC8R 网格单元,等效简化模型网格划分如图 2-28 所示。

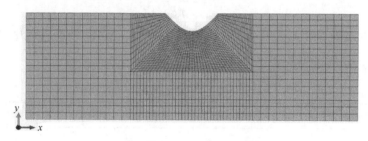

图 2-28　等效简化模型网格划分

不同表面粗糙度等效简化模型的 Mises 应力云图相似,因此仅展示 $R_a 0.47$-R_z 模型的 Mises 应力云图,如图 2-29 所示。在单轴拉伸载荷作用下,带有正弦形状单微缺口的等效简化模型在微缺口根部出现严重的应力集中现象,Mises 应力沿微缺口中线对称,最大应力点位于微缺口根部,其附近应力梯度很大,微缺口根部附近应力呈蝶翅形放射状分布,微缺口顶部应力较小,其余位置应力分布均匀。整体应力分布与实际三维表面形貌计算模型微缺陷根部的 Mises 应力分布大致相同,因此 Mises 应力分布角度的等效简化模型可以用来对计算模型进行简化等效。

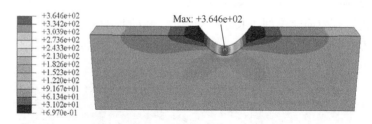

图 2-29　$R_a 0.47$-R_z 等效简化模型 Mises 应力云图(单位:MPa)

2.3.4　等效结果对比

根据 2.3.1 小节提出的等效原则,建立不同表面粗糙度的实际三维表面形貌计算模型及分别以 R_z 和 R_y 作为微缺口深度的等效简化模型,获取最大 Mises 应力、沿拉伸轴方向的最大应力集中系数和最大静变形比例,并进行对比分析。

1. 最大 Mises 应力

以国内外使用最多的表面粗糙度表征参数 R_a 作为自变量,计算模型与分别以 R_z 和 R_y 作为微缺口深度的带有正弦形状单微缺口等效简化模型的最大 Mises 应力随表面粗糙度变化曲线如图 2-30 所示。单轴拉伸载荷下,最大 Mises 应力随 R_a 的增加而增加,但增加的程度趋于平缓。从实际表面形貌计算模型的结果来看,R_a 为 0.26μm 时的最大 Mises 应力比 R_a 为 0.12μm 时增加 34.98%,R_a 为 0.47μm 时的最大 Mises 应力比 R_a 为 0.12μm 时增加 64.28%,可见表面粗糙度的改变对最大 Mises 应力有显著的影响。对比等效简化模型与计算模型的结果可以看出,以 R_z 作为正弦形状微缺口深度的等效简化模型最大 Mises 应力计算结果略小于实际表面形貌计算模型的计算结果,不同表面粗糙度模型的等效误差为 3.78%、4.28%、3.54%,等效误差均在 5%以内;以 R_y 作为正弦形状微缺口深度的等效简化模型最大 Mises 应力计算结果略大于实际表面形貌计算模型的计算结果,不同表面粗糙度模型的等效误差为 4.26%、4.31%、3.47%,等效误差也在 5%以内。两组等效简化模型都能很好地等效简化实际计算模型。相较而言,以 R_z 作为正弦形状微缺口深度的等效简化模型误差更小一些,等效结果略好于以 R_y 作为正弦形状微缺口深度的等效简化模型。

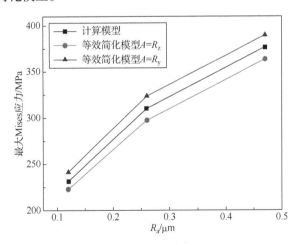

图 2-30　计算模型与等效简化模型的最大 Mises 应力

2. 最大应力集中系数

根据 2.3.1 小节中沿加载轴方向最大应力集中系数的定义,得到实际表面形貌计算模型及分别以 R_z 和 R_y 作为正弦形状微缺口深度的等效简化模型最大应力集中系数 $K_{t\,max}$,如图 2-31 所示。轮廓算数平均偏差 R_a 越大,沿拉伸载荷方向的最大应力集中系数就越大，增加的趋势趋于平缓。从实际三维表面形貌计算模型的结果来看，R_a 为 0.26μm 时的最大应力集中系数为 3.281，相比 R_a 为 0.12μm 时的 2.375 增加 38.15%；R_a 为 0.47μm 时的最大应力集中系数为 4.096，相比 R_a 为 0.12μm 时增加 72.46%，相比 R_a 为 0.26μm 时仅增加 24.84%。说明表面粗糙度的增加使得沿加载方向的最大应力集中系数显著增加，但增加趋势变缓。对比等效简化模型与计算模型的结果可以看出，以 R_z 作为等效简化模型的正弦形状微缺口深度时，弹性拉伸有限元计算得到的最大应力集中系数非常接近于实际表面形貌计算模型的计算结果，不同表面粗糙度的等效简化模型与实际计算模型的误差分别为 1.46%、0.09%、3.16%，误差均在 5% 以内，说明以 R_{sm} 作为正弦形状微缺口宽度、R_z 作为微缺口深度的正弦形状单微缺口平板模型可以较好地反映单轴拉伸情况下试件表面的实际应力集中情况。以 R_y 作为微缺口深度的等效简化模型最大应力集中系数相对计算模型的结果而言均偏大，不同表面粗糙度的等效简化模型与实际计算模型的误差分别为 6.3%、10.79%、13.01%，误差在 15% 以内，误差较大，计算结果偏于保守。

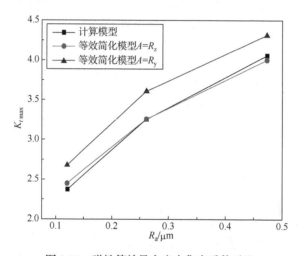

图 2-31　弹性等效最大应力集中系数对比

3. 最大静变形比例

根据 2.3.1 小节中沿加载轴方向最大静变形比例的定义，得到实际表面形貌计算模型及分别以 R_z 和 R_y 作为正弦形状微缺口深度的等效简化模型最大静变形比例 R_{max}，如图 2-32 所示。随着轮廓算数平均偏差 R_a 的增加，沿拉伸轴方向的最大静变形比例增加，且增加趋势变陡。从实际表面形貌计算模型的结果来看，R_a 为 0.12μm、0.26μm、0.47μm 时的最大静变形比例 R_{max} 分别为 1.267×10^{-3}、

$1.282×10^{-3}$、$1.325×10^{-3}$，增加比例分别为 1.18%和 3.35%。可以看出，表面粗糙度变化对 R_{max} 的影响没有对最大 Mises 应力和沿加载轴最大应力集中系数的影响大。对比等效简化模型与实际计算模型的结果可以看出，两组等效简化模型的最大静变形比例计算结果均大于计算模型。以 R_z 作为等效简化模型微缺口深度时，不同表面粗糙度等效简化模型的 R_{max} 与计算模型的等效误差分别为 0.24%、1.79%、4.08%，均在 5%以内；以 R_y 作为微缺口深度的等效简化模型等效误差分别为 0.79%、2.34%、4.98%，误差也在 5%以内，但大于以 R_z 作为正弦形状微缺口深度的等效简化模型。对比实际表面形貌计算模型及分别以 R_z 和 R_y 作为正弦形状微缺口深度的等效简化模型的 Mises 应力分布、最大 Mises 应力、沿加载轴方向最大应力集中系数和最大静变形比例计算结果，可以看出，以 R_z 作为正弦形状微缺口深度的带单微缺口平板等效简化模型，可以很好地等效弹性拉伸下试件实际表面应力分布和变形情况；以 R_y 作为正弦形状微缺口深度的等效简化模型最大 Mises 应力、沿加载轴方向最大应力集中系数和最大静变形比例计算结果，与实际计算模型结果相比均偏大，结果偏于保守。

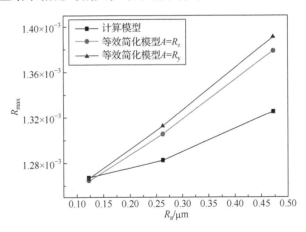

图 2-32　最大静变形比例弹性等效结果

2.3.5　应力集中系数与表面粗糙度关联

为了得到应力集中系数与各表面粗糙度参数的定量表达式，采用带有正弦形状单微缺口的平板等效简化模型，通过改变正弦形状单微缺口的宽度和深度，得到 16 个不同表面粗糙度的等效简化模型，对其进行弹性拉伸有限元分析计算，从而对表面粗糙度表征参数 R_z、R_{sm}、R_a 与沿加载轴的最大应力集中系数的关系进行定量分析。简化三个表面粗糙度参数，令 R_a 与 R_z 同步变化，即 R_z 取值为 1μm、2μm、3μm、4μm 时，R_a 取值为 0.1μm、0.2μm、0.4μm、0.5μm，R_{sm} 取值为 4μm、

5μm、6μm、8μm。等效简化模型宽度为 15μm，厚度为 6μm，模型长度根据式(2-8)确定。对这 16 个模型进行弹性拉伸有限元分析计算，模型的材料、载荷、边界条件、网格划分均与 2.3.3 小节相同，计算得到每个模型沿加载方向的最大应力集中系数，如表 2-5 所示。

表 2-5　不同表面粗糙度模型 $K_{t\,\mathrm{max}}$ 计算结果

模型编号	R_{a} /μm	R_{z} /μm	R_{sm} /μm	$K_{t\,\mathrm{max}}$
0.1-1-4			4	2.330
0.1-1-5	0.1	1	5	2.114
0.1-1-6			6	1.949
0.1-1-8			8	1.720
0.2-2-4			4	3.659
0.2-2-5	0.2	2	5	3.258
0.2-2-6			6	2.938
0.2-2-8			8	2.482
0.4-3-4			4	4.602
0.4-3-5	0.4	3	5	4.218
0.4-3-6			6	3.846
0.4-3-8			8	3.239
0.5-4-4			4	5.622
0.5-4-5	0.5	4	5	5.227
0.5-4-6			6	4.785
0.5-4-8			8	4.008

为拟合最大应力集中系数与各表面粗糙度表征参数之间的关系，假设 $K_{t\,\mathrm{max}}$ 与各表面粗糙度表征参数的关系符合式(2-12)。采用上述 16 个模型的计算结果进行数据拟合，求解式(2-12)中 a、b、c、d、e、f、g 这 7 个未知参数的值，得到拟合优度 R^2 为 98.5%的各拟合公式参数如表 2-6 所示。

$$K_{t\,\mathrm{max}} = aR_{\mathrm{z}}^{b} + cR_{\mathrm{sm}}^{d} + eR_{\mathrm{a}}^{f} + g \tag{2-12}$$

表 2-6　拟合公式参数

参数	a	b	c	d	e	f	g
拟合结果	2.077	0.699	−3.603	0.289	1.518	−0.165	3.669

拟合得到的最大应力集中系数与表面粗糙度表征参数之间的关系为

$$K_{t\,\mathrm{max}} = 2.077R_{\mathrm{z}}^{0.699} - 3.603R_{\mathrm{sm}}^{0.289} + 1.518R_{\mathrm{a}}^{-0.165} + 3.669 \tag{2-13}$$

　　将三种表面粗糙度表征参数分别代入式(2-13)中,得到应力集中系数与实际表面形貌计算模型的误差分别为7.74%、3.11%、9.31%,等效简化模型的计算误差分别为9.34%、3.20%、5.96%。计算模型与等效简化模型的应力集中系数与拟合出的数学表达式的计算误差均在10%以内,因此可以认为该表达式能够较好地描述应力集中系数与表面粗糙度表征参数之间的函数关系。

　　Neuber[6]提出的单微缺口模型应力集中系数的半经验公式为

$$K_{t\max} = 1 + n\sqrt{\dfrac{t}{\rho}}\tag{2-14}$$

式中,n 为应力状态系数,在单轴拉伸载荷下,$n=2$;t 为缺口深度;ρ 为缺口的曲率半径。已知曲线的函数表达式,其某一点处缺口曲率半径为

$$\rho = \left|\dfrac{(1+y'^2)^{\frac{3}{2}}}{y''}\right|\tag{2-15}$$

式中,y'为函数 y 的一阶导数;y''为二阶导数。对于正弦曲线形状的微缺口等效简化模型,其缺口的函数表达式和缺口根部的曲率半径分别为

$$y = A\sin\left(\dfrac{\pi}{W}x\right)\tag{2-16}$$

$$\rho = \dfrac{W^2}{\pi^2 A}\tag{2-17}$$

　　以 R_z 作为正弦形状单微缺口深度的三组表面粗糙度等效简化模型,用 Neuber 公式得到其应力集中系数,如表 2-7 所示。

表 2-7　Neuber 公式计算结果

模型编号	ρ	$K_{t\max}$
$R_a 0.12\text{-}R_z$	1.756	2.653
$R_a 0.26\text{-}R_z$	1.672	3.475
$R_a 0.47\text{-}R_z$	1.694	4.160

　　将三种表面粗糙度的计算模型、以 R_z 作为正弦微缺口深度的等效简化模型、拟合公式、Neuber 半经验公式计算的应力集中系数进行对比,如图 2-33 所示。由图可以看出,等效简化模型的结果与计算模型的结果最接近,而根据等效简化模型计算结果拟合的应力集中系数表达式和 Neuber 半经验公式预测的应力集中系数较为保守。三种应力集中系数预测模型与实际三维表面形貌计算模型的应力

集中系数计算结果均分布在10%误差带以内。在实际工程应用中，试件表面粗糙度的曲率半径ρ往往难以测量，而表面粗糙度表征参数R_z、R_{sm}、R_a可以用一些表面轮廓测量仪器测量获得，因此工程实际应用中可以利用式(2-13)来较好地预测实际试件受拉伸载荷时其表面的弹性应力集中系数。

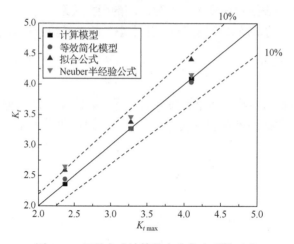

图2-33　四种方式计算的应力集中系数对比

2.4　考虑表面粗糙度的疲劳寿命预测分析

2.4.1　晶体塑性理论

晶体塑性理论采用连续框架理论对位错滑移机制进行定量描述，并从细观尺度反映晶体材料宏观塑性变形的不均匀性和局部化现象[12-13]。以下将从晶体塑性变形几何学和率相关晶体塑性本构理论简述该方法。

1. 晶体塑性变形几何学

在Taylor工作的基础上，Hill和Rice[14-15]给出了晶体塑性变形几何学和运动学的数学描述。在晶体塑性模型中，材料的总变形梯度F被分解为弹性部分F^e和塑性部分F^p，如图2-34所示。

$$F = F^e \cdot F^p \tag{2-18}$$

式中，F^e为晶格畸变和刚性转动产生的变形梯度；F^p为晶体沿着滑移方向均匀剪切对应的变形梯度。

速度梯度L分解为分别与滑移和畸变加刚体转动相对应的部分：

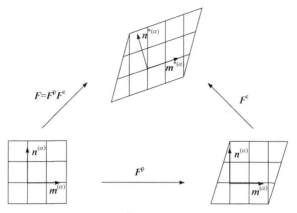

图 2-34　晶体弹塑性变形几何学

$$L = \dot{F}F^{-1} = \dot{F}^{e}(F^{e})^{-1} + F^{e}\dot{F}^{p}(F^{p})^{-1}(F^{e})^{-1} = L^{e} + L^{p} \tag{2-19}$$

$$L^{e} = \dot{F}^{e}(F^{e})^{-1} \tag{2-20}$$

$$L^{p} = F^{e}\dot{F}^{p}(F^{p})^{-1}(F^{e})^{-1} \tag{2-21}$$

式中，L^{p} 为塑性变形的速度梯度，由所有开动滑移系上的剪切应变率叠加而成，表示为

$$L^{p} = \sum_{\alpha=1}^{N} \dot{\gamma}^{(\alpha)} m^{(\alpha)} \otimes n^{(\alpha)} \tag{2-22}$$

式中，$\dot{\gamma}^{(\alpha)}$ 为第 α 个滑移系的滑移剪切率；$m^{(\alpha)}$ 和 $n^{(\alpha)}$ 为第 α 个滑移系的滑移面方向和滑移面法线方向的单位向量；N 为开动滑移系的数量。

晶格畸变后，滑移面方向 $m^{(\alpha)}$ 变为

$$m^{*(\alpha)} = F^{e} \cdot m^{(\alpha)} \tag{2-23}$$

滑移面法线方向 $n^{(\alpha)}$ 变为

$$n^{*(\alpha)} = ((F^{e})^{-1})^{T} n^{(\alpha)} \tag{2-24}$$

则有

$$L^{p} = F^{e}\dot{F}^{p}(F^{p})^{-1}(F^{e})^{-1} = \sum_{\alpha=1}^{N} \dot{\gamma}^{(\alpha)} m^{*(\alpha)} \otimes n^{*(\alpha)} \tag{2-25}$$

L 可以表示为一个对称部分和一个反对称部分之和：

$$L = D + W = \frac{1}{2}(L + L^{T}) + \frac{1}{2}(L - L^{T}) \tag{2-26}$$

式中，D 为变形率张量；W 为旋转率张量。

此时，则有

$$D = D^{e} + D^{p} \tag{2-27}$$

$$D^{e} = \frac{1}{2}\left[\dot{F}^{e}(F^{e})^{-1} + ((F^{e})^{T})^{-1}(F^{e})^{T}\right] \tag{2-28}$$

$$D^{p} = \sum_{\alpha=1}^{N} P^{(\alpha)}\dot{\gamma}^{(\alpha)} \tag{2-29}$$

且

$$W = W^{e} + W^{p} \tag{2-30}$$

$$W^{e} = \frac{1}{2}\left[\dot{F}^{e}(F^{e})^{-1} - ((F^{e})^{T})^{-1}(F^{e})^{T}\right] \tag{2-31}$$

$$W^{p} = \sum_{\alpha=1}^{N} W^{(\alpha)}\dot{\gamma}^{(\alpha)} \tag{2-32}$$

即可建立晶体滑移剪切率与宏观变形率之间的关系。

2. 率相关晶体塑性本构理论

滑移系分切应力与宏观应力之间的关系表示为

$$\tau^{(\alpha)} = \sigma : P^{(\alpha)} \tag{2-33}$$

式中，$\tau^{(\alpha)}$ 为各个滑移系的分切应力；$P^{(\alpha)}$ 为取向因子；σ 为晶轴取向下的应力张量。取向因子 $P^{(\alpha)}$ 定义为

$$P^{(\alpha)} = \frac{1}{2}(m^{(\alpha)} \otimes n^{(\alpha)T} + n^{(\alpha)} \otimes m^{(\alpha)T}) \tag{2-34}$$

每个滑移系 α 的 $\dot{\gamma}^{(\alpha)}$ 可以用一个率相关的幂函数方程来表示：

$$\dot{\gamma}^{(\alpha)} = \dot{\gamma}_0 \left|\frac{\tau^{(\alpha)}}{\tau_0^{(\alpha)}}\right|^{\frac{1}{m}} \operatorname{sign}\tau^{(\alpha)} \tag{2-35}$$

式中，$\dot{\gamma}_0$ 为参考剪切应变率；$\tau_0^{(\alpha)}$ 为临界分切应力；m 为应变率敏感指数。

Asaro[16-17]提出，滑移系分切应力的演化符合如下硬化规律：

$$\dot{\tau}_0^{(\alpha)} = \sum_{\beta=1}^{N} h_{\alpha\beta}\left|\dot{\gamma}^{(\beta)}\right| \tag{2-36}$$

式中，$h_{\alpha\beta}$ 为硬化系数，是滑移系 β 中滑移剪切量对滑移系 α 造成的硬化，可以表示为

$$h_{\alpha\beta} = q_{\alpha\beta}h_{\beta} \tag{2-37}$$

式中，$q_{\alpha\beta}$ 为描述潜硬化的矩阵；h_β 为单滑移硬化率，可表示为

$$h_\beta = h_0 \left(1 - \frac{\tau^{(\alpha)}}{\tau_s} \right)^p \tag{2-38}$$

式中，h_0 为硬化模量；τ_s 和 p 为模型参数。

镍基单晶合金 DD6 在 980℃下的本构参数如表 2-8 所示。

表 2-8　980℃下 DD6 的本构参数

$T/℃$	E/GPa	μ	G/GPa	τ_0/GPa	τ_s/GPa	$\tau_0^{(\alpha)}/\mathrm{GPa}$
980	80.529	0.390	85.600	260.2	390.3	295.5

注：E 为弹性模量；μ 为泊松比；G 为剪切模量。

Miner[18]准则认为，疲劳损伤与加载循环比成正比关系；材料经历一定的循环，其破坏累积达到某一个临界值时，疲劳破坏就会发生；载荷历程中所有载荷产生的损伤可单独计算，并按线性累加。Miner 准则假定一个循环造成的结构损伤为

$$D = \frac{1}{N} \tag{2-39}$$

式中，N 为对应当前应力水平的疲劳寿命。等幅载荷下 n 个循环造成的损伤为

$$D_n = \frac{n}{N} \tag{2-40}$$

变幅载荷下 n 个循环造成的损伤为

$$D_n = \sum_{i=1}^{n} \frac{1}{N_i} \tag{2-41}$$

式中，N_i 为对应当前载荷水平 S_i 的疲劳寿命。

对于常幅循环载荷，当循环载荷次数 $n=N$ 时，疲劳破坏发生。由式(2-41)得到，Miner 准则的临界疲劳损伤累积至 1 时结构发生破坏，即

$$D_{\mathrm{CR}} = 1 \tag{2-42}$$

2.4.2　基于晶体塑性理论的疲劳损伤模型

晶体滑移理论通过研究滑移系开动规律可以描述不同晶体取向塑性变形根本差异，能够表征晶体取向对变形机制的影响，在此基础上发展而来的寿命理论可以较准确地反映镍基单晶合金失效特征。基于 Levkovitch 等[19]的损伤理论，本小节采用 Yeh 等[20]提出的滑移系损伤与其分切应力幅和非弹性剪切应变率联系，建立基于晶体塑性理论的疲劳损伤演化方程；随后，考虑滑移系开动规律，形成疲劳寿命预测模型，简述如下。

1. Yeh-Krempl 寿命预测模型

基于晶体滑移理论，Majumdar 和 Maiya 提出了一个率相关主疲劳裂纹扩展模型：

$$\dot{a} = af(\tau^{(\alpha)}, \dot{\gamma}^{(\alpha)}) \tag{2-43}$$

式中，α 为滑移系；$\dot{a}$ 为裂纹扩展率；a 为主裂纹长度；$f(\tau^{(\alpha)}, \dot{\gamma}^{(\alpha)})$ 为非线性函数，是裂纹扩展主要影响因素，由宏观分切剪应力 $\tau^{(\alpha)}$ 和晶体滑移率 $\dot{\gamma}^{(\alpha)}$ 确定。

假设裂纹萌生于疲劳初始阶段，初始主裂纹长度为 a_0，则式(2-43)可写为

$$\frac{\mathrm{d}\ln(a/a_0)}{\mathrm{d}t} = f(\tau^{(\alpha)}, \dot{\gamma}^{(\alpha)}) \tag{2-44}$$

引入疲劳裂纹长度 a_f，式(2-44)可改写为

$$\frac{\mathrm{d}}{\mathrm{d}t} \frac{\ln(a/a_0)}{\ln(a_\mathrm{f}/a_0)} = \frac{f(\tau^{(\alpha)}, \dot{\gamma}^{(\alpha)})}{\ln(a_\mathrm{f}/a_0)} \tag{2-45}$$

引入寿命损伤变量：

$$D = \frac{\ln(a/a_0)}{\ln(a_\mathrm{f}/a_0)}, \quad 0 \leqslant D \leqslant 1 \tag{2-46}$$

将式(2-46)代入式(2-45)，可得到率相关寿命损伤演化准则：

$$\dot{D} = \frac{f(\tau^{(\alpha)}, \dot{\gamma}^{(\alpha)})}{\ln(a_\mathrm{f}/a_0)} \tag{2-47}$$

裂纹长度从 a_1 发展到 a_2 产生的疲劳损伤由式(2-48)确定：

$$D_2 - D_1 = \frac{\ln(a_2/a_0) - \ln(a_1/a_0)}{\ln(a_\mathrm{f}/a_0)} = \frac{\ln(a_2/a_1)}{\ln(a_\mathrm{f}/a_0)} \tag{2-48}$$

结合 Levkovitch 疲劳损伤率公式：

$$\dot{D}_\mathrm{f} = L_\mathrm{f}(\omega) \left| \frac{\dot{\varepsilon}_\mathrm{p}^\mathrm{s}}{\dot{\varepsilon}_\mathrm{f}} \right|^{nf} \left| \frac{\sigma_\mathrm{eff}}{\sigma_\mathrm{f}} \right|^{mf} \left[1 + a \left(1 - \frac{\mathrm{tr}(\sigma)}{\sigma_\mathrm{eff}} \right) \right] \tag{2-49}$$

式中，σ_eff 为有效屈服应力；$\mathrm{tr}(\sigma)$ 为三个主应力之和。基于晶体塑性理论，综合以上公式，可以得到寿命预测模型：

$$\dot{D}_\mathrm{f} = \sum_{\alpha=1}^{12} \left(\frac{|\tau^{(\alpha)}|}{s_\mathrm{oct}} \right)^{m_\mathrm{oct}} \left(\frac{\dot{\gamma}^{(\alpha)}}{\dot{\gamma}_\mathrm{0oct}} \right)^{n_\mathrm{oct}} \dot{\gamma}_\mathrm{0oct} + \sum_{\alpha=1}^{6} \left(\frac{|\tau^{(\alpha)}|}{s_\mathrm{cub}} \right)^{m_\mathrm{cub}} \left(\frac{\dot{\gamma}^{(\alpha)}}{\dot{\gamma}_\mathrm{0cub}} \right)^{n_\mathrm{cub}} \dot{\gamma}_\mathrm{0cub} \tag{2-50}$$

式中，D_f 为材料从初始状态到完全损坏过程中的损伤累积；m_oct 为描述材料在八面体滑移系下硬化行为的指数；n_oct 为描述材料在八面体滑移系下硬化行为的常

数；m_{cub} 为描述材料在立方滑移系下硬化行为的指数；n_{cub} 为描述材料在立方滑移系下硬化行为的常数；$\dot{\gamma}_{0\mathrm{oct}}$ 为八面体滑移系中材料开始发生塑性变形的临界剪应变；$\dot{\gamma}_{0\mathrm{cub}}$ 为立方滑移系中材料开始发生塑性变形的临界剪应变；s_{oct} 为八面体滑移系中材料的剪应力强度；s_{cub} 为立方滑移系中材料的剪应力强度。计算整理得到

$$\Delta D_i^{\mathrm{fat}} = \sum_{\alpha=1}^{12} \left(\frac{\tau_{\max}^{(\alpha)}}{s_{\mathrm{ref}}} \right)^{m_{12}} \left(\frac{\left| \dot{\gamma}_{\max}^{(\alpha)} \right|}{\dot{\gamma}_{0,\mathrm{fat}}} \right)^{n_{12}} + \sum_{\alpha=1}^{6} \left(\frac{\tau_{\max}^{(\alpha)}}{s_{\mathrm{ref}}} \right)^{m_{12}} \left(\frac{\left| \dot{\gamma}_{\max}^{(\alpha)} \right|}{\dot{\gamma}_{0,\mathrm{fat}}} \right)^{n_6} \tag{2-51}$$

式中，$\Delta D_i^{\mathrm{fat}}$ 为材料损伤随时间(或循环次数)的增量；$\tau_{\max}^{(\alpha)}$ 和 $\dot{\gamma}_{\max}^{(\alpha)}$ 分别为循环中的最大分切应力和最大剪切应变率；s_{ref} 为材料的参考剪应力，通常与材料的屈服应力或滑移应力相关；m_{12} 为描述两个滑移系(如八面体滑移系与立方滑移系)间硬化行为的指数；n_{12} 为描述两个滑移系间硬化行为的常数；n_6 为描述六面体滑移系硬化行为的常数。

中温下镍基单晶合金滑移系开动规律：[001]和[011]取向开动的滑移系类型为八面体滑移系族，[111]取向为六面体滑移系族。本章试验采用晶体取向为[001]的镍基单晶合金，因此认为其开动的滑移系为八面体滑移系族。

2. 参数拟合

依据 DD6 单晶合金滑移系开动规律，式(2-51)可写为

$$\Delta D_i^{\mathrm{fat}} = \sum_{\alpha=1}^{8} \left(\frac{\left| \tau_{\max}^{(\alpha)} \right|}{s_{\mathrm{oct}}} \right)^{m_{\mathrm{fat}}} \left(\frac{\dot{\gamma}_{\max}^{(\alpha)}}{\dot{\gamma}_{\mathrm{oct}}} \right)^{n_{\mathrm{fat}}} \tag{2-52}$$

式中，m_{fat} 为描述材料在疲劳加载下硬化过程的指数；n_{fat} 为与 m_{fat} 配对的常数，用于表征材料在疲劳加载下硬化行为的具体量化特征；s_{oct}、$\dot{\gamma}_{\mathrm{oct}}$ 可以通过分析不同温度下疲劳试验数据得到。对于镍基高温合金，有研究表明可以取 $m_{\mathrm{fat}} = t/100$，其中 t 为温度(℃)。因此，只需要拟合得到不同温度下的 n_{fat} 就可以得到该温度下的低周疲劳损伤公式。寿命参数的拟合方法基于弹塑性的计算结果，必须先利用晶体塑性理论有限元分析计算出循环中最大分切应力 $\tau_{\max}^{(\alpha)}$ 和最大剪切应变率 $\dot{\gamma}_{\max}^{(\alpha)}$。$n_{\mathrm{fat}}$ 的具体拟合步骤如下：

(1) 选取参考应力和参考剪切应变率，通过不同温度下的 DD6 低周疲劳试验研究，选取参考应力为 3.5 倍的临界分切应力，$s_{\mathrm{oct}} = 3.5\tau$；参考剪切应变率为 10；

(2) 确定 m_{fat}，取 $t/100$，t 为温度；

(3) 确定 n_{fat}，对试验条件下的试件进行弹塑性分析，得到最大分切应力和最

大剪切应变率，根据疲劳损伤公式和试验疲劳寿命可以反求 n_{fat}。

利用 2.2 节中 980℃ 下镍基单晶合金 DD6 工字型试件低周疲劳试验数据，结合有限元模拟，通过线性最小二乘拟合，得到 DD6 高温合金 980℃ 下的寿命参数 $n_{fat} = 0.7$。

2.4.3　弹塑性拉伸等效

将晶体塑性理论本构模型写入 umat 子程序中，对于同表面粗糙度的实际三维形貌计算模型及分别以 R_z 和 R_y 作为正弦形状单微缺口深度的等效简化模型进行单轴拉伸有限元计算，基于等效理论，从最大 Mises 应力、沿拉伸轴方向的最大应力集中系数和最大静变形比例来分析等效简化模型在晶体塑性理论框架下的等效结果。

1. 最大 Mises 应力

R_a 分别为 $0.12\mu m$、$0.26\mu m$ 和 $0.47\mu m$ 的实际表面形貌计算模型和等效简化模型的最大 Mises 应力如图 2-35 所示。在单轴拉伸载荷下，晶体塑性理论下的计算结果略小于弹性单轴拉伸，但差别不大。以 R_z 作为正弦形状微缺口深度的等效简化模型计算结果与实际表面形貌计算模型计算结果的误差较小，分别为 4.86%、6.82%、5.52%。以 R_y 作为微缺口深度的等效简化模型计算结果均略大于实际三维表面形貌计算模型计算结果，并且误差相对较大，三组表面粗糙度模型的等效误差分别为 15.50%、18.78%、2.83%。对比而言，以 R_z 作为微缺口深度的等效简化模型等效结果更好。

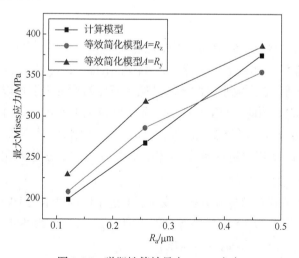

图 2-35　弹塑性等效最大 Mises 应力

2. 最大应力集中系数

R_a 分别为 0.12μm、0.26μm 和 0.47μm 的实际表面形貌计算模型和等效简化模型沿拉伸轴方向的最大应力集中系数如图 2-36 所示。R_a 分别为 0.12μm、0.26μm、0.47μm 的计算模型最大应力集中系数为 2.145、2.910 和 3.568，与弹性单轴拉伸下的计算结果相比偏小。以 R_z 为正弦形状微缺口深度的等效简化模型与实际计算模型的误差很小，为 1.09%、2.85%、5.36%；以 R_y 为正弦形状微缺口深度的等效简化模型与实际计算模型的误差分别为 9.39%、13.95%、15.90%，误差相对较大。因此，在晶体塑性理论下，以 R_z 为正弦形状微缺口深度、R_{sm} 为微缺口宽度的具有正弦形状单微缺口的平板等效简化模型，依旧能够较好地表征单轴拉伸时试件表面的实际最大应力集中情况，可以将其作为等效简化模型来简化计算。

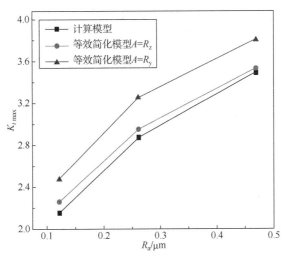

图 2-36　弹塑性等效最大应力集中系数

3. 最大静变形比例

R_a 分别为 0.12μm、0.26μm 和 0.47μm 的实际表面三维形貌计算模型和等效简化模型沿拉伸轴方向的最大静变形比例如图 2-37 所示。R_a 为 0.47μm 的模型 R_{max} 较 R_a 为 0.12μm 的模型增加 4.11%，增加幅度较小，说明表面粗糙度对沿加载方向的最大静变形比例影响较小。以 R_z 为正弦形状微缺口深度的三组表面粗糙度等效简化模型与实际表面形貌计算模型的误差非常小，为 2.89%、1.25%、0.40%，在 3% 以内；以 R_y 为正弦形状微缺口深度的等效简化模型与实际计算模型的误差为 3.49%、1.56%、0.23%，在 5% 以内。两组等效简化模型的计算结果均略大于实际计算模型，对比而言，以 R_z 为正弦形状微缺口深度的等效简化模型等效结果更好。

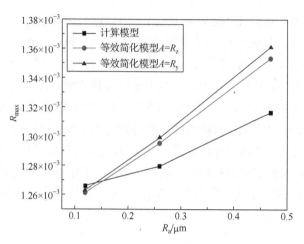

图 2-37　弹塑性等效最大静变形比例

　　因此，综合三组实际表面形貌计算模型与两种等效简化模型在单轴拉伸载荷下的最大 Mises 应力、沿加载方向的最大应力集中系数和最大静变形比例的等效误差，在晶体塑性理论框架下，仍旧认为以 R_z 作为正弦形状微缺口深度、R_{sm} 作为微缺口宽度的等效简化模型，能够作为不同表面粗糙度实际表面形貌计算模型的等效简化模型。

2.4.4　不同表面粗糙度的疲劳寿命预测

　　以 R_z 为正弦形状单微缺口深度的平板等效简化模型进行晶体塑性疲劳行为模拟，对最大八面体分切应力云图、棘轮曲线和疲劳损伤进行分析，并预测其疲劳寿命。

1. 最大八面体分切应力云图

　　在晶体塑性理论框架下，当最大八面体分切应力大于参考分切应力时，滑移系开动。由于不同表面粗糙度等效简化模型的最大八面体分切应力分布相似，因此仅选取 R_a 0.26 模型在第一个疲劳循环载荷最大时的最大八面体分切应力云图进行说明，如图 2-38 所示。

　　由图 2-38 可以看出，在单轴拉伸疲劳载荷下，以 R_z 作为微缺口深度的正弦形状单微缺口平板等效简化模型的八面体分切应力沿模型长度和厚度方向对称分布，在单微缺口根部出现一条大面积应力近似相等的应力集中带，与其边缘的应力梯度很大，最大八面体分切应力为 348.5MPa，出现在与载荷轴方向夹角约 60°的位置。可以预测，在疲劳加载过程中，此处的滑移系最先开动，是裂纹形成和

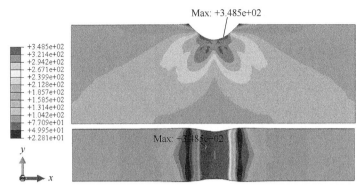

图 2-38　R_a 0.26 模型最大八面体分切应力云图(单位：MPa)

扩展的主要位置。从 z 轴方向观察，微缺口根部应力呈现多级蝶翅放射状分布，应力逐级递减，应力梯度也逐级减小，蝶翅的影响区域逐渐扩大。微缺口顶部应力较小，其余位置应力均匀分布。

2. 棘轮曲线

由于经历一定的循环周次后，在高温环境下应力发生重分布，疲劳损伤会逐步趋于稳定。为简化计算，仅取前 8 个疲劳循环周次进行研究。三组表面粗糙度的等效简化模型在单轴拉伸疲劳载荷下沿载荷轴方向应力最大点处的应力-应变曲线(棘轮曲线)如图 2-39～图 2-41 所示。

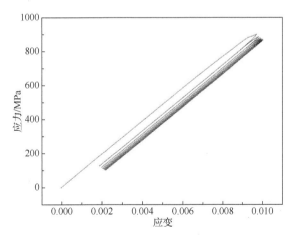

图 2-39　R_a 0.12 模型棘轮曲线

由图 2-39～图 2-41 可以看出，疲劳循环初始阶段，不同表面粗糙度等效简化模型沿载荷轴方向的应力-应变曲线均呈现明显不封闭特征和棘轮效应。在第一个疲劳循环中，棘轮应变率很大，应变迅速累积，随着循环数增加，不封闭特征逐

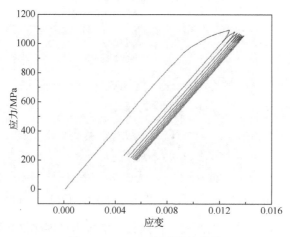

图 2-40　R_a 0.26 模型棘轮曲线

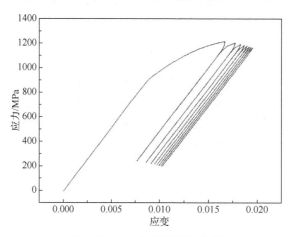

图 2-41　R_a 0.47 模型棘轮曲线

渐减弱，应变率减小并趋于一稳定值，疲劳循环中的应变累积变缓，循环趋于稳定。对比不同表面粗糙度等效简化模型的应力-应变曲线可以看出，表面粗糙度越大，模型在每个循环的最大应力越大，即应力集中现象越严重。此外，模型在第一个循环累积的应变随表面粗糙度的增加而增加，应变率减小的趋势变缓，因此表面粗糙度越大的等效简化模型在每一个疲劳循环中累积的塑性应变越大。

3. 疲劳损伤

　　三组表面粗糙度等效简化模型初始第一个疲劳循环和疲劳基本稳定的第八个疲劳循环微缺口根部的疲劳损伤云图见图 2-42～图 2-44，每一个疲劳循环的最大损伤随循环数变化情况如图 2-45～图 2-47 所示，分析三组表面粗糙度等效简化模型的损伤演化情况。

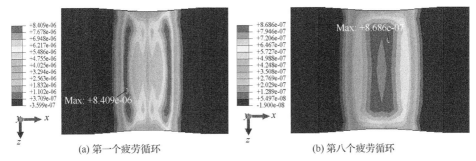

(a) 第一个疲劳循环　　　　　　　　　　(b) 第八个疲劳循环

图 2-42　R_a 0.12 模型第一个和第八个疲劳循环损伤云图

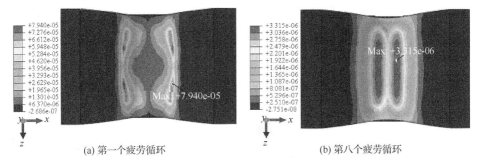

(a) 第一个疲劳循环　　　　　　　　　　(b) 第八个疲劳循环

图 2-43　R_a 0.26 模型第一个和第八个疲劳循环损伤云图

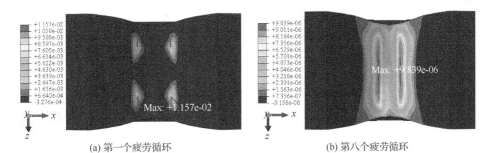

(a) 第一个疲劳循环　　　　　　　　　　(b) 第八个疲劳循环

图 2-44　R_a 0.47 模型第一个和第八个疲劳循环损伤云图

由图 2-42 可知，第一个疲劳循环中，正弦形状单微缺口根部疲劳损伤呈弧度较小的对称拱桥形分布，最大损伤 8.409×10^{-6}，其出现位置与载荷轴夹角约 $60°$，与最大 Mises 应力和最大八面体分切应力位置基本一致，最大损伤附近损伤梯度很大。在第八个疲劳循环时，两条对称的损伤集中带呈细长的纺锤形状，其位置向微缺口根部移动，较第一个疲劳循环时集中，最大损伤出现在与载荷轴夹角约 $75°$ 的位置，最大损伤为 8.686×10^{-7}，较第一个疲劳循环小一个数量级，其附近损伤梯度很大。由图 2-45 单微缺口根部最大损伤随疲劳循环数的变化曲线可以看出，第一个疲劳循环的最大损伤很大，随着疲劳循环数的增加，最大损伤迅速减

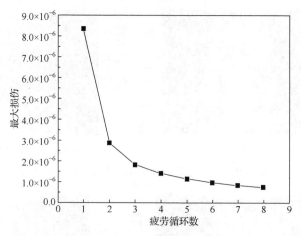

图 2-45　R_a 0.12 模型最大损伤曲线

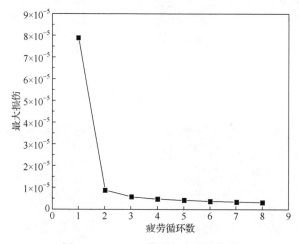

图 2-46　R_a 0.26 模型最大损伤曲线

小，第六个疲劳循环之后，每个疲劳循环的最大损伤趋于一稳定值。

由 R_a 0.26 模型的损伤云图(图 2-43)可以看出，在第一个疲劳循环时，微缺口根部出现两条对称的拱桥形损伤集中带，但损伤严重的区域较小，近似呈两条细线，最大损伤为 7.940×10^{-5}，其位置与载荷轴近似呈 60°角，损伤集中带附近的损伤梯度较大。第八个疲劳循环时，微缺口根部出现两条细长的卵形损伤集中带，损伤集中带的影响区域较大，较第一个疲劳循环时更向微缺口根部集中，附近的损伤梯度很大。最大损伤为 3.315×10^{-6}，出现在与载荷轴夹角近似 70°的位置。从图 2-46 可以看出，第一个疲劳循环的最大损伤很大，随着疲劳循环数累积，最大损伤逐渐减小并趋于稳定。

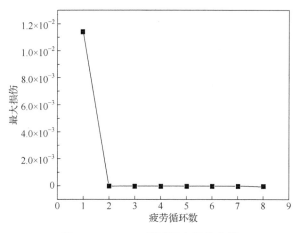

图 2-47　R_a 0.47 模型最大损伤曲线

从图 2-44 可以看出，施加拉伸疲劳载荷时，第一个疲劳循环微缺口根部出现对称的四块近似三角形的损伤集中区域，损伤较大区域仅在三角形中心很小区域内，损伤梯度很大，损伤最大点位于三角形中心，最大损伤为 1.157×10⁻²，与载荷轴近似呈 60°角。第八个疲劳循环微缺口根部呈两条较窄损伤集中带，损伤集中带附近的损伤梯度较大。最大损伤出现在 z 轴中间位置，与载荷轴夹角约为 60°，最大损伤为 9.839×10⁻⁶。图 2-47 表明，第一个疲劳循环的最大损伤较大，从第二个疲劳循环起，每个疲劳循环的最大损伤基本稳定。

由三组等效简化模型第一个疲劳循环和第八个疲劳循环的损伤云图可以看出，当施加单轴疲劳载荷时，等效简化模型上用来等效表面粗糙度的正弦形状单微缺口根部会出现沿模型长度和厚度方向对称的损伤集中现象，损伤集中区域附近的损伤梯度很大。第一个疲劳循环的损伤最大点与载荷轴的夹角约为 60°，第八个疲劳循环的损伤集中带较第一个疲劳循环的损伤集中带更靠近微缺口根部，损伤最大点的位置也更靠近微缺口根部，随后可以根据稳定后的损伤对其疲劳寿命进行预测。

4. 寿命预测

根据 Miner 线性疲劳损伤累积理论，疲劳寿命可表示为

$$N = \frac{1}{D} \tag{2-53}$$

式中，D 为每个疲劳循环产生的损伤。

将不同表面粗糙度等效简化模型在单轴疲劳载荷下循环稳定后的最大损伤代入式(2-53)中，得到不同表面粗糙度试件的疲劳寿命，如表 2-9 所示。将用此方法预测的疲劳寿命与试验结果进行对比，如图 2-48 所示。可以看出，#240 砂纸打

磨试件的试验疲劳寿命均大于预测疲劳寿命；#1500 砂纸打磨试件的预测疲劳寿命较试验结果偏大；#800 砂纸打磨试件的预测疲劳寿命与试验疲劳寿命相近，误差较小。总的来看，不同粒度砂纸打磨试件的预测疲劳寿命与试验疲劳寿命的误差均落在 4 倍疲劳寿命误差带内。因此，认为根据实测试件表面粗糙度表征参数建立的带有正弦形状单微缺口的平板模型可以较好地等效砂纸打磨试件的表面形貌，在工程实际中可以用来等效简化计算，对不同表面粗糙度的试件疲劳寿命进行预测。

表 2-9　不同表面粗糙度等效简化模型疲劳寿命预测

模型编号	轮廓算数平均偏差 $R_a/\mu m$	最大损伤 D	疲劳寿命 N
R_a 0.12	0.12	8.686×10^{-7}	1151277
R_a 0.26	0.26	3.315×10^{-6}	301659
R_a 0.47	0.47	9.839×10^{-6}	101636

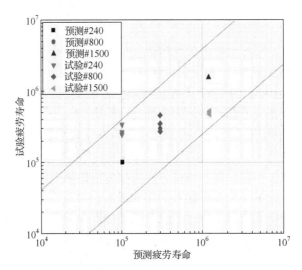

图 2-48　不同表面粗糙度试件预测疲劳寿命与试验疲劳寿命对比

2.5　本章小结

本章系统地研究了表面形貌对镍基单晶高温合金疲劳性能的影响规律和机理，主要研究结论如下。

(1) 研究了表面形貌对高温疲劳性能的影响规律和机理，结果表明，不同表面形貌试件的主要表面粗糙度表征参数(R_a、R_z、R_y、R_{sm})差别很大，试件表面越粗糙，其疲劳寿命越短。表面越粗糙的试件，疲劳裂纹越易从加工表面微缺陷处起裂，光滑试件疲劳源多为试件内部夹杂或孔洞缺陷，表面起裂试件的疲劳寿命更短。

(2) 建立了三维实际表面形貌计算模型，研究了表面粗糙试件的弹性等效简化方法。研究表明，以 R_z 作为微缺口深度的具有正弦形状单微缺口的平板等效简化模型等效误差均在 5%以内，可以用作等效简化模型来对计算模型进行等效简化。等效简化模型、拟合的表面粗糙度表征参数表达式、Neuber 半经验公式得到的最大应力集中系数，与实际表面三维形貌计算模型的最大应力集中系数计算误差均在 10%以内。

(3) 基于晶体塑性理论，利用等效简化模型对不同表面粗糙度的镍基单晶高温合金的疲劳行为进行有限元仿真及疲劳寿命预测。研究表明，等效简化模型能够很好地对试件不同表面形貌进行等效简化。通过线性疲劳损伤累积和寿命预测理论对等效简化模型的疲劳寿命进行预测，预测结果与试验结果误差在 4 倍误差带内。

参 考 文 献

[1] MAIYA P S, BUSCH D E. Effect of surface roughness on low-cycle fatigue behavior of type 304 stainless steel[J]. Metallurgical Transactions A, 1975, 6(9): 1761-1766.

[2] NOVOVIC D, DEWES R C, ASPINWALL D K, et al. The effect of machined topography and integrity on fatigue life[J]. International Journal of Machine Tools & Manufacture, 2004, 44(2-3): 125-134.

[3] YAO C F, WU D X, JIN Q C, et al. Influence of high-speed milling parameter on 3D surface topography and fatigue behavior of TB6 titanium alloy[J]. Transactions of Nonferrous Metals Society of China, 2013, 23(3): 650-660.

[4] ZHANG M, WANG W, WANG P, et al. The fatigue behavior and mechanism of FV520B-I with large surface roughness in a very high cycle regime[J]. Engineering Failure Analysis, 2016, 66: 432-444.

[5] LI X, GUAN C M, ZHAO P. Influences of milling and grinding on machined surface roughness and fatigue behavior of GH4169 superalloy workpieces[J]. Chinese Journal of Aeronautics, 2018, 31(6): 1399-1405.

[6] NEUBER H. Theory of Notch Stresses[M]. Berlin: Springer-Verlag, 1958.

[7] AROLA D, RAMULU M. An examination of the effects from surface texture on the strength of fiber reinforced plastics[J]. Journal of Composite Materials, 1999, 33(2): 102-123.

[8] AROLA D, WILLIAMS C L. Estimating the fatigue stress concentration factor of machined surfaces[J]. International Journal of Fatigue, 2002, 24(9): 923-930.

[9] AONO Y, NOGUCHI H. Fatigue limit reliability of axisymmetric complex surface[J]. International Journal of Fracture, 2005, 131(1): 59-78.

[10] 程正坤, 廖日东, 李玉婷, 等. 表面形貌对应力集中系数的影响研究[J]. 北京理工大学学报, 2016, 36(3): 231-236.

[11] MAJUMDAR A, TIEN C L. Fractal characterization and simulation of rough surfaces[J]. Wear, 1990, 136(2): 313-327.

[12] 王自强, 段祝平. 塑性细观力学[M]. 北京: 科学出版社, 1995.

[13] PEIRCE D, ASARO R J, NEEDLEMAN A. Material rate dependence and localized deformation in crystalline solids[J]. Acta Metallurgica, 1983, 31(12): 1951-1976.

[14] HILL R. Generalized constitutive relations for incremental deformation of metal crystals by multislip[J]. Journal of the Mechanics and Physics of Solids, 1966, 14(2): 95-102.

[15] HILL R, RICE J R. Constitutive analysis of elastic-plastic crystals at arbitrary strain[J]. Journal of the Mechanics and Physics of Solids, 1972, 20(6): 401-413.

[16] ASARO R J. Micromechanics of crystals and polycrystals[J]. Advances in Applied Mechanics, 1983, 23: 1-115.

[17] ASARO R J. Crystal plasticity[J]. Journal of Applied Mechanics, 1983, 50(4b): 921-934.

[18] MINER M A. Cumulative damage in fatigue[J]. Journal of Applied Mechanics, 1945, 12(3): 159-164.

[19] LEVKOVITCH V, SIEVERT R, SVENDSEN B. Simulation of deformation and lifetime behavior of a fcc single crystal superalloy at high temperature under low-cycle fatigue loading[J]. International Journal of Fatigue, 2006, 28(12): 1791-1802.

[20] YEH N M, KREMPL E. An Incremental Life Prediction Law for Multiaxial Creep-Fatigue Interaction and Thermomechanical Loading[M]//MCDOWELL D L, ELLIS J R. Advances in Multiaxial Fatigue. West Conshohocken: ASTM International, 1993.

第3章 不同制孔工艺下镍基单晶气膜孔裂纹萌生与扩展行为

3.1 引　言

气膜孔作为一种高效冷却结构,广布于涡轮叶片上,但其破坏了叶片整体性,经常导致叶片在气膜孔处发生故障。气膜孔主要通过改变镍基高温合金的应力分布和原始表面条件来影响裂纹的萌生和扩展[1],其裂纹萌生特征可分为滑移累积型和杂质诱发型两大类。Zhou 等[2]通过试验观察和晶体塑性模拟研究了气膜孔对单晶高温合金室温拉伸性能的影响,发现孔周围的应力集中产生了四个条带,加速了局部塑性变形和裂纹的萌生。应力集中造成较大应力梯度,在服役条件下孔边发生局部变形,产生屈服应力、损伤的重分配,使得其力学行为描述相对光滑试件更复杂;疲劳试验也出现了类似的现象,在孔边受到分切应力作用产生了明显塑性变形[3]。另外,气膜孔加工过程会使孔周表面状态发生剧烈变化,造成初始损伤,这是影响孔边裂纹萌生的主要因素[4]。常见的长脉冲激光和电火花加工引起的再铸层为细密的枝晶组织多晶结构。纳米尺度 MC 型碳化物析出不仅易诱发裂纹萌生(热裂和冷裂),而且孔周元素发生重分布,使得再铸层区域中的 γ′相发生严重退化。从宏观形貌上来看,孔边的硬度和弹性模量都会发生不同程度的变化,微裂纹区域组织粗糙不平整,元素便于在局部区域进行扩散,加速裂纹形核[5-6]。镍基单晶的裂纹扩展行为也会受到表面状态的影响,导致裂纹扩展的描述更加复杂,如图 3-1 所示。

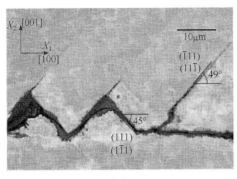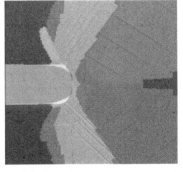

图 3-1　典型的镍基单晶裂纹扩展模式和滑移系驱动[7-8]

遗憾的是,有限的试验现象对于理解镍基单晶不同制孔工艺下的气膜孔疲劳破坏机理研究远远不够,更不能研究其从裂纹起裂到结构断裂的全过程中各种因素的影响程度。国内外学者大部分集中在某单一因素进行研究,且研究方法主要是考虑单因素并结合实验现象观察不同表面状态下力学行为和微观组织的差异。在实际应用中,不同制孔工艺之间的差异是多种因素耦合作用的结果,基于单一因素很难完全分析制孔质量对疲劳断裂的影响。

不同制孔工艺下镍基高温合金气膜孔的裂纹萌生与扩展行为十分复杂,目前的研究仍然不能清晰描述。有两大问题亟须解决:①不同制孔工艺的影响因素对孔边裂纹萌生有何影响?②不同制孔工艺下的疲劳裂纹扩展行为有何差异且如何描述?为了解决这两个问题,本章从几何、物理、力学三个维度深入探讨不同制孔工艺下疲劳裂纹形核机理和扩展模式。开展镍基单晶两种典型制孔工艺(电火花和激光)制成气膜孔结构的疲劳实验,利用多种实验设备表征孔边差异;随后,建立晶体滑移模型,分析孔边不同影响因素的裂纹驱动力差异并作出定量分析,结合寿命确定关键的特征因素,为工程实际制孔提供充足的理论分析依据。

3.2　疲劳裂纹扩展试验

3.2.1　材料和试件

本章采用的试验材料为国产第二代镍基单晶高温合金 DD6,主要化学元素质量分数如表 3-1 所示。将 DD6 母合金在真空感应炉中熔融,通过定向凝固炉制成 [001] 取向。试验材料采用标准热处理方法:1290℃,1h;1300℃,2h;1315℃,4h/AC;1120℃,4h/AC;870℃,32h/AC(AC 表示空气冷却至室温)。经 Laue 背散射方法测试,毛坯 [001] 取向偏离 5.2°,[010] 取向偏离 3.7°,[100] 取向偏离 5.9°。镍基单晶的原始结构由 γ 基体和 γ′ 强化相组成,其强化机理是呈立方体的 γ′ 相均匀地共格在 γ 相中,约占 70% 的体积,如图 3-2 所示。材料的两相微观组织均为有序面心立方金属结构,其中 γ 相为无序的镍基固溶体,γ′ 相为有序的金属间化合物 Ni_3Al。从几何上而言,其在室温下粒子发生剪切,塑性变形和单相面心立方结构(fcc)晶体是类似的。

表 3-1　镍基单晶高温合金 DD6 的化学组成

元素	C	Cr	Hf	Co	W	Mo	Al
质量分数/%	0.010	4.0	1.0	9.1	8.2	2.1	5.4
元素	Ti	Ta	Re	Nb	B	Si	Ni
质量分数/%	0.04	7.3	2.0	1.0	0.01	0.08	剩余

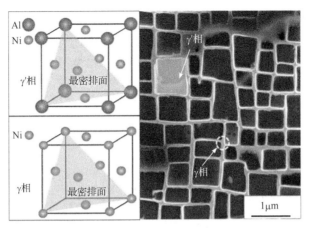

图 3-2 具有[001]取向的 DD6 显微组织

薄壁气膜孔平板试件疲劳试验采用的毛坯和试件尺寸如图 3-3 所示。为了严格保证试件晶向和显微组织的一致性,均取自同一铸造单晶毛坯,切取方向与毛坯长度 TD 方向(横向)保持一致(需理解的是,毛坯不是轧制出来的,这里 TD 方向类似轧制钢的参考方向),试件厚度 B=0.8mm,在保证不发生屈曲的同时使其尽可能接近平面应力状态。试件整体几何形状为"全板"而非"狗骨"状,以防止薄试件几何尺寸突变导致夹紧部分产生局部应力集中。比较常用的气膜孔制造技术有激光制孔(laser drilling manufacturing,LDM)和电火花加工(electrical discharge machining,EDM),在试件中心制造 Φ0.8mm 尺寸气膜孔,试件四个表面均进行了表面抛光处理,测试其粗糙度均小于 50μm。

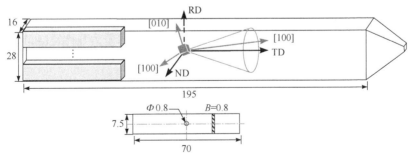

图 3-3 毛坯和试件尺寸(单位:mm)

RD 表示轧制方向;ND 表示法向;TD 表示横向

3.2.2 试验方法与步骤

近年来,原位 SEM 由于具有强大的成像能力,常用来研究微观尺度下微裂纹的萌生、扩展[9]。本章未采用这一方法,主要原因有:①实际疲劳裂纹扩展的随机性，尤其对于带孔试件孔边的随机损伤，无法兼顾放大倍数和观测性能；②进行清晰的 SEM 观测时需要表面处理，破坏了制孔形貌；③观测设备需要对裂纹跟踪有更高要求，单个 SEM 显然无法满足测试需求。考虑到使用的试件为非标准件，常规的裂纹监测技术，如柔度法和直流电势降法等，不便用于裂纹监测。在此情况下，自制两台三轴联动显微裂纹跟踪电荷耦合器件(CCD)，放大倍数可达 500 倍，用高分辨光栅尺记录裂纹扩展长度直至试件断裂，并用画面捕捉软件记录试件形貌。试验设备如图 3-4 所示。

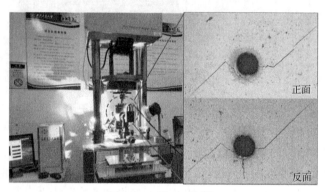

图 3-4　原位试验设备

为了分离温度对工艺因素的干扰，揭示气膜孔孔边形核与扩展机理，采用常温环境进行试验。测试试件共 20 个(每种制孔工艺各 10 个)，采用高频试验机(QBG25)进行试验，频率为 78Hz，加载方式为正弦波(应力比 R=0.1)，具体的测试方案如表 3-2 所示。为了能及时捕捉到画面，防止金属表面光泽和纹路干扰，在试件表面喷涂薄脆性常温涂层(丙烯酸类树脂)。另外，试件的几何形貌、滑移线、物理力学性能、微观组织等用光学显微镜(OM)、原子力显微镜(AFM)、拉曼光谱仪、纳米压痕仪、SEM 等设备进行检测。

表 3-2　测试方案(常温)

制孔工艺	应力/MPa	频率/Hz	应力比	计划试件数	有效数据试件数
	220			4	3
EDM	200	78	0.1	3	2
	180			3	2
	200			4	2
LDM	180	78	0.1	3	2
	160			3	2

3.3　试验结果分析

3.3.1　气膜孔表面质量分析

1. 孔边几何特征

EDM 与 LDM 工艺下的典型气膜孔如图 3-5 所示,直观可见两种工艺的制孔质量差别。宏观上,两种制孔工艺的差异主要体现在圆度与锥度误差上。EDM 的孔边缘轮廓线较 LDM 明显粗糙,孔边缘没有很明显的打孔热残留痕迹,孔边一周存在凹凸不平的尖口,这也反映在孔的圆度上。从孔壁形貌上来看,LDM 气膜孔孔壁光滑,上下表面沿厚度方向呈倒锥形,而 EDM 气膜孔有明显的表皮褶皱现象,锥度不明显。描摹不同制孔工艺典型气膜孔轮廓,两条轮廓线分别为制孔入射面和穿透面,分别用外接圆来描述轮廓直径。

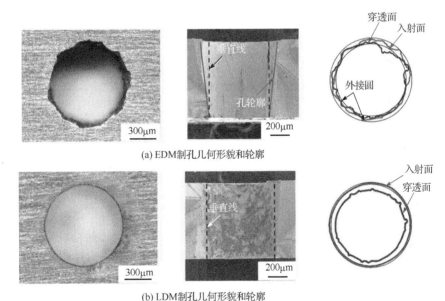

(a) EDM制孔几何形貌和轮廓

(b) LDM制孔几何形貌和轮廓

图 3-5　两种制孔工艺的气膜孔几何形貌和轮廓

进一步统计制孔差异,扩大样本数量,一批制孔(共 26 件,20 件用于本章研究)的直径分布如图 3-6(a)所示。制孔的直径差异十分明显,LDM 气膜孔入射面和穿透面的直径均值分别为 786μm 和 893μm,差异保持在 13.6%。EDM 气膜孔入射面和穿透面的直径均值分别为 852μm 和 832μm,差异保持在 2.3%。孔型的锥度及其分布如图 3-6(b)和(c)所示,EDM 和 LDM 气膜孔的平均锥度分别为 0.62°和

4.10°。孔中心到试件边缘的距离大部分保持在标距段一半附近，如图 3-6(d)所示。

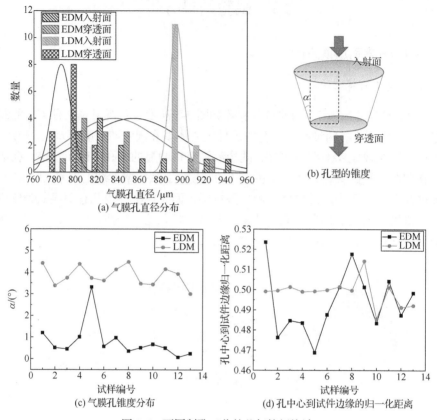

(a) 气膜孔直径分布

(b) 孔型的锥度

(c) 气膜孔锥度分布

(d) 孔中心到试件边缘的归一化距离

图 3-6　不同制孔工艺的几何特征统计

2. 孔边冶金特征

在高能光源聚焦穿孔的过程中，热源直接作用于材料，接触材料经历快速熔融、粒子喷射和凝固的过程，孔周围区域的物理化学性质将会发生很大的变化，随着温度逐渐平衡，孔周围形成再铸层和热影响区(HAZ)。孔边的微观组织结构会明显影响孔边的应力分布，进而改变裂纹萌生。EDM 和 LDM 气膜孔孔边整体形貌和再铸层分布如图 3-7 所示。从图中可以看出，两种不同制孔工艺的冶金特征有着明显的差异，主要表现在再铸层的厚度、连续性及内部特征等方面。具体表现：EDM 气膜孔的再铸层较厚，厚度分布在 10.5～35μm，孔边为连续性再铸层；LDM 气膜孔的再铸层则相对较薄，厚度分布在 0～7.5μm，且不连续。

EDM 和 LDM 气膜孔孔边局部微观形貌如图 3-8(a)～(c)所示。从图可以看出，典型 EDM 和 LDM 制孔试件孔边再铸层的外层(靠近孔壁)宏观上是比较粗的多孔等轴晶体结构[图 3-8(a)]；位于等轴晶体和材料基体之间的中间层存在一系列扇贝

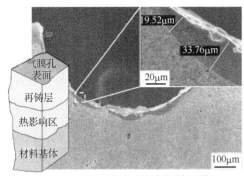
(a) EDM气膜孔孔边整体形貌

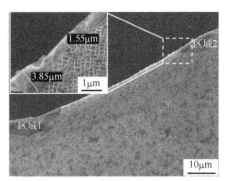
(b) LDM气膜孔孔边整体形貌

图 3-7　EDM 和 LDM 气膜孔孔边整体微观组织形貌

状胞状晶体，这主要是由于制孔后产生温度梯度，通过局部熔池定向凝固[10]。从宏观上来看，再铸层为细小的疏松孔洞，如图 3-8(b)所示。这些结构中往往含有微裂纹，这会对再铸层和再结晶中存在水平弱晶界造成影响，进而降低附近组织性能。在使用过程中，镍基单晶高温合金在再结晶晶界和再结晶区与基体材料的界面处也容易产生裂纹，进一步削弱单晶材料的优越性能。从裂纹形式来看，EDM气膜孔边缘出现周向裂纹[图 3-8(a)]，而 LDM 气膜孔边缘出现径向裂纹[图 3-8(b)]和周向裂纹[图 3-8(c)]，且以径向裂纹为主。这主要是因为镍基单晶高温合金基体中 Al 和 Ti 含量高，热裂纹敏感性高，在高速冲击作用下，再铸层容易产生周向裂纹和径向裂纹[11-12]。需要注意的是，周向裂纹和径向裂纹都只存在于再铸层中，而不存在于基体中。相关研究[13]表明，两种微裂纹在荷载作用下具有不同的影响方向，径向裂纹造成的损伤要比周向裂纹大得多，周向裂纹的扩展会导致气膜孔变大，对单晶基体材料的影响较弱，孔扩大的幅度较小，对结构的影响基本忽略不计。

　　进一步分析气膜孔边缘的能谱扫描分布，分别取靠近再铸层的三个点进行测量，化学成分如图 3-8(d)和(e)所示。可以看出，再铸层的外层是成分变化最剧烈的子层，两种工艺中影响化学元素的变化趋势是一致的。与基体元素相比，C 和 O 质量分数显著增加，Cr 质量分数的变化幅度较小，熔点较高的元素(如 W、Re 等)质量分数基本不变，而熔点较低的元素(如 Al)质量分数减少幅度较大，这主要是因为 Al 具有最高的热扩散率，文献[14]、[15]证实了这一观点。这一特性导致 Al 原子发生严重的气化，使得再铸层的 Al 元素几乎不存在，同时相对 Al 熔点稍高的 Co 质量分数降低幅度稍小。再铸层结构极不均匀，含有大量的碳化物。EDM 和 LDM 制孔孔边再铸层的外部氧化程度也不同，表现为 EDM 加工孔洞边缘氧化物较多，热影响区比 LDM 大。再铸层的中间层晶体以树枝状的结晶为主，中间存在等轴晶，层间气化的现象不是很明显，只有一些易于气化的元素发生部分气化消失，该层晶体内分布着极其细密的 γ′ 相。靠近基体的变形层内形核并呈类似扇形扩展，其与基体的界面由一层薄的 γ 相组成，晶胞内含有大量长条状和细小的立方体状 γ′ 相。此外，再铸层中较少的 γ′ 相是由较低的原子浓度引起的，特别是 Al 原子浓度。TEM 观测证实了这一现象，从图 3-8(f) 中可以看出再铸层相对基体的 γ′ 相消失，超晶格衍射斑对比度降低 [图 3-8(g) 中箭头]。

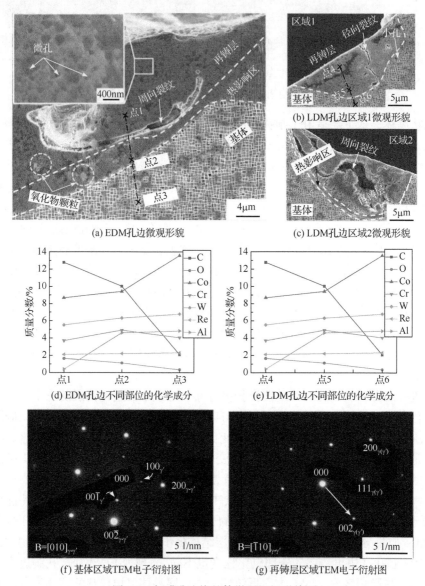

(a) EDM孔边微观形貌

(b) LDM孔边区域1微观形貌

(c) LDM孔边区域2微观形貌

(d) EDM孔边不同部位的化学成分

(e) LDM孔边不同部位的化学成分

(f) 基体区域TEM电子衍射图

(g) 再铸层区域TEM电子衍射图

图 3-8　气膜孔边缘整体微观组织形貌[16]

3. 孔边表面粗糙度

表面粗糙度是表征表面形貌的重要指标之一，对疲劳裂纹的萌生起着关键作用[17-18]。通过原子力显微镜，在距离原始气膜孔孔边不同长度区域的再铸层附近取点，结果如图 3-9 所示。由于 EDM 制孔孔边再铸层较厚且连续，一般只取容易引发失效的典型部位进行分析，如孔边垂直于应力轴的最小截面，如图 3-7(a) 和图 3-9(a)所示。由于 LDM 孔边再铸层的不连续性，分别在有再铸层和无再铸层部位取点分析，如图 3-9(b)和(c)所示。同时，对距离孔边较远处的表面情况进行取线分析[图 3-9(d)]，以排除初始表面对实验结果的干扰。以上参考线上的测试结果如图 3-9(e)～(g)所示。

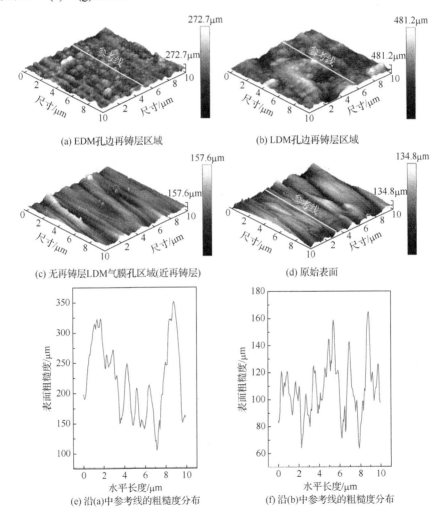

(a) EDM孔边再铸层区域

(b) LDM孔边再铸层区域

(c) 无再铸层LDM气膜孔区域(近再铸层)

(d) 原始表面

(e) 沿(a)中参考线的粗糙度分布

(f) 沿(b)中参考线的粗糙度分布

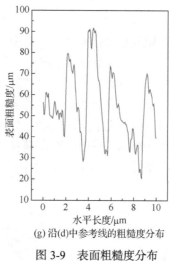

(g) 沿(d)中参考线的粗糙度分布

图 3-9　表面粗糙度分布

从试件表面三维形貌可以看出，不同制孔试件表面存在严重的沟槽现象，其表面三维形貌呈现规律性的波峰和波谷分布，每条波峰的峰顶线附近仍存在"尖峰"形貌。对比不同试件的三维形貌[图 3-9(a)和(b)]也可以发现，EDM 气膜孔孔边表面粗糙度要小于 LDM 气膜孔，其最大波峰高度分别为 272.7μm 和 481.2μm。LDM 孔边不同处的最大波峰高度差别较大[图 3-9(b)和(c)]，这充分说明再铸层的存在对孔边表面粗糙度具有显著影响。另外，EDM 气膜孔孔边沟槽越浅，波峰和波谷的宽度越细，波峰的"尖峰"形貌越明显。LDM 孔边波谷较深，波峰的"尖峰"形貌不明显，波峰和波谷的宽度越宽，说明峰谷分布越来越疏散，越来越不均匀，如图 3-9(e)和(f)所示。从原始表面粗糙度分布[图 3-9(g)]来看，试件表面有大量小的凸起和非常浅显的划痕，这些都将对孔边裂纹起裂后造成影响，但随着裂纹逐步增大，这一影响基本可以忽略不计。

3.3.2　气膜孔孔边力学性能测试

分别在垂直于加载方向最小截面处的孔边由近及远取 4 个测量点，EDM 制孔和 LDM 制孔的初始点分别距离孔边 15μm 和 5μm，施加三棱锥压头最大载荷为 8000μN。随后，分别在距离 EDM 制孔孔边 30μm、75μm 和 500μm 和距离 LDM 制孔孔边 15μm、75μm 和 500μm 处连续测量力学性能。图 3-10 为不同制孔工艺下距离孔边不同距离的载荷-位移曲线。

通过载荷-位移曲线得到的孔边各个区域的弹性模量，如图 3-11(a)所示。镍基单晶合金 DD6 材料[001]取向的室温弹性模量为 131.5GPa[19]，通过纳米压痕试验测得的远端基体平均弹性模量为 134.07GPa，与后续理论模型中使用的弹性模量仅相差 1.9%。EDM 和 LDM 气膜孔孔边再铸层范围内测得的弹性模量分别为

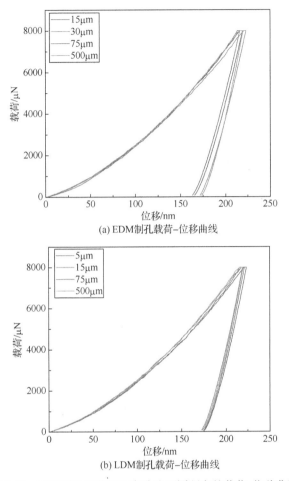

(a) EDM制孔载荷-位移曲线

(b) LDM制孔载荷-位移曲线

图 3-10　不同制孔工艺下距离孔边不同距离的载荷-位移曲线

107.76GPa 和 126.50GPa，与基体部位的弹性模量分别相差 19.6%和 5.6%。在距离孔边 500μm 处，EDM 和 LDM 气膜孔的弹性模量分别为 113.13GPa 和 133.58GPa，这说明 EDM 制孔对基体的影响要明显超过 LDM 制孔的影响。两种制孔工艺下，硬度也有不同程度的下降。在相同距离范围内，EDM 的硬度均大于 LDM。需要进一步理解的是，EDM 和 LDM 的硬度和弹性模量之间出现了"反常"现象，即 EDM 的弹性模量低于 LDM，但 EDM 的硬度均大于 LDM，这是因为硬度主要受塑性影响，而弹性模量一般受原子间距排列影响。因此，可以大致猜测：EDM 孔边原子的排列和密度大于 LDM，位错减少，弹性模量降低；但 EDM 的孔边塑性较 LDM 大，硬度增大。总体而言，可以得到类似 Shang 等[16]的结论：再铸层含有少量 γ′析出相，这一结果使其比基体柔软得多，这是瞬时高温气化后 Al 含量较低造成的。此时，可以进一步得到，气膜孔孔边的化学成分和微观结构与基体区域相差甚大。

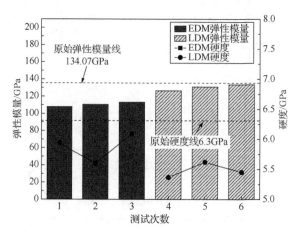

图 3-11　气膜孔周围不同区域的弹性模量和硬度

　　气膜孔加工过程伴随着基体材料的局部径向膨胀和收缩,孔边缘在这一过程中经历了极快的高温熔化和冷却凝固的复杂过程,这必然产生沿孔边分布的残余应力。以冲击点为中心的急剧径向膨胀和收缩,也会产生沿径向分布的残余应力。为了能用有限个点尽可能准确反映孔边应力分布情况,采用拉曼光谱法进行研究。拉曼光谱法相对于常见的曲率法、X 射线衍射法(XRD)、聚焦离子束释放法(FIB)而言,空间分辨率更高,对于应力测量至关重要的光谱重复性精度具有不可比拟的优势[20]。为研究孔边残余主应力的分布特性,对小孔周边区域多个方向的残余应力进行检测。孔边拉曼测点如图 3-12(a)所示。光谱仪扫描范围为 50～3500cm^{-1},单点扫描范围采用 3×3 矩阵式扫描,前进面积为 30μm×30μm[21]。在距离孔边不同长度的地方,在黑色测点(1～5)进行平行于应力轴方向的测试,其中测点 1～4间隔分别为 30μm、60μm、100μm,测点 4 和 5 的间隔为 1cm,以保证测点 5 不受制孔工艺影响,并将其作为参考点。与此同时,为了保证选取的测点有效,需要在孔边 90°范围内均匀分布 4 个测点(6～9),以检验孔边初始点位的一致性。实际测点如图 3-12(b)所示,在测量点位矩阵中,应力分布不均匀,有效反映了矩阵测量相对于单点测量的优越性。从整体上来看,孔边 90°范围内 4 个测点的拉曼强度和频移基本吻合,主要表现在局部频移,如图 3-12(c)所示。EDM 和 LDM 的特征峰"A"处的频移幅度稍有不同,但都保持在 0.8cm^{-1} 浮动范围内。图 3-12(d)为测点 1～5 的拉曼光谱,特征峰位于 840cm^{-1} 左右。

　　拉曼应力与应力敏感的谱带频移($\Delta\omega=\omega'-\omega_0$,单位 cm^{-1})的联系常表述为 $\sigma=\lambda\cdot\Delta\omega$ [22],其中 λ 为应力频移因子,σ 为残余应力(单位 MPa)。孔边残余应力的测量关键是应力频移因子的获取,将拉曼频移代入公式,即可求出此处应力。

(a) 孔边拉曼测点示意图

(b) 拉曼测点显示图

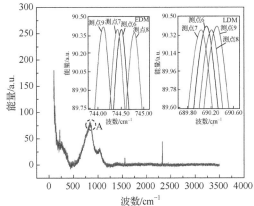

(c) 同一孔边距不同测点拉曼峰值分布

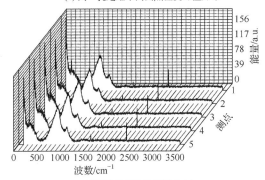

(d) 不同孔边距拉曼光谱分布

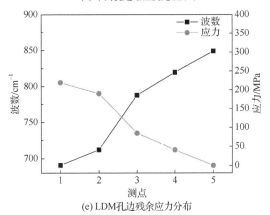

(e) LDM孔边残余应力分布

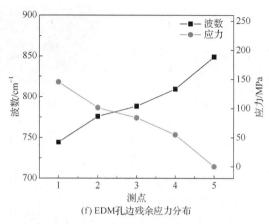

(f) EDM孔边残余应力分布

图 3-12　拉曼光谱与不同气膜孔孔边残余应力分布情况

这里取为−1.38641，从文献[23]获取，主要是因为它们都是基于 fcc 的 Ni-Al 高温合金，相同晶体原子键结构对应力频移因子的影响大致在同一数量级。另外，该值的获取需要大量的实验，有兴趣的读者可以参考文献[24]。

图 3-12(e)和(f)分别为 LDM 和 EDM 孔边残余应力分布，可以明显看出两种制孔工艺下的远端点(测点 5)，即不受力点的特征峰均位于 849.14cm^{-1}，且为拉应力。不同的是，LDM 和 EDM 的残余拉应力大小有明显差异，其孔边应力分别为219.32MPa 和 145.33MPa。与此同时，LDM 和 EDM 在点位上应力下降的斜率也不同，具体表现为 LDM 的最大下降斜率位于测点 2 和 3 之间，随后基本缓慢下降；EDM 的最大下降斜率位于测点 4 和 5 之间，在此之前表现为稳定下降。这里可以结合制孔工艺进行解释：LDM 的击穿速度快，孔边再铸层较薄，热影响区较小，晶体原子间变形剧烈的同时影响范围较小；EDM 的击穿速度相对 LDM 要慢很多，孔边再铸层较厚，热影响区较大，造成残余应力影响范围较大，但孔边晶体原子间变形不如 LDM 剧烈。需要注意的是，本小节试验只是得到原始气膜孔表面的残余应力分布，不可避免的是残余应力会在不同气膜孔深度呈现不一样的变化情况。由于气膜孔直径比较小，人工或机器磨抛过程中得到的孔内壁可能会释放残余应力，这里未做具体表征。

3.3.3　典型裂纹扩展路径及断裂形貌

随着循环次数增加，裂纹逐步从滑移带产生，孔边应力集中迅速变大，裂纹逐渐扩展导致最终断裂。裂纹扩展路径、断口形貌及断裂方式如图 3-13～图 3-16所示。在所有试件中，疲劳裂纹沿{111}晶体滑移面族扩展，但是不同制孔工艺下的断裂路径和滑移面倾斜模式有差别。图 3-14 为与图 3-13 对应的典型 EDM 气膜孔板状试件裂纹扩展路径的断口，不同滑移面对应不同的深浅颜色。

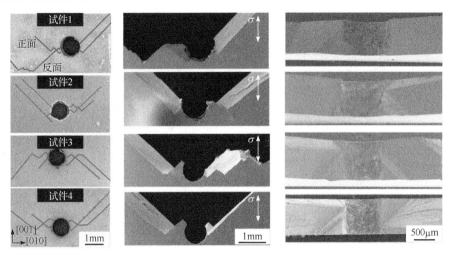

图 3-13　典型 EDM 气膜孔板状试件的裂纹扩展路径和断口形貌

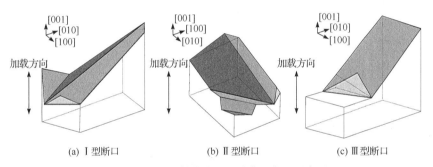

(a) Ⅰ型断口　　　　　(b) Ⅱ型断口　　　　　(c) Ⅲ型断口

图 3-14　EDM 制孔孔边三种典型断口示意图

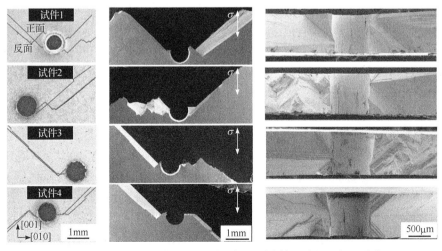

图 3-15　典型 LDM 气膜孔板状试件的裂纹扩展路径和断口形貌

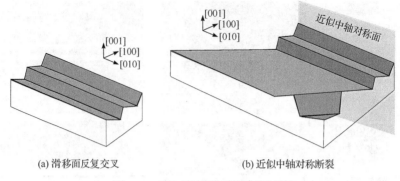

(a) 滑移面反复交叉　　　　　　　　　(b) 近似中轴对称断裂

图 3-16　LDM 制孔典型断口示意图

　　整体上来看，裂纹扩展路径与加载轴方向倾斜角度不断变化，起裂点基本位于垂直加载轴最大直径边缘处，整个裂纹扩展阶段为晶体面斜裂纹模式。由于制孔带来的影响及材料组织自身的缺陷，气膜孔左右两边裂纹不对称扩展，前后观测表面裂纹也没有同时萌生的迹象(如图 3-13 中裂纹线所示)。沿厚度方向裂纹未完全穿透试件，大致分布在左侧偏正面部位(图 3-13 试件 1)，从而造成这一扩展模式明显不同，呈现裂纹扩展右侧较快、左侧偏慢的情况，且左侧反面较正面速度快。若孔边一侧表现为单一滑移面扩展(图 3-13 试件 2 气膜孔左侧)，另一观测面不会与孔边有交点，直至分切应力引起垂直裂纹形成 Z 字形贯穿裂纹，如图 3-13 试件 2 中反面裂纹路径所示。若观测前后表面与孔边左右大致同时起裂，孔边两侧断口处均呈现四个滑移平面同时参与，如图 3-13 试件 3 和试件 4 所示。

　　裂纹扩展主要包括三种，Ⅰ型、Ⅱ型、Ⅲ型分别对应图 3-14(a)～(c)，裂纹扩展路径为包含Ⅰ型、Ⅱ型、Ⅲ型成分的混合模式裂纹。在大部分情况下，前后两个观测面能大致同时观察到裂纹，Ⅰ型为孔边两侧典型断裂模式，滑移平面分别为 (111)、$(\bar{1}1\bar{1})$、$(1\bar{1}\bar{1})$、$(\bar{1}\bar{1}1)$。由于孔边质量的随机性，Ⅱ型和Ⅲ型常见于孔边一侧，Ⅱ型在Ⅰ型的基础上增加了两个过渡平面。Ⅲ型更加偏向单一滑移面，穿透试件厚度之后改变滑移面直至最后断裂。

　　与 EDM 制孔相比，LDM 气膜孔孔边裂纹模式相对简单，典型裂纹特征如图 3-15 所示。单侧断裂试件数量接近试件总数的一半，通常表现为一侧裂纹快速起裂，另一侧观察不到裂纹，如图 3-15 试件 2 和试件 3 所示，断裂模式表现为图 3-14 中的Ⅰ型和Ⅲ型。此外，裂纹初始阶段存在少量的平直裂纹，随后迅速转变为斜向裂纹[类似于图 3-14(a)中的晶体面断裂]，如图 3-15 试件 1 所示。LDM 制孔的另一个典型特征是，两个滑移面同时从两个观测面引发裂纹，保持 45°滑移方向，初始裂纹扩展深度较浅，然后改变滑移面，且两个滑移面反复交叉，如图 3-16(a)所示。在厚度方向交汇时，两个滑移面又会发生锯齿形反复交叉咬合，如图 3-16(b)所示，断口形貌如图 3-15 试件 4 所示。

3.4　不同制孔工艺下疲劳影响因素定量分析

3.4.1　主滑移系的确定

从滑移变形的角度来看，晶体滑移理论已广泛应用于各向异性材料在拉伸和疲劳破坏下的应力分布和微观组织演化，晶体滑移模型可以追溯到 Taylor[25]的前期研究。本小节采用的本构模型基于 Asaro 等[26]和 Zikry[27]提出的理论。常温下 DD6 合金的材料参数如表 3-3 所示，材料参数计算过程参见附录 A。当参考拉伸应力为 900MPa 时，试验结果与仿真结果吻合较好，表明该参数模型可用于实验[28]。

表 3-3　常温下 DD6 合金的材料参数

D_{11} /MPa	D_{12} /MPa	D_{44} /MPa)	τ_0 /MPa	$\dot{\gamma}_{\text{ref}}^{(\alpha)}$ /s^{-1}	h_0 / τ_0	τ_s / τ_0	m	a
205719	107877	155070	382.60	0.0031	1.20	1.50	0.02	1.3

注：表中符号意义见附录 A。

疲劳断裂的微观机理是原子在载荷的作用下发生劈开或滑移面开裂，形成裂纹萌生。对于镍基单晶而言，原子在晶体面载荷作用下反复发生位错，形成塑性损伤累积，当损伤累积到关键缺陷附近时，滑移面开裂。晶体滑移机制一般适用于低周疲劳和高周疲劳，区别是滑动的难度和塑性损伤累积的速度。气膜孔的存在改变了应力分布，严重影响了滑移区演化、裂纹萌生。为了探究单晶合金的"主滑移面"，首先建立理想圆孔模型，选用载荷谱以 1/4 个循环节点(最大名义应力为 200MPa，应力比 R=0.1)对[001]方向进行轴向加载。需要理解的是，实际制孔工艺主要是引起孔边载荷大小变化，但不改变主滑移系。引入三种不同的滑移系，八面体 Oct1、十二面体 Oct2 和六面体 Cub，滑移面(SP)和滑移方向(SD)如表 3-4 所示，气膜孔孔边分切应力分布结果如图 3-17 所示。

表 3-4　滑移面和滑移方向

滑移模式	滑移系编号	SP	SD	滑移系编号	SP	SD
Oct1	S81	(111)	[10$\bar{1}$]	S87	(1$\bar{1}\bar{1}$)	[110]
	S82	(111)	[0$\bar{1}$1]	S88	(1$\bar{1}\bar{1}$)	[0$\bar{1}$1]

续表

滑移模式	滑移系编号	SP	SD	滑移系编号	SP	SD
Oct1	S83	(111)	$[1\bar{1}0]$	S89	$(1\bar{1}\bar{1})$	[101]
	S84	$(\bar{1}1\bar{1})$	$[10\bar{1}]$	S810	$(\bar{1}\bar{1}1)$	[011]
	S85	$(\bar{1}1\bar{1})$	[110]	S811	$(\bar{1}\bar{1}1)$	[101]
	S86	$(\bar{1}1\bar{1})$	[011]	S812	$(\bar{1}\bar{1}1)$	$[1\bar{1}0]$
Oct2	S121	(111)	$[\bar{1}2\bar{1}]$	S127	$(1\bar{1}\bar{1})$	$[\bar{1}1\bar{2}]$
	S122	(111)	$[2\bar{1}\bar{1}]$	S128	$(1\bar{1}\bar{1})$	[211]
	S123	(111)	$[\bar{1}\bar{1}2]$	S129	$(1\bar{1}\bar{1})$	$[\bar{1}2\bar{1}]$
	S124	$(\bar{1}1\bar{1})$	[121]	S1210	$(\bar{1}\bar{1}1)$	$[\bar{2}1\bar{1}]$
	S125	$(\bar{1}1\bar{1})$	$[1\bar{1}2]$	S1211	$(\bar{1}\bar{1}1)$	$[1\bar{2}\bar{1}]$
	S126	$(\bar{1}1\bar{1})$	$[\bar{2}\bar{1}1]$	S1212	$(\bar{1}\bar{1}1)$	[112]
Cub	S61	(100)	[100]	S64	(010)	[010]
	S62	(100)	[100]	S65	(001)	[001]
	S63	(010)	[010]	S66	(001)	[001]

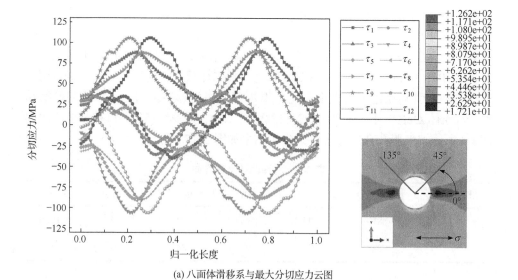

(a) 八面体滑移系与最大分切应力云图

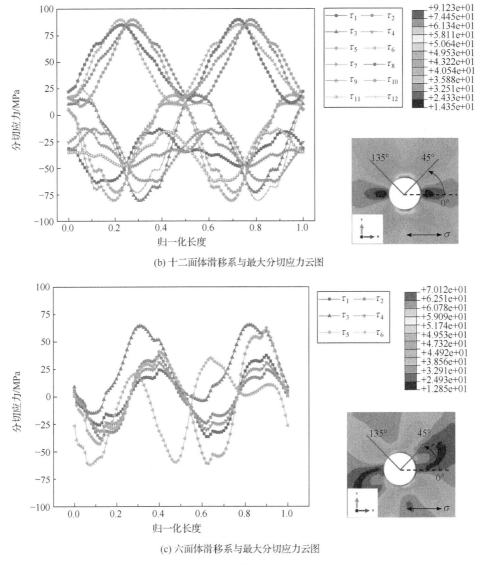

(b) 十二面体滑移系与最大分切应力云图

(c) 六面体滑移系与最大分切应力云图

图 3-17　气膜孔孔边分切应力分布(1/4 循环)

　　以加载方向为轴，气膜孔的右边缘为起点，绕孔边逆时针旋转，可以得到不同滑移系分切应力随孔边位置的变化情况。整体来看，八面体峰值剪应力(约126MPa)明显大于六面体的峰值剪应力(约 70MPa)。此外，八面体的峰值剪应力略大于十二面体，最大剪应力大致对称。镍基高温合金在室温下仅在沿晶体方向[001]的八面体滑移系中表现出宏观塑性滑移，这已在大部分单晶常温研究实验中得到证实。因此，本小节仍将八面体滑移作为"主滑移系"，并在后续讨论中使用。"主滑移系"[29]在孔边附近的给定位置显示最大分切应力，这与 3.3.3 小节中实验观察到的激活滑移系一致。需要理解的是，循环应力不是恒定的，相应的剪应力会随着孔边塑性积累而增大。同时，随着载荷的增加，主导滑移系也会抑制新滑移系的激活。

　　将垂直于加载方向的气膜孔孔边视为 0°，将孔边 0°～360° 按照孔边长度进行归一化处理，八面体不同滑移系沿孔边的最大分切应力云图和各分切应力大小如图 3-17(a)所示。由于几何模型和加载形式是对称的，因此只研究模型的一半区域。很显然，最大分切应力出现在孔边 45°～135°。最大的四个分切应力为 τ_1、τ_4、τ_9 和 τ_{11}，这些滑移分量分别对应八面体滑移系 $(111)[10\bar{1}]$、$(\bar{1}1\bar{1})[10\bar{1}]$、$(1\bar{1}\bar{1})[101]$ 和 $(\bar{1}\bar{1}1)[101]$，分别位于孔边 104.4°、77.4°、75.6° 和 102.6° 处。从三种滑移系的计算结果可看出，最大分切应力点基本上位于理想横截面最小点处，镍基单晶的塑性变形通常沿滑移系发生。

　　需要进一步理解的是，早期的研究认为，金属的失效服从施密特(Schmidt)定律，认为晶体面滑移系开动需要的最小分切应力是恒定的，该应力被称为"临界分切应力"。如果滑移系的剪切应力超过该值，则认为相应的滑移系激活；否则，滑移系未激活。镍基单晶在室温条件下(低于峰值温度，峰值温度一般约 760℃[30])的滑移系开动并不满足 Schmidt 条件，Lall 等[31]提出的 LCP 模型提供了一个解决方法，其表达形式为

$$S_1\sigma_y = T_n + A_0 \exp\left[(-H_0 + A_2S_2\sigma_y + \delta A_3S_3\sigma_y)/RT\right] \tag{3-1}$$

式中，$S_1 = S_{(111)[\bar{1}01]}$，$S_2 = S_{(010)[\bar{1}01]}$，$S_3 = S_{(111)[1\bar{2}1]}$，分别为八面体、六面体、十二面体滑移系的 Schmidt 因子；A_0、A_2、A_3 为常数；R 为热力学常数；T 为温度；T_n 为给定温度时的分切应力；δ 为载荷因子，取值范围为 $[-1, 1]$；H_0 为交滑移激活能；σ_y 为屈服应力。式(3-1)经简化并考虑单晶材料后可以变为

$$
\begin{cases}
\dfrac{1}{\sigma_y S} = b_1 + b_2 N + \delta b_3 Q \Rightarrow \dfrac{1}{\tau_8} \\[2mm]
\quad = b_1 + b_2 \dfrac{\tau_{(010)[\bar{1}01]}}{\tau_{(111)[\bar{1}01]}} + \delta b_3 \dfrac{\tau_{(111)[1\bar{2}1]}}{\tau_{(111)[\bar{1}01]}} \\[2mm]
b_1 = 1/\left[T_n + A_0 \exp(-H_0/RT)\right] \\[2mm]
b_2 = (-b_1 A_0 A_2/RT)\exp(-H_0/RT) \\[2mm]
b_3 = (-b_1 A_0 A_3/RT)\exp(-H_0/RT)
\end{cases}
\tag{3-2}
$$

式中，N 为六面体与八面体 Schmidt 因子的比值；Q 为十二面体与八面体 Schmidt 因子的比值；b_1、b_2 和 b_3 分别通过 [001]、[011] 和 [111] 取向的室温拉伸试验确定。

八面体、十二面体和六面体的分切应力可分别表示为

$$
\begin{bmatrix} \tau_1 \\ \tau_2 \\ \tau_3 \\ \tau_4 \\ \tau_5 \\ \tau_6 \\ \tau_7 \\ \tau_8 \\ \tau_9 \\ \tau_{10} \\ \tau_{11} \\ \tau_{12} \end{bmatrix} = \frac{1}{\sqrt{6}} \begin{bmatrix} 1 & 0 & -1 & 1 & 0 & -1 \\ 0 & -1 & 1 & -1 & 1 & 0 \\ 1 & -1 & 0 & 0 & 1 & -1 \\ -1 & 0 & 1 & 1 & 0 & -1 \\ -1 & 1 & 0 & 0 & -1 & -1 \\ 0 & 1 & -1 & -1 & -1 & 0 \\ 1 & -1 & 0 & 0 & -1 & -1 \\ 0 & 1 & -1 & -1 & 1 & 0 \\ 1 & 0 & -1 & -1 & 0 & -1 \\ 0 & -1 & 1 & -1 & -1 & 0 \\ -1 & 0 & 1 & -1 & 0 & -1 \\ -1 & 1 & 0 & 0 & 1 & -1 \end{bmatrix} \begin{bmatrix} \sigma_{11} \\ \sigma_{22} \\ \sigma_{33} \\ \sigma_{12} \\ \sigma_{23} \\ \sigma_{31} \end{bmatrix} \tag{3-3}
$$

$$
\begin{bmatrix} \tau_1 \\ \tau_2 \\ \tau_3 \\ \tau_4 \\ \tau_5 \\ \tau_6 \end{bmatrix} = \frac{1}{\sqrt{2}} \begin{bmatrix} 0 & 0 & 0 & 1 & 1 & 0 \\ 0 & 0 & 0 & 1 & -1 & 0 \\ 0 & 0 & 0 & 1 & 0 & 1 \\ 0 & 0 & 0 & 1 & 0 & -1 \\ 0 & 0 & 0 & 0 & 1 & 1 \\ 0 & 0 & 0 & 0 & -1 & 1 \end{bmatrix} \begin{bmatrix} \sigma_{11} \\ \sigma_{22} \\ \sigma_{33} \\ \sigma_{12} \\ \sigma_{23} \\ \sigma_{31} \end{bmatrix} \tag{3-4}
$$

$$
\begin{bmatrix} \tau_1 \\ \tau_2 \\ \tau_3 \\ \tau_4 \\ \tau_5 \\ \tau_6 \\ \tau_7 \\ \tau_8 \\ \tau_9 \\ \tau_{10} \\ \tau_{11} \\ \tau_{12} \end{bmatrix} = \frac{1}{3\sqrt{2}} \begin{bmatrix} -1 & 2 & -1 & 1 & -2 & 1 \\ 2 & -1 & -1 & 1 & 1 & -2 \\ -1 & -1 & 2 & -2 & 1 & 1 \\ -1 & 2 & -1 & -1 & -2 & -1 \\ -1 & -1 & 2 & 2 & 1 & -1 \\ 2 & -1 & -1 & -1 & 1 & 2 \\ -1 & -1 & 2 & 2 & -1 & 1 \\ 2 & -1 & -1 & -1 & -1 & -2 \\ -1 & 2 & -1 & -1 & 2 & 1 \\ 2 & -1 & -1 & 1 & -1 & 2 \\ -1 & 2 & -1 & 1 & 2 & -1 \\ -1 & -1 & 2 & -2 & -1 & -1 \end{bmatrix} \begin{bmatrix} \sigma_{11} \\ \sigma_{22} \\ \sigma_{33} \\ \sigma_{12} \\ \sigma_{23} \\ \sigma_{31} \end{bmatrix} \tag{3-5}
$$

对于[001]、[011]和[111]取向受载时，晶体坐标系下的应力为

$$
\begin{bmatrix} \sigma_{11} \\ \sigma_{22} \\ \sigma_{33} \\ \sigma_{12} \\ \sigma_{23} \\ \sigma_{31} \end{bmatrix} = \sigma_{[001]} \begin{bmatrix} 1 \\ 0 \\ 0 \\ 0 \\ 0 \\ 0 \end{bmatrix}, \quad
\begin{bmatrix} \sigma_{11} \\ \sigma_{22} \\ \sigma_{33} \\ \sigma_{12} \\ \sigma_{23} \\ \sigma_{31} \end{bmatrix} = \frac{\sigma_{[011]}}{2} \begin{bmatrix} 1 \\ 1 \\ 0 \\ 1 \\ 0 \\ 0 \end{bmatrix}, \quad
\begin{bmatrix} \sigma_{11} \\ \sigma_{22} \\ \sigma_{33} \\ \sigma_{12} \\ \sigma_{23} \\ \sigma_{31} \end{bmatrix} = \frac{\sigma_{[111]}}{3} \begin{bmatrix} 1 \\ 1 \\ 1 \\ 1 \\ 1 \\ 1 \end{bmatrix} \tag{3-6}
$$

将式(3-6)分别代入式(3-3)～式(3-5)，可得八面体、十二面体和六面体的分切应力。

[001]取向下，有

$$
\begin{bmatrix} \tau_1 \\ \tau_2 \\ \tau_3 \\ \tau_4 \\ \tau_5 \\ \tau_6 \\ \tau_7 \\ \tau_8 \\ \tau_9 \\ \tau_{10} \\ \tau_{11} \\ \tau_{12} \end{bmatrix} = \frac{\sigma_{[001]}}{\sqrt{6}} \begin{bmatrix} 1 \\ 0 \\ 1 \\ -1 \\ -1 \\ 0 \\ 1 \\ 0 \\ 1 \\ 0 \\ -1 \\ -1 \end{bmatrix}, \quad
\begin{bmatrix} \tau_1 \\ \tau_2 \\ \tau_3 \\ \tau_4 \\ \tau_5 \\ \tau_6 \\ \tau_7 \\ \tau_8 \\ \tau_9 \\ \tau_{10} \\ \tau_{11} \\ \tau_{12} \end{bmatrix} = \frac{\sigma_{[001]}}{3\sqrt{2}} \begin{bmatrix} -1 \\ 2 \\ -1 \\ -1 \\ -1 \\ 2 \\ -1 \\ 2 \\ -1 \\ 2 \\ -1 \\ -1 \end{bmatrix}, \quad
\begin{bmatrix} \tau_1 \\ \tau_2 \\ \tau_3 \\ \tau_4 \\ \tau_5 \\ \tau_6 \end{bmatrix} = \begin{bmatrix} 0 \\ 0 \\ 0 \\ 0 \\ 0 \\ 0 \end{bmatrix} \tag{3-7}
$$

[011]取向下，有

$$
\begin{bmatrix} \tau_1 \\ \tau_2 \\ \tau_3 \\ \tau_4 \\ \tau_5 \\ \tau_6 \\ \tau_7 \\ \tau_8 \\ \tau_9 \\ \tau_{10} \\ \tau_{11} \\ \tau_{12} \end{bmatrix} = \frac{\sigma_{[011]}}{\sqrt{6}} \begin{bmatrix} 1 \\ -1 \\ 0 \\ 0 \\ 0 \\ 0 \\ 0 \\ 0 \\ -1 \\ -1 \\ 0 \\ 0 \end{bmatrix}, \quad
\begin{bmatrix} \tau_1 \\ \tau_2 \\ \tau_3 \\ \tau_4 \\ \tau_5 \\ \tau_6 \\ \tau_7 \\ \tau_8 \\ \tau_9 \\ \tau_{10} \\ \tau_{11} \\ \tau_{12} \end{bmatrix} = \frac{\sigma_{[011]}}{3\sqrt{2}} \begin{bmatrix} 1 \\ 1 \\ -2 \\ 0 \\ 0 \\ 0 \\ 0 \\ 0 \\ 0 \\ 1 \\ 1 \\ -2 \end{bmatrix}, \quad
\begin{bmatrix} \tau_1 \\ \tau_2 \\ \tau_3 \\ \tau_4 \\ \tau_5 \\ \tau_6 \end{bmatrix} = \frac{\sigma_{[011]}}{2\sqrt{2}} \begin{bmatrix} 1 \\ 1 \\ 1 \\ 1 \\ 0 \\ 0 \end{bmatrix} \tag{3-8}
$$

[111]取向下，有

$$
\begin{bmatrix} \tau_1 \\ \tau_2 \\ \tau_3 \\ \tau_4 \\ \tau_5 \\ \tau_6 \\ \tau_7 \\ \tau_8 \\ \tau_9 \\ \tau_{10} \\ \tau_{11} \\ \tau_{12} \end{bmatrix} = \frac{\sqrt{6}\sigma_{[111]}}{9} \begin{bmatrix} 0 \\ 0 \\ 0 \\ 0 \\ -1 \\ -1 \\ -1 \\ 0 \\ -1 \\ -1 \\ -1 \\ 0 \end{bmatrix}, \quad \begin{bmatrix} \tau_1 \\ \tau_2 \\ \tau_3 \\ \tau_4 \\ \tau_5 \\ \tau_6 \\ \tau_7 \\ \tau_8 \\ \tau_9 \\ \tau_{10} \\ \tau_{11} \\ \tau_{12} \end{bmatrix} = \frac{\sqrt{2}\sigma_{[111]}}{9} \begin{bmatrix} 0 \\ 0 \\ 0 \\ -2 \\ 1 \\ 1 \\ 1 \\ -2 \\ 1 \\ 1 \\ 1 \\ -2 \end{bmatrix}, \quad \begin{bmatrix} \tau_1 \\ \tau_2 \\ \tau_3 \\ \tau_4 \\ \tau_5 \\ \tau_6 \end{bmatrix} = \frac{\sqrt{2}\sigma_{[111]}}{3} \begin{bmatrix} 1 \\ 0 \\ 1 \\ 0 \\ 1 \\ 0 \end{bmatrix} \tag{3-9}
$$

根据三种取向的试验数据，结合式(3-1)~式(3-9)反推 b_1、b_2、b_3，进而可得临界分切应力为 417MPa，具体的计算过程可以参考文献[32]第二章。很显然，在初始的主滑移系作用下，晶体滑移系并没有被激活，但是随着循环次数逐渐增多，损伤逐渐累积，直到孔边局部应力集中部位的主滑移系达到开动的临界分切应力。晶体滑移系的激活和裂纹萌生之间的关系，将在后面的章节中讨论。

3.4.2　制孔锥度的影响

在 3.3.1 小节中，EDM 与 LDM 的几何差异主要表现在孔的圆度和沿厚度方向的锥度上。首先考虑几何锥度的影响，建立理想圆孔和带锥度的有限元模型，保证最大入口直径相同，几何锥度大小与 LDM 气膜孔锥度保持一致。对模型施加 200MPa 名义拉伸应力，主应力分布如图 3-18 所示。孔边有明显的应力集中，孔锥度对应力集中没有明显影响，最大主应力仅仅相差 6MPa，完全可以忽略不

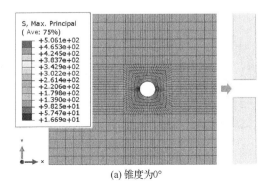

(a) 锥度为0°

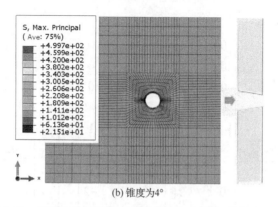

(b) 锥度为4°

图 3-18　气膜孔几何锥度应力下的主应力分布(单位：MPa)

计，由此可得知本模型这一锥度不足以改变原有的应力分布。进一步，建立实际孔边几何模型，不考虑孔锥度的影响，进行 200MPa 应力拉伸，EDM 和 LDM 的孔边最大主应力分别为 636.8MPa($K_t = 3.184$)和 522.6MPa($K_t = 2.613$)，实际孔边的应力梯度和应力集中程度相对于圆孔进一步扩大。

　　如同 3.4.1 小节，计算得到孔边的分切应力分布如图 3-19 所示。从整体上看，EDM 和 LDM 的分切应力峰值点数量相对于圆孔而言明显增多，最大分切应力也明显增大，且不与加载轴呈对称分布，如图 3-19(a)和(b)所示，这足以表明孔边几何尖角造成了严重应力集中，裂纹萌生和起裂与孔边几何密切相关。相对于圆孔，四个主分切应力类别没有变化，EDM 的最大分切应力峰值(160.4MPa)对应的分切应力位于孔边 75.5°和 259.1°处，由滑移系 $(1\bar{1}\bar{1})[101]$ (τ_9)、$(\bar{1}1\bar{1})[10\bar{1}]$ (τ_4)控制，其次是由邻近的 104.2°和 284.5°处 $(111)[10\bar{1}]$ (τ_1)和 $(\bar{1}\bar{1}1)[101]$ (τ_{11})控制。LDM 的最大分切应力峰值大小(130.9MPa)相对于圆孔没有出现显著变化。分切应力 τ_1 和 τ_9、τ_4 和 τ_{11} 相比 EDM 的差别要小很多。τ_9 和 τ_4 控制的分切应力最大点出现在孔边 54.5°、206°和 280.2°，τ_1 和 τ_{11} 控制的分切应力最大点出现在 80°和 301.8°。

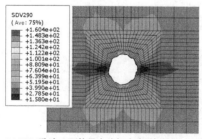
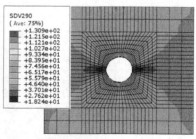

(a) EDM孔边八面体最大分切应力(单位：MPa)　　　(b) LDM孔边八面体最大分切应力(单位：MPa)

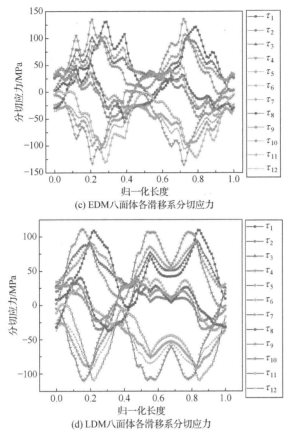

(c) EDM八面体各滑移系分切应力

(d) LDM八面体各滑移系分切应力

图 3-19　1/4 循环真实气膜孔边分切应力分布

3.4.3　再铸层的影响

　　为了获得更精确的模拟结果,孔附近的有限元网格尺寸比其他区域(再铸层仅分布在 40μm 内)要细得多。EDM 和 LDM 的再铸层在室温下为各向同性多晶的弹性模量分别为 107.76GPa 和 126.50GPa,泊松比为 0.312,建立的几何模型和计算结果如图 3-20 所示。在图 3-20(a)中,气膜孔孔边缘的材料性质,根据 3.3.1 小节,划分为再铸层、HAZ 和基体。为简化计算,孔边不采用真正几何形状的再铸层,而是根据不同制孔工艺的再铸层厚度在孔边分割出相应尺寸的类椭圆再铸层区,且孔边网格由内向外逐渐变疏,有限元单位为 C3D8。图 3-20(b)和(c)为再铸层区域位于孔周围时孔边缘最大分切应力云图,分布呈 X 形。相对于不带再铸层的几何模型而言,实际孔边应力减小,EDM 和 LDM 的下降幅度分别为 7.4%和 3.9%,这主要是因为再铸层弹性模量降低减缓了孔附近的应力集中。图 3-20(d)和(e)分别为 EDM 和 LDM 再铸层的应变状态,由于 EDM 制孔具有相对较大的柔软度

(图 3-11 中硬度降低)，且 EDM 的孔边应变相对较大。为了进一步说明孔边不同区域模型过渡的准确性，在再铸层两侧(分别为 A、B 区域)，以 LDM 气膜孔为例，四个主滑移最大应力和应力出现的范围没有明显改变，如图 3-20(f)所示，且 τ_1 和 τ_{11} 最大应力分别出现在 104°和 284°处，τ_4 和 τ_9 则分别出现在 64.7°和 248°处，这和只考虑孔边几何参数时有明显区别。EDM 的影响和 LDM 有着相同的规律，在此不进行更多探讨。

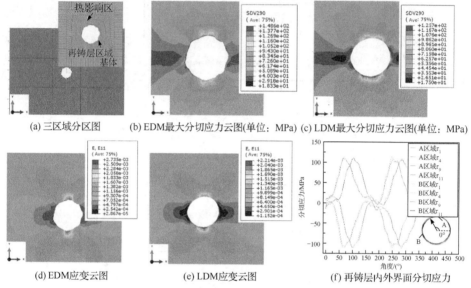

(a) 三区域分区图 (b) EDM最大分切应力云图(单位：MPa) (c) LDM最大分切应力云图(单位：MPa)

(d) EDM应变云图 (e) LDM应变云图 (f) 再铸层内外界面分切应力

图 3-20 气膜孔孔边分切应力和应变分布

值得注意的是，基于试验结论和前期的研究情况，该模型没有考虑气膜孔孔边缘处再铸层硬度的影响。硬度的大小与晶体结构的变化密切相关。当硬度增加时，材料的局部屈服降低，促进位错线向表面延伸，加速疲劳裂纹的萌生，但是这种趋势在力学分析模型中考虑起来非常复杂。此外，再铸层(含有大量微缺陷，如孔洞和多晶缺陷)对应力集中也有严重影响，如图 3-21 所示，这些因素同样不方便量化建模。EDM 和 LDM 制孔孔边裂纹均起始于强度低的再铸层[图 3-21(b)和图 3-21(e)]，再铸层发生极端氧化，裂纹大致向严重氧化区域萌生和扩展[图 3-21(f)]。在这些缺陷附近建立了不同的三轴应力状态。在图 3-21(a)和(d)中，LDM 相对 EDM 气膜孔边缘附近的一小块区域内存在明显的飞溅物，这对于表面粗糙度有着巨大影响。Wang 等[17]得出了疲劳强度随表面粗糙度增大而减小的普遍结论，并用几何等效的晶体塑性理论证明了这一观点。与此同时，再铸层中的径向裂纹会使孔边应力集中明显增加，在剪切应力作用下裂纹起裂破坏，如图 3-21(c)和(f)所示。

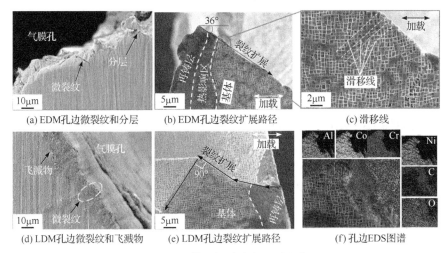

(a) EDM孔边微裂纹和分层　　(b) EDM孔边裂纹扩展路径　　(c) 滑移线

(d) LDM孔边微裂纹和飞溅物　　(e) LDM孔边裂纹扩展路径　　(f) 孔边EDS图谱

图 3-21　再铸层缺陷分布及裂纹萌生

3.4.4　残余应力的影响

由于孔边残余应力场的测量很复杂，工程上没有一个很好的方法能直接表征孔边残余应力场，尤其对于各向异性材料。将基于晶格动力学理论的拉曼光谱力学测量方法用于测量试件表面的残余应力，应力指向为正应力[33]。因此，实验方法表征的只是孔表面有限点的残余应力分布情况，实际上残余应力场沿厚度方向和不同轴向表现出较大差异，但仍然符合拉伸应力从表面上升到表面下的最大值，随后下降，直到达到轻微的压应力，从而达到力学平衡的规律[34]。建立的几何模型和施加的应力如图 3-22 所示，孔边划分区域预应力满足 3.3.2 小节中测试的数值。孔边逐渐加密，计算采用设计应力谱疲劳加载，网格为 C3D8 单元。为了尽可能充分说明表面残余应力的影响，由于不同测量点间距较小，假定这一区域内的残余应力不发生变化，在距离孔径 1cm 及以外处不施加残余应力。实际上，在

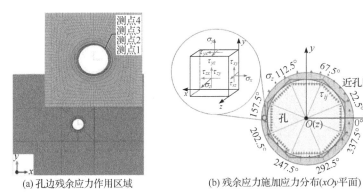

(a) 孔边残余应力作用区域　　(b) 残余应力施加应力分布(xOy平面)

图 3-22　残余应力有限元模型

残余应力测量中，三维几何中只能测量单一方向的应力，若将其他截面分别剥切测量，将在较小的区域内引入极大误差，因此实际计算时直接在相应范围内采用测量的应力。由于孔边产生大致指向孔中心的平面应力，兼顾计算精度的同时将孔边区域划分为八个区域，在每个区域施加对应平面内的应力张量矩阵，几何结构的应力张量矩阵采用三个主应力施加，如图 3-22(b)所示。

通过施加上述残余应力，圆孔边无残余应力、实际孔边有残余应力的弹性 Mises 应力计算结果如图 3-23 所示。从图中可以明显看出，实际孔边相对于光滑圆孔，应力集中造成最大 Mises 应力增大。引入残余应力后，EDM (504.6MPa) 和 LDM (439.2MPa)孔边 Mises 应力显著增大，LDM 增大的幅度更大，可以理解为残余应力对 LDM 的影响更为敏感。尽管如此，EDM 孔边的最大 Mises 应力比 LDM 大 14.8%，这直接作用于孔边的分切应力造成失效破坏。从图 3-23(a)可以看出，引入残余应力之后，EDM 孔边最大 Mises 应力的位置并未发生明显的变化，而 LDM 则略有移动[图 3-23(b)]，这主要是孔边几何应力集中程度决定的。从以上分析来看，EDM 更倾向于裂纹起裂，这种影响程度会随着循环次数的增加而逐

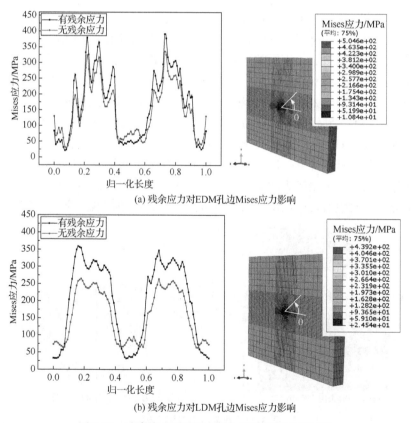

(a) 残余应力对EDM孔边Mises应力影响

(b) 残余应力对LDM孔边Mises应力影响

图 3-23　残余应力对孔边 Mises 应力影响计算结果

渐发生耗散，尤其在裂纹起裂时。

3.5　裂纹萌生与扩展机制

近几十年来，镍基单晶气膜孔处的起裂机理只能定性地用影响表面完整性和断裂模式的单一因素来描述[35,16]。由 3.3.3 小节和 3.4.3 小节的试验和模拟分析可知，镍基单晶疲劳过程中的晶体滑移现象是其失效的物理机制，室温下以八面体滑移系为主。在此前提下，在低应力条件下(材料的初始应力在弹性范围内，如本章使用的最大应力为 200MPa)，裂纹的起裂更容易受到表面原始状态的影响。通过主镍基单晶不同制孔工艺(EDM 和 LDM)的疲劳试验可知，其裂纹形核主要受几何参数、孔边冶金特征和孔边力学性能差异三者耦合影响，且不同影响因素对裂纹形核的影响程度不同，这些都可以定量地评估出来。

对于最为明显的表面状态而言，EDM 和 LDM 的孔边几何差异较大，这是裂纹萌生的关键点。EDM 的应力集中程度比 LDM 大 20%左右，相应地，其八面体的最大分切应力也比 LDM 大 20%左右(实际计算为 22.5%)，且 EDM 更易形成多个最大分切应力点，如图 3-19 所示。不可否认的是，镍基单晶失效应力增加的分切应力幅度仍小于滑移系塑性开动应力(约为 350MPa[36]或本章提出的 417MPa)，换句话说，单纯的应力集中在疲劳循环初期仍不能对裂纹的萌生造成根本影响。进一步地，不同制孔工艺将引入孔边再铸层，再铸层厚度和热影响区大小与加工工艺密切相关，这一区域的硬度和弹性模量等材料属性相对于基体有明显的变化，EDM 气膜孔孔边的弹性模量比 LDM 气膜孔多下降 14%，硬度少下降 8.9%。再铸层弹性模量的降低使得最大分切应力有一定程度下降，在 8%范围内。另外，引入再铸层带来的孔边化学元素缺失、孔边多晶的再铸层强度降低、层内疏松的微孔洞组织和微裂纹等因素的影响，比弹性模量的影响更加严重。这一行为模拟非常复杂，在后续的章节中有涉及，这里就不加赘述。除此之外，制孔过程中飞溅出来的熔化冷凝物会使得表面粗糙度明显增大(图 3-9 和图 3-21)，粗糙度增大会进一步促进孔边的应力集中，对裂纹形核造成影响。综合来看，孔边再铸层引起的冶金和材料属性变化，使得 LDM 比 EDM 更加容易产生裂纹。更为严重的是，孔边引起的残余拉应力会显著改变这一趋势，LDM 比 EDM 的孔表面残余应力更大(约为 1.5 倍)，在孔边几何作用下，LDM 的孔边 Mises 应力比 EDM 更小。根据平均疲劳寿命可知，EDM 的寿命(360000 循环)大于 LDM(140000 循环)，通过具体的对比可以看出，几何参数的影响小于残余应力的影响，进而小于再铸层的影响。从实际的孔萌生结果来看，孔边表面粗糙度、材料组织变化及制孔过程中孔边再铸层裂纹形态对构件的疲劳寿命有着至关重要的影响。

　　裂纹萌生与扩展的五阶段如图 3-24 所示。实际制孔之后，孔边均会出现随机分布的再铸层和初始缺陷，如图 3-24 中阶段 I 所示。LDM 孔边还会出现明显的飞溅物，形成可见的颗粒状物体从而增大表面粗糙度。随着循环次数逐渐增多，孔边局部区域滑移逐渐累积，在表面形成较深的驻留滑移带(PSB)。这些滑移带由八面体滑移系族作为主滑移系引入，在外加应力和气膜孔引起应力集中的共同作用下，裂纹在靠近危险截面而不是最小横截面处的低强度(或缺陷)区开始萌生。此时可能表现出多源起裂的现象，如图 3-24 中阶段 II 所示，裂纹长度仍在热影响区范围内，且孔边应力强度因子小于总体应力强度因子门槛值。随着循环次数进一步增加，由于孔边载荷的不对称性，多源起裂逐渐变为单一起裂，孔边基体处的 γ′强化相受到较大的剪切应变而发生破坏，如图 3-24 中阶段 III 所示。需要注意的是，由于孔边的多晶组织和常温条件，有时会表现出裂纹 I 型张开模式，但这一模式并不会持续太久，随着循环次数增多，结构仍然会进入晶体面断裂(类似阶段 I)。此时的裂纹长度逐渐变得肉眼可见，叫作小裂纹(长度<200μm)，应力强度因子大于总体应力强度因子门槛值，如图 3-24 中阶段 IV 所示。裂纹会沿着晶体面从前后外表面迅速扩展到厚度方向，气膜孔边裂纹理论上会同时起裂，但由于材料的不均匀性和几何不对性，裂纹往往从孔的一边开始起裂，正反两面也不同步。取得优势的裂纹扩展尤为迅速，当扩展至 1/2 至 3/4 厚度时，前后两面的裂纹面相遇并出现相互竞争，如 3.3.3 小节讨论。随后，裂纹面偏向，直至最后断裂，如图 3-24 中阶段 V 所示。不可否认的是，裂纹转向后会出现锯齿形裂纹，这一现象往往由材料和试件结构决定，且出现在裂纹较短处。因此，可以猜测，在裂纹足够短的区域(或应力较小但大于应力强度因子门槛值的区域)，两个等滑面的竞

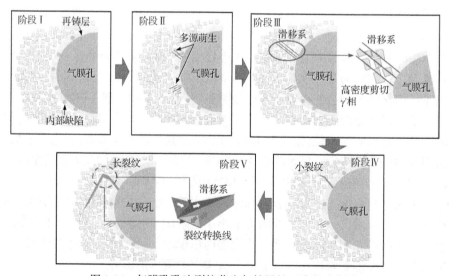

图 3-24　气膜孔孔边裂纹萌生与扩展的五阶段示意图

争机制尤其强烈。

3.6　本章小结

本章采用原位疲劳试验对两种典型制孔工艺进行了表面完整性表征，并结合有限元仿真计算，研究了气膜孔在镍基单晶合金滑移作用下的裂纹萌生与扩展，揭示了镍基单晶气膜孔孔边裂纹的形核与扩展规律，主要结论归纳如下。

(1) 不同的孔边质量能严重影响疲劳寿命，EDM 平均疲劳寿命约为 LDM 的2.5 倍。孔边表面完整性差异主要受几何参数、冶金特征和孔边力学性能的影响，具体表现为几何参数的影响小于残余应力的影响，进而小于再铸层的影响。从实际的孔萌生结果来看，孔边表面粗糙度、冶金变化及制孔过程中孔边再铸层裂纹形态对构件的疲劳寿命有着至关重要的影响。可以得出结论，EDM 气膜孔的质量优于 LDM。

(2) 镍基单晶高温合金常温疲劳裂纹沿主要的四个八面体 {111} 晶面(τ_1、τ_4、τ_9 和 τ_{11})以混合模式扩展，不同制孔工艺的晶体断口、裂纹路径和断口形貌明显不同。EDM 气膜孔中主要存在三种断裂模式，当前后表面与孔边左右大致同时起裂时，孔边两侧断口处均呈现四个滑移平面同时参与；LDM 气膜孔主要存在两种断裂模式，参与滑移面集中在 2~4 个，且约一半试件为单侧裂纹。

(3) 利用晶体滑移理论和 LCP 模型判断，单纯的气膜孔应力集中在疲劳循环初期仍不能对裂纹的萌生造成根本影响，但是可以获取主滑移系。随着循环次数增多，孔边缺口效应与局部缺陷造成的应力集中，会随着循环损伤累积在主滑移系上率先达到临界分切应力，造成宏观滑移，形成驻留滑移带，最终造成裂纹形核与断裂。除此之外，再铸层的内部缺陷和径向裂纹及孔边缘的表面粗糙度是起裂的重要因素。

参 考 文 献

[1] LI Z, GAO H, WEN Z, et al. Microcrack initiation behavior around FCHs in a Ni-based single crystal: In situ observation and crystal plastic analysis[J]. Materials Science and Engineering: A, 2020, 771: 138609.

[2] ZHOU H, ZHANG X, WANG P, et al. Crystal plasticity analysis of cylindrical holes and their effects on the deformation behavior of Ni-based single-crystal superalloys with different secondary orientations[J]. International Journal of Plasticity, 2019, 119: 249-272.

[3] DONG C, YU H, LI Y. Fatigue life modeling of a single crystal superalloy and its thin plate with a hole at elevated temperature[J]. Materials & Design, 2015, 66: 284-293.

[4] GAROFANO J K M, MARCUS H L, AINDOW M. Characterization of microstructural effects in a percussion laser-drilled powder metallurgy Ni-based superalloy[J]. Journal of Materials Science, 2009, 44(2): 680-684.

[5] WEN Z, ZHANG D, LI S, et al. Anisotropic creep damage and fracture mechanism of nickel-base single crystal superalloy under multiaxial stress[J]. Journal of Alloys and Compounds, 2017, 692: 301-312.

[6] JAVIDI A, RIEGER U, EICHLSEDER W. The effect of machining on the surface integrity and fatigue life[J]. International Journal of Fatigue, 2008, 30(s10-11): 2050-2055.

[7] ZHOU Z, WANG L, WANG D, et al. Effect of secondary orientation on room temperature tensile behaviors of Ni-base single crystal superalloys[J]. Materials Science and Engineering: A, 2016, 659: 130-142.

[8] CROMPTON J S, MARTIN J W. Crack tip plasticity and crack growth in a single-crystal superalloy at elevated temperatures[J]. Materials Science and Engineering, 1984, 64(1): 37-43.

[9] REN X, LU J, ZHOU J, et al. In-situ fatigue behavior study of a nickel-based single-crystal superalloy with different orientations[J]. Materials Science and Engineering: A, 2022, 855: 143913.

[10] DONG T, GAO C, LI L, et al. Effect of substrate orientations on microstructure evolution and stability for single crystal superalloys in rapid solidification process[J]. Materials & Design, 2017, 128: 218-230.

[11] LEE H T, TAI T Y. Relationship between EDM parameters and surface crack formation[J]. Journal of Materials Processing Technology, 2003, 142(3): 676-683.

[12] MCDONALD J P, MA S, POLLOCK T M, et al. Femtosecond pulsed laser ablation dynamics and ablation morphology of nickel based superalloy CMSX-4[J]. Journal of Applied Physics, 2008, 103(9): 093111.

[13] MAHDIEH M S, MAHDAVINEJAD R A. Recast layer and micro-cracks in electrical discharge machining of ultra-fine-grained aluminum[J]. Proceedings of the Institution of Mechanical Engineers, Part B: Journal of Engineering Manufacture, 2018, 232(3): 428-437.

[14] RU Y, ZHANG H, PEI Y, et al. Improved 1200℃ stress rupture property of single crystal superalloys by γ′-forming elements addition[J]. Scripta Materialia, 2018, 147: 21-26.

[15] ZHU Z, BASOALTO H, WARNKEN N, et al. A model for the creep deformation behaviour of nickel-based single crystal superalloys[J]. Acta Materialia, 2012, 60(12): 4888-4900.

[16] SHANG Y, ZHANG H, HOU H, et al. High temperature tensile behavior of a thin-walled Ni based single-crystal superalloy with cooling hole: In-situ experiment and finite element calculation[J]. Journal of Alloys and Compounds, 2019, 782: 619-631.

[17] WANG J J, WEN Z X, ZHANG X H, et al. Effect mechanism and equivalent model of surface roughness on fatigue behavior of nickel-based single crystal superalloy[J]. International Journal of Fatigue, 2019, 125: 101-111.

[18] ITOGA H, TOKAJI K, NAKAJIMA M, et al. Effect of surface roughness on step-wise S-N characteristics in high strength steel[J]. International Journal of Fatigue, 2003, 25(5): 379-385.

[19] HOU N X, WEN Z X, DU Z X, et al. Crystallographic failure analysis of film near cooling hole under temperature gradient of nickel-based single crystal superalloys[J]. Theoretical and Applied Fracture Mechanics, 2007, 47(2): 164-170.

[20] 李秋, 薛凯, 王丽捷, 等. 涂层结构残余应力拉曼光谱测量方法探讨[J]. 天津职业技术师范大学学报, 2019, 29(2): 7-12.

[21] 韩志勇, 张华, 王志平. 热障涂层残余应力的拉曼光谱测量及数值分析[J]. 航空学报, 2012, 33(2): 369-374.

[22] MA Q, CLARKE D R. Stress measurement in single-crystal and polycrystalline ceramics using their optical fluorescence[J]. Journal of the American Ceramic Society, 1993, 76(6): 1433-1440.

[23] ZHANG Y, MOHANTY D P, TOMAR V. Analyses of nanoscale to microscale strength and crack-tip stresses using nanomechanical Raman spectroscopy in IN-617[C]//Challenges in Mechanics of Time Dependent Materials, Volume

2: Proceedings of the 2016 Annual Conference on Experimental and Applied Mechanics. Cham: Springer, 2017.

[24] SZYMANSKI H A. Raman Spectroscopy: Theory and Practice[M]. Berlin: Springer Science & Business Media, 2012.

[25] TAYLOR G I. The mechanism of plastic deformation of crystals. Part I. Theoretical[J]. Proceedings of the Royal Society of London. Series A: Containing Papers of a Mathematical and Physical Character, 1934, 145(855): 362-387.

[26] ASARO R J, RICE J R. Strain localization in ductile single crystals[J]. Journal of the Mechanics and Physics of Solids, 1977, 25(5): 309-338.

[27] ZIKRY M A. An accurate and stable algorithm for high strain-rate finite strain plasticity[J]. Computers & Structures, 1994, 50(3): 337-350.

[28] LI F, ZHANG Y, WU Z, et al. Fatigue crack initiation and propagation behavior of nickel-based single crystal DD6 under different drilling processes[J]. Materials Science and Engineering: A, 2022, 831: 142246.

[29] SANGID M D. The physics of fatigue crack initiation[J]. International Journal of Fatigue, 2013, 57: 58-72.

[30] 岳珠峰, 吕震宙, 周利, 等. 镍基单晶合金的厚度效应[J]. 金属学报, 1997, 33(3): 265-270.

[31] LALL C, CHIN S, POPE D P. The orientation and temperature dependence of the yield stress of Ni$_3$(Al, Nb) single crystals[J]. Metallurgical Transactions A, 1979, 10: 1323-1332.

[32] 李振威. 镍基单晶冷却叶片气膜孔裂纹形核机理与寿命预测研究[D]. 西安: 西北工业大学, 2021.

[33] ANASTASSAKIS E, CANTARERO A, CARDONA M. Piezo-Raman measurements and anharmonic parameters in silicon and diamond[J]. Physical Review B, 1990, 41(11): 7529.

[34] REBELO J C, KORNMEIER M, BATISTA A C, et al. Residual stress after EDM-FEM study and measurement results[J]. Materials Science Forum, 2002, 404: 159-164.

[35] YANG C, ZHANG J. Influence of multi-hole arrangement on cooling film development[J]. Chinese Journal of Aeronautics, 2012, 25(2): 182-188.

[36] 张亚敏. 镍基单晶冷却叶片气膜孔结构蠕变疲劳行为及寿命模型研究[D]. 西安:西北工业大学, 2021.

第4章 基于TTCI法的原始疲劳质量评估理论

4.1 引　言

机械结构的加工过程会造成裂纹或裂纹式缺陷，这些损伤会在试验过程中由于疲劳、蠕变、氧化腐蚀等，逐步形成宏观裂纹。已有研究表明，不同工艺损伤造成的表面完整性差异对疲劳寿命的影响可以达到1~2个数量级[1]。传统的宏观唯象和细观晶体塑性寿命预测模型大部分没有考虑这一因素，即使考虑，定义的初始损伤也缺乏合理性。

结构件的断裂过程可以分为三个阶段：①裂纹在应力集中处形成；②稳定扩展；③失稳扩展。研究裂纹扩展寿命使用的线弹性断裂力学或弹塑性断裂力学已经有很好的应用，由于基本假设限制，不能处理结构应力集中处细节的裂纹形成问题，疲劳全寿命需要分为裂纹萌生寿命和裂纹扩展寿命两部分计算。裂纹萌生的定义尚无定论，一般认为从夹杂和孔洞缺陷处起裂，一些学者建议将裂纹萌生长度定为0.1mm，但多数情况下，当微裂纹达到该尺度时，它会沿着材料截面稳定扩展[2]。再者，裂纹萌生和扩展的分界点不明确，且萌生阶段的寿命也无精确的描述手段，因此断裂力学在预测疲劳全寿命时常常遇到瓶颈。由于材料和结构的初始损伤不同，加之无损检测技术水平的限制及多损伤参数无法定量化等因素，构件在制造和使用中初始裂纹分布估计困难。鉴于这一背景，引入一个新的概念——原始疲劳质量(IFQ)，包含了材料、结构和制造工艺等属性，常用当量初始裂纹尺寸(equivalent initial flaw size，EIFS)来量化，以此作为计算起点，将结构全寿命仅表示为裂纹扩展寿命[3]。因此，当量初始裂纹尺寸不是构件的真实初始裂纹尺寸，而是为了寿命估算而设定的裂纹长度(或分布)。这种方法衍生出的预测疲劳寿命的各种方法被许多研究人员采用。例如，Correia等[4]根据疲劳试验完成了EIFS计算，使用有限元模型来补偿应力比R的影响，得到了EIFS的近似值并预测了最大疲劳全寿命。在评估等效裂纹尺寸时，只需要有限的几组实验数据即可，不需要测量全部的原始裂纹尺寸。Al-Mukhtar等[5]进行了一项比较研究，优化了EIFS反推理论，得到的概率总疲劳寿命计算精度似乎是可以接受的。Liu等根据Kitagawa-Takahashi(K-T)图给出确定EIFS的方法，避免了等效裂纹尺寸对应力水平的依赖[6-7]。徐会会等[8]系统性地总结了EIFS用于预测金属结构材料腐蚀疲劳寿命的前景。

对已有研究进行总结,发现部分学者对 EIFS 概念含糊,起点不明,未形成统一定义,甚至将断裂力学和损伤力学的基本假设混淆进行疲劳寿命的预测;关于 EIFS 理论的建立尚未开展系统的研究,更无从谈推广。本章结合航空发动机已有工况和材料,主要研究内容包括:①系统阐明结构初始损伤度与 EIFS 的联系;②应用概率断裂力学原理进行 EIFS 理论推导,建立能描述结构原始疲劳质量的通用 EIFS 分布,并确定安全断裂裂纹长度;③开展结构细节模拟件疲劳裂纹扩展试验并验证。全方位梳理 EIFS 的来龙去脉,开展镍基单晶疲劳裂纹扩展试验并验证,并在此基础上对疲劳寿命进行预测。

4.2　EIFS 评估理论

4.2.1　初始缺陷尺寸

实际结构在生产制造之后常常会存在缺陷、夹杂、微孔洞、切口、台阶等材料或几何不连续处,容易引起应力集中。在反复的疲劳载荷下,首先在这些地方发生"挤入""挤出"的塑性滑移,形成微裂纹。为了科学评估原始质量和工件合格度,常会在实际结构服役之前进行损伤检查,最为典型的是无损检测出结构中"最大损伤",工程上常把这一损伤定义为"最大裂纹长度"。近年来,发展了许多无损检测的装置或者方法,但不可避免的是,由于技术的限制和人为因素干扰,检测出的裂纹长度无法定量化且与实际裂纹萌生处不匹配,往往发生漏检或者与真实长度相距甚远。因此,需要根据已有的检测技术手段,尽可能早地探出最能反映构件的初始缺陷。假定裂纹长度为 a 的裂纹在一次检查中被检出的概率为 $P(D|a)$,D 为检测出的裂纹长度样本。一般 $P(D|a)$ 与裂纹长度 a 正相关,根据现有的检测资料[9],提出了多种检测概率曲线的函数形式,一般以三参数韦布尔(Weibull)分布最为常用,其表达式为

$$P(D|a) = \begin{cases} 1 - \exp\left\{-[(a-\varepsilon)/\beta]^{\alpha}\right\}, & a > \varepsilon \\ 0, & a \leqslant \varepsilon \end{cases} \tag{4-1}$$

式中,α、β 和 ε 均为试验确定的常数。

为了从 $P(D|a)$ 推导 $P(a)$ 的分布,可以先假定构件中初始裂纹长度的概率密度函数为 $f_a(x)$,其中 x 为存在的裂纹长度,则

$$P(x) = f_a(x)\mathrm{d}x \tag{4-2}$$

因此,长度为 x 的缺陷存在并被检测出来的概率为 $P(D|a) \cdot f_a(x) \cdot \mathrm{d}x$,结构中各种尺寸裂纹长度被检测出的概率为

$$P(D) = \int_0^\infty P(D|a) \cdot f_a(x) \cdot \mathrm{d}x \tag{4-3}$$

用 $f_D(x)$ 表示检测出裂纹尺寸的概率密度函数，$P(x|D)$ 表示检测出裂纹长度为 x 的裂纹概率。根据贝叶斯公式，可知：

$$P(x|D) = \frac{P(D|x)P(x)}{P(D)} = \frac{P(D|x)f_a(x)\mathrm{d}x}{\displaystyle\int_0^\infty P(D|a) \cdot f_a(x) \cdot \mathrm{d}x} \tag{4-4}$$

由于 $P(x|D)$ 可以近似表示为 $f_D(x)\mathrm{d}x$，则有

$$f_D(x) = \frac{P(D|x)f_a(x)}{\displaystyle\int_0^\infty P(D|a) \cdot f_a(x) \cdot \mathrm{d}x} \tag{4-5}$$

式中，$P(D|x)$ 可以由式(4-1)得到；$f_D(x)$ 由无损检测分析得到。因此，初始裂纹长度的概率密度函数为

$$f_a(x) = \frac{f_D(x)}{P(D|x)} \int_0^\infty P(D|x) \cdot f_a(x) \cdot \mathrm{d}x \tag{4-6}$$

进一步地，可以根据 $f_a(x)$ 确定满足不同置信度和存活率的裂纹长度，如平均初始裂纹长度 a_{ave}、最大裂纹长度 a_{c} 和平均疲劳寿命 N_{ave}，可以表示为

$$\begin{cases} N_{\mathrm{ave}} = \displaystyle\int_{a_{\mathrm{ave}}}^{a_{\mathrm{c}}} \frac{\mathrm{d}N}{\mathrm{d}a}\mathrm{d}a \\ a_{\mathrm{ave}} = \displaystyle\int_{-\infty}^{+\infty} x f_a(x)\mathrm{d}x \end{cases} \tag{4-7}$$

由此，根据初始裂纹分布规律、裂纹扩展率和试验疲劳寿命迭代出 $f_a(x)$。

4.2.2　当量初始裂纹尺寸概率分布

无损检测过程中，人为确定裂纹长度不稳定且并不能综合考虑材料和结构的原始状态，而 EIFS 分布这种方法可将结构的全寿命当量地用裂纹扩展寿命表示，如图 4-1 所示。结构从起裂到断裂，裂纹必须经过一个小裂纹阶段。Pearson[10]发现小裂纹现象以来，已发展了许多小裂纹扩展模型，如改进的线弹性理论，包括 McEvily 模型[11]和考虑裂纹闭合效应的小裂纹扩展 LAPS 模型[12]等方法，但始终没有统一的理论被大多数人接受。归根结底，影响小裂纹扩展的因素很多，大部分模型不具有长裂纹 Pairs 公式的通用性。在此基础上，为了解决这一问题，将小裂纹以前的损伤视为 EIFS，结合小裂纹阶段的裂纹扩展率进行疲劳寿命预测，能有效避免对小裂纹直接研究。

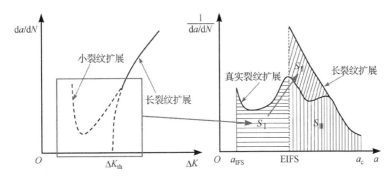

图 4-1　EIFS 思想预测疲劳全寿命[6]

ΔK 为应力强度因子范围；ΔK_{th} 为应力强度因子门槛值

$$N = S_{\mathrm{I}} + S_{\mathrm{III}} = \int_{a_{\mathrm{IFS}}}^{a_{\mathrm{c}}} \left(\frac{1}{\mathrm{d}a/\mathrm{d}N} \right)_{真} \mathrm{d}a = \int_{a_{\mathrm{IFS}}}^{a_{\mathrm{b}}} \left(\frac{1}{\mathrm{d}a/\mathrm{d}N} \right)_{\mathrm{I}} \mathrm{d}a + \int_{a_{\mathrm{b}}}^{a_{\mathrm{c}}} \left(\frac{1}{\mathrm{d}a/\mathrm{d}N} \right)_{\mathrm{III}} \mathrm{d}a$$

$$= \int_{\mathrm{EIFS}}^{a_{\mathrm{c}}} \left(\frac{1}{\mathrm{d}a/\mathrm{d}N} \right)_{\mathrm{II+III}} \mathrm{d}a = S_{\mathrm{II}} + S_{\mathrm{III}} \tag{4-8}$$

式中，N 为疲劳寿命；S 为积分面积；a_{IFS} 为初始裂纹长度；a_{b} 为长裂纹与小裂纹分界点；下标 I 、 II 、 III 分区见图 4-1；下标"真"表示真实裂纹。

EIFS 分布使用的是假想的裂纹，通过确定 EIFS 的值与特定的允许最大裂纹进行比较，来反映试件的初始状态。其分布具有如下特征：

(1) EIFS 分布只依赖于使用前材料、加工工艺或装配状态，而不依赖于使用的条件(加载条件)，这种情况下的数据可以推出相同的 EIFS 分布，此时该分布称为"通用的 EIFS 分布"。

(2) EIFS 分布不是原始材料中的真实物理缺陷或裂纹分布，仅仅是初始疲劳质量的数学代表量，然而从 EIFS 分布出发经过一定时间的假想裂纹扩展后，它和真实的裂纹相吻合。

(3) EIFS 分布和取得它的裂纹扩展模型及该模型分析的裂纹尺寸区间有关，因此进行裂纹扩展率分析时，获得 EIFS 的裂纹尺寸区间应当协调一致。

EIFS 理论最初由 Yang 等[13]、Rudd[14]提出，随后 Wang[15]将其用于结构的耐久性分析中，并考虑了结构的初始损伤不能直接被测量，将其假定为一个假想的裂纹(a_0)。若按 4.2.1 小节获取 $P(D|x)$ 方法来得到 EIFS 分布，计算复杂，且需要科学的先验分布，这往往是非常困难的。将裂纹扩展到可以检测的参考裂纹长度 a_{r} 经历的时间定义为裂纹形成时间(time to crack initial, TTCI)，用得到的 TTCI 结合裂纹扩展率反推找出时间为零的裂纹长度，来确定 EIFS 分布，这样要简单得多。由于通过这个方法得到的 EIFS 分布容易受选取的参考裂纹长度 a_{r} 干扰，因此选取多个 a_{r} 得到通用的 EIFS 分布，整个反推过程如图 4-2 所示。可以看出，EIFS 分布的精确度很大程度上取决于反推公式的外推。为了尽可能平衡获取裂纹

有效数据难易、裂纹长度不过分依赖外推和裂纹扩展率描述之间的矛盾，选用小裂纹阶段裂纹扩展率和某一裂纹扩展驱动力 D_{ri} 建立常见的幂律关系：

$$\frac{\mathrm{d}a}{\mathrm{d}t} = C(D_{ri})^m \tag{4-9}$$

式中，C、m 为拟合常数。

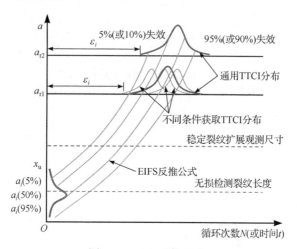

图 4-2　TTCI 反推理论

ε_i 为裂纹扩展至参考裂纹长度 a_r 时的循环次数；x_u 为循环次数为 0 时的最大裂纹长度；

$a_i(5\%)$、$a_i(50\%)$、$a_i(95\%)$ 为循环次数为 0 时的不同失效概率裂纹长度

金属材料裂纹扩展驱动力 D_{ri} 的描述主要包括 ΔK (应力强度因子范围)、ΔG (能量释放率范围)、ΔJ (J 积分范围)、$\Delta\delta$ (裂纹张开角范围)、$\Delta\varepsilon$ (裂纹尖端附近应变范围)、Δr (裂纹尖端附近塑性区范围)及其之间的组合或改进方法。对于常用的 Pairs 公式，令 $D_{ri} = \Delta K = \Delta\sigma\sqrt{\pi a}Y(a)$，根据泰勒展开，$\Delta K$ 可以写成含 a 的泰勒多项式，即

$$\Delta K = \Delta\sigma\sum_{i=1}^{\infty} c_i a^{b_i} \tag{4-10}$$

式中，$\Delta\sigma$ 为应力变化值；c_i、b_i 均为常数。在近似小裂纹的范围内，为计算方便仅保留第一项，得到式(4-11)，该式如同 Gallaher 研究飞机结构小裂纹时使用的表达式[16]，其中 Q 和 b 为常数。可以预见的是，即使使用不同驱动力也能得到这一关系，因为它们仅仅是纯数学上的拟合，换句话说，$\mathrm{d}a(t)/\mathrm{d}t$ 与 $a(t)$ 无物理联系。

$$\frac{\mathrm{d}a(t)}{\mathrm{d}t} = C\left(\Delta\sigma\cdot c_1\cdot a(t)^{b_1}\right)^m = Qa(t)^b \tag{4-11}$$

在实际过程中，一种应力水平下 Q_i 的求解往往需要多个(k 个)断口实现断口

反推，一个断口上存在一个 Q_k。假定一个断口上有 m 个 $(\mathrm{d}a/\mathrm{d}t, a)$ 数据点，即获取一个 $(\mathrm{d}a/\mathrm{d}t, a)$ 或 (t, a) 数据需要这个试件特定裂纹长度 a_j（时间为 t_j）及其疲劳条带间距，根据最小二乘法可得

$$Q_k = \frac{m\sum_{j=1}^{m} t_j \ln a_j - \sum_{j=1}^{m}\ln a_j \sum_{j=1}^{m} t_j}{m\sum_{j=1}^{m} t_j^2 - \left(\sum_{j=1}^{m} t_j\right)^2} = \exp\left\{\left[m\sum_{j=1}^{m}\ln\left(\frac{\mathrm{d}a(t)}{\mathrm{d}t}\right)_j - \sum_{j=1}^{m}\ln a_j\right]\middle/ m\right\} \quad (4\text{-}12)$$

确定同一温度应力水平下一批试件的 Q_i，其插值流程如图 4-3 所示。将同一应力下的全部断口观测点(黑点)分别拟合得到 $Q_1, Q_2, \cdots, Q_k$ 和 $b_1, b_2, \cdots, b_k$，指定若干待拟合裂纹长度 $(a_1, a_2, \cdots, a_q)$，将拟合曲线分别在这些长度处插值，获取数据点 $(t_1, a_1), (t_2, a_2), \cdots, (t_q, a_q)$，根据式(4-12)获得 Q_i。

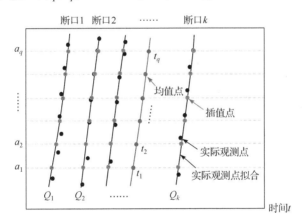

图 4-3　同一应力水平下试件断口

对式(4-11)求不定积分，当 $b_i > 1$ 时，可得裂纹尺寸随时间的关系为

$$a(t) = \left[(1-b_i)(Q_i t + H)\right]^{\frac{1}{1-b_i}} \quad (4\text{-}13)$$

假设 t_0 时刻，$a(t_0) = a_{\mathrm{r}}$（a_{r} 为参考裂纹长度），则待定系数 $H = \dfrac{a_{\mathrm{r}}^{1-b_i}}{1-b_i} - Q t_0$。当 $t = 0$ 时，

$$\mathrm{EIFS} = a(0) = \left[a_{\mathrm{r}}^{1-b_i} - Q_i a_{\mathrm{r}}(1-b_i)\right]^{\frac{1}{1-b_i}} \quad (4\text{-}14)$$

令 EIFS 分布上界为 x_{u}，根据式(4-14)，可得出 TTCI 分布的下界为

$$\varepsilon_i = \frac{1}{(b_i-1)Q_i}\left[x_{\mathrm{u}}^{-(1-b_i)} - a_{\mathrm{r}}^{-(1-b_i)}\right], \quad a_{\mathrm{r}} \geqslant x_{\mathrm{u}} \quad (4\text{-}15)$$

需要注意的是，式(4-13)～式(4-15)涉及参数较多，这会使概率分布反推时尤其复杂。从另一个角度来看，若指定 b_i 为某一固定常数(如 $b_i=1$)，问题将简化，当然 Q_i 也会发生变化，但尽可能使得式(4-11)拟合断口数据。因此，此时 b_i 和 Q_i 已经不是简单的"材料常数"，而是便于 EIFS 求解而人为规定的常数。基于这一假定，式(4-13)～式(4-15)进行相应变换后可以写为

$$\begin{cases} \text{EIFS} = a_{\mathrm{r}}\exp(-Q_i t) \\ \varepsilon_i = \dfrac{1}{Q_i}\dfrac{a_{\mathrm{r}}}{x_{\mathrm{u}}} \end{cases} \tag{4-16}$$

大量研究表明，TTCI 符合韦布尔分布或对数正态分布。假定随机变量 t 服从三参数韦布尔分布，其概率密度和累积概率分布函数可以表示为

$$\begin{cases} f_T(t) = \dfrac{\alpha_i}{\beta_i}\left(\dfrac{t-\varepsilon_i}{\beta}\right)^{\alpha_i-1}\exp\left[-\left(\dfrac{t-\varepsilon_i}{\beta_i}\right)^{\alpha_i}\right], & t \geqslant \varepsilon_i \\ F_T(t) = 1-\exp\left[-\left(\dfrac{t-\varepsilon_i}{\beta_i}\right)^{\alpha_i}\right], & t \geqslant \varepsilon_i \end{cases} \tag{4-17}$$

式中，α_i、β_i、ε_i 分别为第 i 种应力下 TTCI 分布函数的形状参数、尺度参数和分布下界。

将 EIFS 视为随机变量 x，从统计学角度来看，EIFS 分布和 TTCI 分布是相容的，每一 TTCI-EIFS 在各自的分布中具有相同的百分位数。联立式(4-16)和式(4-17)，可以得到 EIFS 的概率密度和累积概率分布函数分别为

$$\begin{cases} f_x(x) = \dfrac{\alpha_i}{\beta_i x}\left(\dfrac{\ln(x_{\mathrm{u}}/x)}{Q_i\beta_i}\right)^{\alpha_i-1}\exp\left[-\left(\dfrac{\ln(x_{\mathrm{u}}/x)}{Q_i\beta_i}\right)^{\alpha_i}\right], & 0 < x < x_{\mathrm{u}} \\ F_x(x) = \exp\left[-\left(\dfrac{\ln(x_{\mathrm{u}}/x)}{Q_i\beta_i}\right)^{\alpha_i}\right], & 0 < x < x_{\mathrm{u}} \end{cases} \tag{4-18}$$

1) TTCI 分布反推 EIFS 分布

根据式(4-16)～式(4-18)可知，要想得到 EIFS 分布必须要确定 α_i、β_i、ε_i 和裂纹扩展参数(Q_i 和 β_i)。先假定在给定参考裂纹长度下，k 个断口中第 e 个断口对应时间为 t_e，将其由小到大排列为 $t_1 < t_2 < \cdots < t_e < \cdots < t_k$，对应累积概率分布的均秩估计量为

$$F_T(t_e) = \dfrac{r}{k+1} \tag{4-19}$$

其中，r 为 t_e 重新排列后的位次；k 仍为第 i 种应力下全部断口数。

进一步，将式(4-17)中 $F_T(t)$ 改写成最小二乘法形式：

$$\begin{cases} Z = \alpha_i Y + U \\ Z = \ln\left\{-\ln\left[1 - F_T(t)\right]\right\} \\ Y = \ln(t - \varepsilon_i) \\ U = -\alpha_i \ln \beta_i \end{cases} \quad (4\text{-}20)$$

通过拟合，可以得到

$$\begin{cases} \alpha_i = \dfrac{k\sum\limits_{e=1}^{k} Y_e Z_e - \sum\limits_{e=1}^{k} Y_e \sum\limits_{e=1}^{k} Z_e}{k\sum\limits_{e=1}^{k} Y_e^2 - \left(\sum\limits_{e=1}^{k} Y_e\right)^2} \\ \beta_i = \exp\left[\left(\alpha_i \sum\limits_{e=1}^{k} Y_e - \sum\limits_{e=1}^{k} Z_e\right) \middle/ k\alpha_i\right] \end{cases} \quad (4\text{-}21)$$

需要注意的是，EIFS 分布同样受裂纹扩展率影响，一个明显的特征是 TTCI 分布参数与施加的载荷密切相关。相同参考裂纹下，应力水平越高，裂纹扩展越快，t_e 越小，然而这与 EIFS 分布与应力无关这一假设(或称为本质特征)矛盾。因此，有必要将 EIFS 分布参数加以如下限制，来达到与应力水平无关[17]。

(1) 每种应力 TTCI 分布推导出的 EIFS 分布在总的 EIFS 分布范围内，即 $x_{u1}, x_{u2}, \cdots, x_{uL} \leqslant x_u$。

(2) 反推裂纹扩展公式中，b_i 应不使应力扩展之间产生差异，最为理想的状态是 $b_1 = b_2 = \cdots = b_L = $ 常数，显然这个常数为 1 时既能满足条件，又能简化计算。

(3) 反推裂纹扩展公式中，Q_i 在 b_i 固定时不可避免出现变化，与此同时，尺度参数 β_i 也会随着应力变化而发生改变(在应力较大时，β_i 变化区间不显著)。Yang 等[13]的研究表明，$Q_i\beta_i$ 可能与应力水平无关，从裂纹扩展机制上可以解释为：随着应力升高，裂纹扩展率越大，Q_i 越大，寿命越短，TTCI 分布曲线整体向寿命减小的方向偏移，比例参数也同时减小。$Q_i\beta_i$ 与应力水平无关这一结论没有得到学者证实，从已有的数据来看，$Q_i\beta_i$ 并不能完全遵从与应力水平无关[18]。因此，为了排除这一影响，将同一参考裂纹下 EIFS 分布中的 $Q\beta$ 视为各个应力水平 $Q_i\beta_i$ 的均值[式(4-22)]，进一步可以得到任意应力水平下名义裂纹扩展参数：

$$\begin{cases} Q\beta = \dfrac{1}{L}\sum\limits_{i=1}^{L} Q_i\beta_i \\ \hat{Q} = Q\beta / \beta_i \end{cases} \quad (4\text{-}22)$$

(4) 参数 α 的确定相对较困难，因为 TTCI 分布发生变化时 α 也在变化。为了解决这一问题，使 TTCI 累积分布的量纲为 1，构造随机变量 W：

$$W = \hat{Q}t_e - \ln\frac{a_r}{x_u} \tag{4-23}$$

则式(4-18)可以改写成

$$F_W(w) = 1 - \exp\left[-\left(\frac{w - \ln(a_r/x_u)}{Q\beta}\right)^{\alpha_i}\right] \tag{4-24}$$

此时，$F_W(w)$ 为以 α_i 和 $Q\beta$ 双参数韦布尔分布。尽管 α_i 和 $Q\beta$ 与应力无关，且仅使用一组应力水平断口就可以预测出来，但是为了提高数据可靠性，收集全部断口数据，W 的值共有 N 个，$N = L \cdot k$。将 W 按从小到大次序排列，得到对应于 w_l 的累积概率分布的均秩估计量为

$$F_W(w_l) = \frac{l}{N+1}, \qquad l = 1,2,\cdots,N \tag{4-25}$$

对式(4-24)两边取二次对数，可以化简为最小二乘法形式：

$$Z = \alpha X + B \tag{4-26}$$

其中，

$$\begin{cases} Z = \ln\{-\ln[1-F_T(t)]\} \\ X = \ln W = \ln\left(\hat{Q}t_e - \ln\frac{a_r}{x_u}\right) \\ B = -\alpha\ln Q\beta \end{cases} \tag{4-27}$$

在选定参考裂纹和 EIFS 的极限当量长度条件下，可以求出 Z 和 X，进而得到 α，表示为

$$\alpha = \frac{\sum Z}{\sum X - N\ln(Q\beta)} \tag{4-28}$$

对于通用 EIFS 分布，参考裂纹长度 a_r 不能忽视。改变 (a_r, x_u) 将得到不同的 $(\alpha, Q\beta)$。为了得到最佳的 $(x_u, \alpha, Q\beta)$，EIFS 分布参数仍需要进一步优化。优化准则：综合各应力水平下的统计量，对应的累积分布函数理论值与试验值之间偏差的平方和(SSE)最小。将 w_l 代入式(4-24)计算 $F_W(w_l)$ 理论值，由式(4-25)计算其试验值 $F_W{}'(w_l)$，则有

$$SSE = \sum_{l=1}^{N}\left[F_W(w_l) - F_W{}'(w_l)\right]^2 \tag{4-29}$$

2) EIFS 拟合分布

对于指定(最优)参考裂纹长度 a_r ,各应力(或其他变量)水平 i 的全部试件值 x_{ie} 构成 EIFS 变量样本,从式(4-18)可看出,EIFS 分布服从三参数韦布尔相容分布,将该式通过两次自然对数转换,可得到

$$Z = \alpha Y + b \tag{4-30}$$

其中,

$$\begin{cases} Z = \ln\left[-\ln F_X(x)\right] \\ Y = \ln\left[\ln(x_u / x)\right] \\ b = -\alpha \ln Q\beta \end{cases} \tag{4-31}$$

将 x_m 从小到大顺序排列, $m = 1, 2, \cdots, N$,为对应序号, x_m 对应的 $F_X(x_m)$ 可由均秩分布估计:

$$F_X(x_m) = \frac{m}{N+1} \tag{4-32}$$

此时,将 $F_X(x_m)$ 代入式(4-31),可得到 N 组 (Y_m, Z_m) ,对其进行线性回归,可得到

$$\begin{cases} \alpha = \dfrac{N\displaystyle\sum_{m=1}^{N} Y_m Z_m - \displaystyle\sum_{m=1}^{N} Y_m \displaystyle\sum_{m=1}^{N} Z_m}{N\displaystyle\sum_{m=1}^{N} Y_m^2 - \left(\displaystyle\sum_{m=1}^{N} Y_m\right)^2} \\ b = \dfrac{1}{n}\left(\displaystyle\sum_{m=1}^{N} Z_m - \alpha \displaystyle\sum_{m=1}^{N} Y_m\right) \end{cases} \tag{4-33}$$

$$Q\beta = \exp(-b/\alpha) \tag{4-34}$$

改变 (a_r, x_u) 得到不同的 $(\alpha, Q\beta)$,为得到最佳的 $(x_u, \alpha, Q\beta)$,有

$$\mathrm{SSE} = \sum_{m=1}^{N}\left\{\frac{m}{N+1} - \exp\left[-\left(\frac{\ln(x_u / x_m)}{Q\beta}\right)^{\alpha}\right]\right\}^2 \tag{4-35}$$

4.2.3　随机裂纹扩展概率描述与 EIFS 分布更新

1. 随机裂纹扩展率

从前文描述可以得出,裂纹扩展率幂指数表达形式固定指数 b 之后,拟合数据的分散性集中在 Q 上,由此式(4-11)可以进一步改写为

$$Q = \frac{da(t) / dt}{a(t)^b} \tag{4-36}$$

将式(4-36)进行量纲化[9]，可以得到

$$\dim Q = \frac{L^{(1+1.5b)}}{T(LMT^{-2})^b} = L^{1+0.5b}M^{-b}T^{2b-1} \tag{4-37}$$

式中，$\dim Q$ 表示 Q 的量纲；L 表示长度的量纲；T 表示时间的量纲；LMT^{-2} 表示力的量纲。由此可以看出，Q 的量纲是 b 的函数。为了克服这一矛盾，将 $a(t)$ 进行无量纲化：

$$\frac{da(t)}{dt} = Q\left(\frac{a(t)}{V}\right)^b \tag{4-38}$$

引入随机变量 V，实现裂纹扩展长度随机变化，对其两边同时取对数，得到

$$\ln\frac{da(t)}{dt} = \ln Q + b\ln a(t) - b\ln V \tag{4-39}$$

需要说明的是，在求得 EIFS 分布后，其满足三参数韦布尔分布能使得结果更为精准，但是对于实际的裂纹长度变化，采用三参数韦布尔分布往往显得非常复杂。研究表明，裂纹的尺寸分布一般满足对数正态分布或者双参数韦布尔分布，推断样本数据范围之外的信息时，对数正态分布能够比双参数韦布尔分布更快预测到较低的平均失效率[19]。由于三参数韦布尔分布需要考虑的参数较多，为达到大致相同的精度，减少参数估计量，本小节将随时间变化 EIFS 进一步变换为对数正态分布，以方便推导不同失效率下的安全裂纹长度。设 $\ln V$ 服从正态分布(或称 V 服从正态分布)，其均值为 μ、方差为 σ^2，即 $\ln V \sim N(\mu,\sigma^2)$，$b\ln V \sim N(b\mu, b^2\sigma^2)$；此时 $b\ln V = b\mu + bZ$，其中 Z 满足 $Z \sim N(0, \sigma^2)$，$\mathrm{var}(bZ) = b^2\mathrm{var}(Z) = b^2\sigma^2$。

令 $a = \ln Q$，$x_i = \ln a(t)$，$y_i = \ln[da(t)/dt]$，式(4-39)可以改写成

$$y_i = a - b\mu + bx_i - N(0, b^2\sigma^2) \tag{4-40}$$

因此，y_i 服从正态分布，$y_i \sim N(a-b\mu+bx_i, b^2\sigma^2)$，其概率密度函数为

$$f(y_i,a,b,\mu,\sigma^2) = \frac{1}{\sqrt{2\pi}b\sigma}\exp\left[-\frac{(y_i-a+b\mu-bx_i)^2}{2b^2\sigma^2}\right] \tag{4-41}$$

为了估计未知参数 a、b、μ 和 σ，用极大似然进行估计，其似然函数为

$$L_M = \prod_{i=1}^{n}\frac{1}{\sqrt{2\pi}b\sigma}\exp\left[-\frac{(y_i-a+b\mu-bx_i)^2}{2b^2\sigma^2}\right] \tag{4-42}$$

对式(4-42)等号两边求自然对数，可得

$$\ln L_M = -\frac{n}{2}\ln(2\pi) - n\ln b\sigma - \frac{\sum_{i=1}^{n}(y_i - a + b\mu - bx_i)^2}{2b^2\sigma^2} \tag{4-43}$$

对其求偏导，方程组为

$$\begin{cases} \dfrac{\partial \ln L_M}{\partial a} = na + \sum_{i=1}^{n}(x_i - \mu) \cdot b - \sum_{i=1}^{n} y_i = 0 \\[4mm] \dfrac{\partial \ln L_M}{\partial b} = \sum_{i=1}^{n}\Big[(y_i - a)^2 + b(y_i - a)(\mu - x_i)\Big] - nb^2\sigma^2 = 0 \\[4mm] \dfrac{\partial \ln L_M}{\partial \mu} = na + \sum_{i=1}^{n}(x_i - \mu) \cdot b - \sum_{i=1}^{n} y_i = 0 \\[4mm] \dfrac{\partial \ln L_M}{\partial \sigma} = \sum_{i=1}^{n}\Big[(y_i - a)^2 + 2b(y_i - a)(\mu - x_i) + b(\mu - x_i)^2\Big] - nb^2\sigma^2 = 0 \end{cases} \tag{4-44}$$

对式(4-44)求解，可得

$$\begin{cases} b^2\sigma^2 = \sum_{i=1}^{n}(y_i - a + b\mu - bx_i)^2 / n \\[4mm] b = \dfrac{n\sum_{i=1}^{n}x_i y_i - \sum_{i=1}^{n}x_i\sum_{i=1}^{n}y_i}{n\sum_{i=1}^{n}x_i^2 - \left(\sum_{i=1}^{n}x_i\right)^2} \\[6mm] a - b\mu = \dfrac{1}{n}\sum_{i=1}^{n}y_i - \dfrac{b}{n}\sum_{i=1}^{n}x_i \end{cases} \tag{4-45}$$

从式(4-45)可以看出，b 和 $a - b\mu$ 取值与均值 μ 无关，并且 b 和 $a - b\mu$ 分别为 $\mu = 0$ 条件下的极大似然估计。由此可看出，均值对极大似然估计下疲劳裂纹扩展率方程形式无影响，可令 $\mu=0$，式(4-40)可重写为

$$y_i = a + bx_i - N(0, b^2\sigma^2) \tag{4-46}$$

此时，式(4-45)可以进一步改写为

$$\begin{cases} b^2\sigma^2 = \dfrac{\sum_{i=1}^{n}(y_i - a - bx_i)^2}{n} \\[5mm] a = \dfrac{1}{n}\sum_{i=1}^{n}y_i - \dfrac{b}{n}\sum_{i=1}^{n}x_i \end{cases} \tag{4-47}$$

因此，式(4-38)可以表示为

$$\frac{\mathrm{d}a(t)}{\mathrm{d}t} = \exp\left[\ln Q + b \ln a(t) - b \ln V\right] = Qa(t)^b \cdot \exp[N(0, b^2\sigma^2)] \tag{4-48}$$

由于 $\exp[N(0, b^2\sigma^2)]$ 服从对数正态分布，假定参量 $X = \exp[N(0, b^2\sigma^2)]$ ，$q(a) = Qa(t)^b$ ，则式(4-48)可以随机化为 $\mathrm{d}a(t)/\mathrm{d}t = q(a) \cdot X$ ，对其进行积分，可以得到

$$\int_{a_0}^{a} \frac{1}{q(v)}\mathrm{d}v = \int_{t_0}^{t} X\mathrm{d}t = X(t - t_0) \tag{4-49}$$

则，当 $t_0 = 0$ 时，$X = \dfrac{1}{t}\displaystyle\int_{a_0}^{a} \frac{1}{q(v)}\mathrm{d}v$ ，裂纹长度是随机变量的函数。在时刻 t 下，裂纹长度 a 的概率密度函数为

$$f(a\,|\,t) = f_X(X)\frac{\mathrm{d}X}{\mathrm{d}a} \tag{4-50}$$

因此，参量 X 及其微分 $\mathrm{d}X/\mathrm{d}a$ 可以写为

$$X = \frac{1}{t}\int_{a_0}^{a} \frac{1}{Qa(t)^b}\mathrm{d}v = \frac{a_0^{1-b} - a^{1-b}}{tQ(b-1)} \tag{4-51}$$

$$\frac{\mathrm{d}X}{\mathrm{d}a} = \frac{a^{-b}}{tQ} \tag{4-52}$$

此时，裂纹长度 a 的概率密度函数可进一步表示为

$$
\begin{aligned}
f_a(a) &= f_X \frac{a_0^{1-b} - a^{1-b}}{tQ(b-1)} \cdot \frac{1}{tQa(t)^b} \\[2mm]
&= \frac{1}{\sqrt{2\pi}\sigma_X \cdot \dfrac{a_0^{1-b} - a^{1-b}}{tQ(b-1)}} \cdot \frac{\mathrm{d}X}{\mathrm{d}a} \cdot \exp\left[-\frac{1}{2}\left(-\frac{\ln\dfrac{a_0^{1-b} - a^{1-b}}{b-1} - \ln(tQ)}{\sigma_X}\right)^2\right] \\[2mm]
&= \frac{a^{-b}(b-1)}{\sqrt{2\pi}\sigma_X \cdot \left(a_0^{1-b} - a^{1-b}\right)} \cdot \exp\left[-\frac{1}{2}\left(-\frac{\ln\dfrac{a_0^{1-b} - a^{1-b}}{b-1} - \ln(tQ)}{\sigma_X}\right)^2\right]
\end{aligned} \tag{4-53}
$$

同理，当 $b=1$ 时，式(4-51)可以写为

$$X = \frac{1}{t}\int_{a_0}^{a} \frac{1}{Qa(t)^b}\mathrm{d}v = \frac{\ln(a/a_0)}{tQ} \tag{4-54}$$

由此，式(4-53)也可以写为

$$f_a(a\,|\,a_0,t) = \frac{1}{\sqrt{2\pi}\sigma_X a \ln(a/a_0)} \cdot \exp\left(-\frac{1}{2}\left\{-\frac{\ln\left[\ln(a/a_0)\right]-\ln(tQ)}{\sigma_X}\right\}^2\right) \qquad (4\text{-}55)$$

由式(4-55)可得，当初始裂纹长度 a_0 (或 EIFS)和寿命 t (或临界裂纹长度 a_c)给定时，裂纹长度服从对数正态分布，其均值为 $\ln(tQ)$ ，方差为 σ_X 。由于初始裂纹长度 a_0 为随机变量，使用全概率公式将式(4-55)改写为

$$f_a(a\,|\,t) = \int f_a(a\,|\,a_0,t) \cdot f_{a_0}(a_0)\mathrm{d}a_0 \qquad (4\text{-}56)$$

2. EIFS 最大似然更新

为了进一步提高 EIFS 的准确性与外推寿命工程应用,改变原 EIFS 分布状态,其更新方案如图 4-4 所示。将 TTCI 分布和 EIFS 分布根据优化准则进行拟合，可以得出参量 α 、Q 、β 、ε 、a_r 和 x_u ,前文的求解过程给出了通解。相关研究表明，得到的这一"通解"与试验条件仍然有密切关系[18, 20],尽管其预测精度比 Manning 提出的求解方法有很大改进,但仍需要进一步加以改进。因此，为获取精确的 EIFS 分布和基于已有数据外推考虑，需要将获取的 EIFS 分布作为重要参考，进一步缩小 EIFS 的范围。假定实际 EIFS 分布未知，且存在先验分布(TTCI 通解),将优化的 TTCI 分布进一步插值，得到最优 a_r 下的 N_i 数据点和寿命中值 N_m 。考虑 N_m 和推导不同存活率下随机裂纹扩展率，根据式(4-56)反推得出 EIFS 散点和分布。

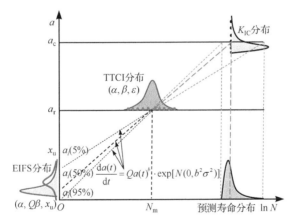

图 4-4　EIFS 分布更新方案与寿命预测

K_{IC} 为断裂韧度，即 a_c 对应的最大应力强度因子

令 EIFS 变量为 $(v_1, v_2, \cdots, v_n)$ ，实验过程中样本值相互独立并服从对数正态分布，因此全部似然函数也满足对数正态分布。误差因素有两个方面：①样本集合 V 和寿命 N_i 满足对数正态分布；②考虑数据获取误差因素。理论上，给定循环次数 N_i 和对应的裂纹长度 a_i 时，使用对数正态逼近拟合得到

$$f(N_i \mid V, a_i, E) = \frac{1}{\sqrt{2\pi} N_i \sigma_N} \exp\left\{-\frac{\left[\lg(N_i) - \lg(F(v, a_i))\right]^2}{2\sigma_N^2}\right\} \tag{4-57}$$

由此，可得变量 V 的似然函数 $L(V \mid D, y)$ 为

$$L(V \mid D, E) = \prod_{i=1}^{n} f(V \mid D_i, E) = f(N_i \mid V, a_i, E) \tag{4-58}$$

式中，$D_i = (a_i, N_i)$，为通过实验得到的第 i 次观测循环次数与裂纹长度之间的数据集；$F(v, a_i)$ 为已知数据样本点拟合得到的裂纹扩展公式，积分上下限分别为 a_i 和 v_i；寿命 N 的方差 σ_N 可以通过蒙特卡罗(Monte Carlo)模拟，或者直接从样本寿命拟合得到；E 为数据测量误差的统称。

实验过程中需要实时监测裂纹长度，然后根据前文的分析讨论获取 E 对数正态分布，其寿命 N 的估计为

$$N = \int_{v_i}^{a_i} \frac{1}{\mathrm{d}a/\mathrm{d}N} \mathrm{d}N = \int_{v_i}^{a_i} \frac{1}{\langle \mathrm{d}a/\mathrm{d}N \rangle \exp(\pm E)} \mathrm{d}N$$

$$= \langle N \rangle + \exp(\mp E) \tag{4-59}$$

μ、σ^2 分别变量 E 的均值、方差，式(4-58)可改写为

$$L(\tilde{V} \mid D, E) = \int L(V \mid D, X) f(\tilde{a}_i \mid X) \mathrm{d}\tilde{a}_i \tag{4-60}$$

$$L(\mu, \sigma^2 \mid D, E) = \prod_{i=1}^{\mathrm{Ǝ}} \int L(\tilde{V} \mid D, E) f(\tilde{V} \mid E) \mathrm{d}\tilde{V} \tag{4-61}$$

式中，$\mathrm{Ǝ}$ 为全部的试件数；$\tilde{a}_i$ 为一定误差下获取的裂纹长度。

将温度变化引起的测量误差记为 w，对测得的实验数据(包括各种误差作用的真实结果)引入噪声值 0.1，选用获取的最优 TTCI 分布 $(\alpha, \beta, \varepsilon)$ 和参考裂纹长度 a_r 对应的寿命中值 N_m，结合基于概率可靠性的类公式得到更新变量 V 的样本值，进而求出 μ、σ^2，即

$$\begin{cases} L(\mu, \sigma^2 \mid D, w, \mathrm{Cov}) = \prod_{i=1}^{\mathrm{Ǝ}} f(\mu, \sigma^2, \mu_V) \\ \\ f(\mu \mid D, w, \mathrm{Cov}) = \dfrac{\displaystyle\int L(\mu, \sigma^2 \mid D, w, \mathrm{Cov}) \mathrm{d}\sigma}{\displaystyle\iint L(\mu, \sigma^2 \mid D, w, \mathrm{Cov}) \mathrm{d}\sigma \mathrm{d}\mu} \\ \\ f(\sigma \mid D, w, \mathrm{Cov}) = \dfrac{\displaystyle\int L(\mu, \sigma^2 \mid D, w, \mathrm{Cov}) \mathrm{d}\mu}{\displaystyle\iint L(\mu, \sigma^2 \mid D, w, \mathrm{Cov}) \mathrm{d}\mu \mathrm{d}\sigma} \end{cases} \tag{4-62}$$

$$\bar{m}_{\mathrm{EIFS}} = \int v g(\mu, \sigma^2, v) \mathrm{d}v \tag{4-63}$$

式中，$g(\mu, \sigma^2, v)$ 和 $\bar{m}_{\mathrm{EIFS}}$ 分别为 EIFS 对数正态分布的概率密度和均值。

3. 临界裂纹长度 a_{c}

根据线弹性断裂力学，裂尖的应力强度因子最大值 $K_{\max}$ 可以表示为最大应力 $\sigma_{\max}$ 和裂纹长度 $y(a)$ 之间的函数关系

$$K_{\max} = \sigma_{\max} \cdot y(a) \Rightarrow a = g(K_{\max}) / \sigma_{\max} \tag{4-64}$$

$$f_K(K) = f_a(a) \cdot a' = f_a\big[g(K_{\max}) / \sigma_{\max}\big] g'(K_{\max}) / \sigma_{\max} \tag{4-65}$$

考虑有限大板的几何修正参数 Y，裂纹长度可以表示为

$$a = \frac{1}{\pi}\left(\frac{K}{Y\sigma}\right)^2 \tag{4-66}$$

根据式(4-65)和式(4-66)可以得出，断裂韧度 K_{IC} 满足对数正态分布时，临界裂纹长度 a_{c} 也满足对数正态分布。设结构达到临界裂纹尺寸对应的安全可靠度为 p，即 $P(K_{\mathrm{IC}} > K_{\mathrm{IC},p}) = p$，在置信度为 γ 时，有

$$\lg K_{\mathrm{IC},p} = \lg \bar{K}_{\mathrm{IC}} + \mu_p \cdot s_1 \Rightarrow K_{\mathrm{IC},p,\gamma} = 10^{\lg \bar{K}_{\mathrm{IC}} + \mu_{p,\gamma} \cdot s_1} \tag{4-67}$$

式中，估计值 $\bar{K}_{\mathrm{IC}}$ 与样本数 m 相关；$\mu_{p,\gamma}$ 为置信度 γ 上的 p 分位点，这个值可以通过查统计分位数表获得；s_1 为 K_{IC} 的无偏方差。

$$\begin{cases} \lg \bar{K}_{\mathrm{IC}} = \dfrac{1}{m}\sum_{i=1}^{m} \lg K_{\mathrm{IC},i} \\[2mm] s_1 = \sqrt{\dfrac{1}{m-1}\sum_{i=1}^{m}(\lg K_{\mathrm{IC},i} - \lg \bar{K}_{\mathrm{IC}})^2} \end{cases} \tag{4-68}$$

从统计学角度而言，正态分布某一变量的无偏估计可以用 t 分布检验，即置信度为 γ 时满足：

$$\frac{s}{\bar{x}} \leqslant \frac{\delta\sqrt{m}}{t_{\alpha/2}(m-1)} \tag{4-69}$$

由于 $\lg K_{\mathrm{IC}} \sim N(\mu_1, \sigma_1^2)$，可以用样本变异系数估计式(4-69)中使用的最少样本数。此时，$\lg K_{\mathrm{IC}}$ 的相对偏差 δ^* 和 K_{IC} 的相对偏差 δ 满足：

$$\delta = \lg(1 + \delta^*) / \lg \bar{K}_{\mathrm{IC}} \tag{4-70}$$

由此，结合式(4-69)和式(4-70)可以获得具有最少样本数的 K_{IC} 来表征总体样

本，进而得到随机裂纹扩展率的积分上限 a_c 与均值 $\bar{a}_c$。

4.2.4 安全断裂长度的确定

相对理想试验条件，真实环境因素对疲劳寿命的分散性较大。对于航空发动机材料，温度的变化对疲劳全寿命的分散性有着不可忽视的重要影响，这无疑进一步加剧实际不确定因素的影响。为了充分反映这些因素，对实际情况进行简化，只考虑自身载荷和温度变化引起的不确定性。根据经典的热力学定律，温度场和应力场之间可以定性为正相关关系，即温度场的变化不确定性也可以用应力不确定性来表征。由此可以将这些除客观原因的不确定因素看作在理想恒幅条件下承受了不确定恒幅载荷。对于恒幅载荷，Busquin 公式能很好地表征恒幅应力与寿命的关系，不确定恒幅循环应力作用下，疲劳寿命的概率分布与不确定恒幅循环应力的概率分布之间存在某种特定的映射关系，可将疲劳寿命 N 表示为

$$N = D / \sigma^m \tag{4-71}$$

式中，D、m 为常数。

在交变载荷的反复作用下，材料内部会产生不可逆转的疲劳损伤，在宏观上通常表现为试件剩余强度逐渐降低和剩余寿命逐渐减小。将试件的初始强度记为 R_0，将根据 EIFS 预测的疲劳全寿命记为 N，将循环载荷作用 n 次后的剩余强度和剩余寿命分别记为 $R(n)$ 和 $N-n$，则疲劳损伤函数为

$$\begin{cases} D_q = \dfrac{R_0 - R(n)}{R_0} \\ D_x = \dfrac{N - n}{N} \end{cases} \tag{4-72}$$

式中，D_q 和 D_x 分别为基于剩余强度和剩余寿命定义的损伤函数。

对于特定试件来说，式(4-72)中的两式应该是等效的，因此认为剩余强度 $R(n) = R_0 \left(1 - \dfrac{n}{N} \right)$ 是确定性框架下构建的剩余强度退化轨迹模型。引入不确定恒幅载荷，根据概率论公式，试件剩余强度的累积分布函数 $F_R(r)$ 为

$$F_R(r) = P_r(R(n) \leqslant R_0) \tag{4-73}$$

将式(4-72)代入式(4-73)，可以得出

$$\begin{aligned} F_R(r) &= P_r \left[R_0 \left(1 - \frac{n}{N} \right) \leqslant R_0 \right] \\ &= P_r \left(N \leqslant \frac{nR_0}{R_0 - R} \right) \end{aligned} \tag{4-74}$$

令疲劳寿命累积分布为 $F_N(n) = F_N \dfrac{nR_0}{R_0 - R}$，此时可建立试件累积剩余强度与

疲劳寿命累积之间的关系 $F_R(r) = F_N \dfrac{nR_0}{R_0 - R}$，对其两端求导，可得剩余强度概率

密度与疲劳全寿命概率密度之间的关系为

$$f_R(r) = \frac{nR_0}{(R_0 - R)^2} f_N \frac{nR_0}{R_0 - R} \tag{4-75}$$

此时，$F_N(n) = 1 - F_S\left[\left(\dfrac{D}{n}\right)^{1/m}\right]$，疲劳寿命的概率密度函数 $f_N(n)$ 与不确定恒

幅循环应力的概率密度函数 $f_S(s)$ 之间的关系为

$$f_N(n) = \frac{1}{mn}\left(\frac{D}{n}\right)^{1/m} f_S\left[\left(\frac{D}{n}\right)^{1/m}\right] \tag{4-76}$$

将式(4-76)代入式(4-75)，得

$$f_R(r) = \frac{1}{m(R_0 - R)}\left(\frac{D(R_0 - R)}{nR_0}\right)^{1/m} f_S\left[\left(\frac{D(R_0 - R)}{nR_0}\right)^{1/m}\right] \tag{4-77}$$

根据预测疲劳全寿命和测得任一试件的累积剩余寿命(剩余强度)具体数值，可以在试件完全断裂之前结合试件实际服役情况和统计理论，确定 99.9%保证率下的安全裂纹长度，即寿命反推公式上限，随之确定安全断裂疲劳寿命。当然，需要理解的是，这里的"安全"只是一种相对的概念。为了更好表征这一寿命，这里只提供相对安全裂纹长度疲劳断裂概率，因此需要将寿命预测与超越裂纹长度联系在一起。

同时，安全裂纹长度也容易受测量数据稳定度和推导方法等不确定因素的影响。一般来说，用 Paris 公式描述的准确度与拟合出的系数有关，进而影响寿命预测。这里仍然使用前文 Q 误差的表达形式，如式(4-48)和式(4-49)。引入两个典型随机变量来描述随机裂纹扩展概率：A、B 分别为测量和推导方法不确定性，均满足对数均值为 0 的相互独立标准对数正态分布。此时，由式(4-48)可得裂纹扩展率为

$$\mathrm{d}a(t) / \mathrm{d}t = q(a) \cdot X = QUa(t)^b \tag{4-78}$$

式中，$U - A * B$；变量 u 的概率密度函数可以表示为

$$f_U(u) = \frac{1}{u\sqrt{2\pi}\sqrt{\sigma_A{}^2 + \sigma_B{}^2}} \cdot \exp\left[-\frac{1}{2}\left(\frac{\ln u}{\sqrt{\sigma_A{}^2 + \sigma_B{}^2}}\right)^2\right] \tag{4-79}$$

式中，σ_A 和 σ_B 分别为 A 和 B 的方差。将式(4-78)从 0 时刻到 t 时刻进行积分，可以得到

$$a(t) = a_0^{\,b} \exp(QUt) \tag{4-80}$$

如前文所言，99.9%保证率安全裂纹长度 a_s 在工程实践过程中可以取 80%疲劳断裂寿命对应的裂纹长度，从原理来看，a_s 取值越小越安全，但这样会过早开始投入成本来检测，造成经济上的浪费。将第 i 次检测裂纹长度超过这一长度的概率表示为

$$P(i,t) = P(a(t) \geqslant a_s) = 1 - F(a_s) \tag{4-81}$$

式中，$F(a_s)$ 为时间 t 时没有超过 a_s 的裂纹尺寸概率分布，根据全概率公式，$F(a_s)$ 的具体表达式为

$$F(a_s) = \int_0^{+\infty} F_{\text{EIFS}}\left[U(a_s \mid u = k)\right] \cdot f_U(k)\mathrm{d}k \tag{4-82}$$

式中，F_{EIFS} 为 EIFS 的分布函数；$U(a_s \mid u = k)$ 为当 u 的值取为 k 时，使用式(4-80)反推方法($b=1$)计算出的 EIFS。根据寿命反推断裂力学公式，计算出的 EIFS 函数表达式为

$$U(a_s \mid u = k) = a_s \exp(-kQt) \tag{4-83}$$

由于更新后的 EIFS 为对数正态分布，其概率分布为

$$F_{\text{EIFS}}(v) = \frac{1}{2} + \frac{1}{2}\,\mathrm{erf}\,\frac{\ln v - \mu_v}{\sqrt{2}\sigma_v} \tag{4-84}$$

将式(4-83)代入式(4-84)，可以得到

$$F_{\text{EIFS}}\left[U(a_s \mid u = k)\right] = \frac{1}{2} + \frac{1}{2}\,\mathrm{erf}\,\frac{\ln a_s - kQt - \mu_v}{\sqrt{2}\sigma_v} \tag{4-85}$$

进一步，将式(4-79)和式(4-85)代入式(4-82)，可得到安全裂纹长度 a_s 的概率分布为

$$F(a_s) = \int_0^{+\infty} \int_{-\infty}^{t} \frac{1}{\sqrt{2\pi}\sigma_v} \cdot \frac{1}{\ln a_s - kQl - \mu_v} \exp\left[\frac{1}{2}\left(\frac{\ln a_s - kQl - \mu_v}{\sqrt{\sigma_v^{\,2}}}\right)^2\right]$$

$$\cdot \left\{\frac{1}{k\sqrt{2\pi}\sqrt{\sigma_A^{\,2} + \sigma_B^{\,2}}} \exp\left[-\frac{1}{2}\left(\frac{\ln k}{\sqrt{\sigma_A^{\,2} + \sigma_B^{\,2}}}\right)^2\right]\right\}\mathrm{d}l\mathrm{d}k$$

$$= \int_{-\infty}^{t} \frac{1}{\sqrt{2\pi\left(\sigma_A^{\,2} + \sigma_B^{\,2} + \sigma_v^{\,2}\right)}} \exp\left[\frac{1}{2}\left(\frac{\ln a_s - Ql - \mu_v}{\sqrt{\sigma_A^{\,2} + \sigma_B^{\,2} + \sigma_v^{\,2}}}\right)^2\right]\mathrm{d}l$$

$$= \frac{1}{2} + \frac{1}{2}\mathrm{erf}\frac{\ln a_s - Qt - \mu_v}{\sqrt{2\left(\sigma_A{}^2 + \sigma_B{}^2 + \sigma_v{}^2\right)}} \tag{4-86}$$

因此，式(4-81)可改写为

$$P(i,t) = 1 - F(a_s) = \frac{1}{2} - \frac{1}{2}\mathrm{erf}\frac{\ln a_s - Qt - \mu_v}{\sqrt{2\left(\sigma_A{}^2 + \sigma_B{}^2 + \sigma_v{}^2\right)}} \tag{4-87}$$

式中，μ_v 和 $\sigma_v{}^2$ 可参考式(4-63)；$\sigma_A{}^2$ 和 $\sigma_B{}^2$ 没有确定的值，因为它们主要与实际过程中数据的随机波动有关，用于确定不同裂纹扩展率反推系数的分散性。

4.3　安全断裂疲劳寿命预测框架与试验算例

4.3.1　安全断裂疲劳寿命预测框架

疲劳裂纹扩展主要分为小裂纹扩展和长裂纹扩展。小裂纹可分为微观小裂纹、物理小裂纹和结构小裂纹。LEFM 理论可以准确描述(近)长裂纹行为，从而基于 EIFS 概念可以很好地预测总疲劳寿命。服役期间由于实际环境具有不稳定性，疲劳寿命本身是离散的，单一疲劳全寿命并不能直接使结构构件安全运行，因此需要引入安全断裂疲劳寿命预测。在实际服役过程中，通过以临界裂纹长度为标准得到的安全断裂疲劳裂纹长度超越概率，来判断安全断裂疲劳寿命。具体的实现步骤如图 4-5 所示。

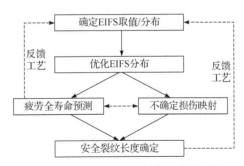

图 4-5　安全断裂疲劳寿命预测流程图

第一步：确定 EIFS 取值或分布。通过疲劳裂纹扩展数据(同一应力、不同温度)和常见的 S-N 疲劳(不同应力、不同温度等)数据，结合 EIFS 评估方法得到特定的 EIFS 取值，对 EIFS 进一步数值处理，得到 EIFS 分布。

第二步：不同 EIFS 分布会得到显著不同的预测疲劳全寿命，优化 EIFS 分布主要由第一步得到的 EIFS 分布作为先验信息，根据预测的特定疲劳全寿命与实验结果来进行验证，进一步优化 EIFS 取值及分布形式和参数，且尽可能满足预测精确度。

第三步：得到疲劳全寿命，主要通过式(4-8)反推疲劳寿命。结合随机性裂纹扩展率和实际实验误差，给出相关的裂纹扩展对应关系；通过裂纹长度分散性引起的断裂韧性分散性，确定临界裂纹长度；考虑不同存活率和置信度的 EIFS 分布(积分上限)，确定疲劳全寿命预测范围。

第四步：确定损伤与裂纹长度映射关系，获取裂纹达到特定长度的概率，进而得到相应裂纹长度造成的损伤，并预测安全断裂疲劳寿命。

4.3.2　不同温度下疲劳裂纹扩展试验

涡轮叶片常在不同温度下工作，本小节主要针对国产第二代单晶 DD6 材料，其弹性性能见附录 A 表 A-1。美国材料与试验协会标准 ASTM E647-15 主要推荐三种类型的试件，即紧凑[C(T)]试件、中心拉伸[M(T)]试件、偏心加载单边缺口拉伸[ESE(T)]试件，进行材料的裂纹扩展研究[21]。本小节采用 ESE(T)试件，主要优点是在减少加工材料的同时提供了额外的工作空间，其设计降低了对裂纹扩展角产生影响的 T 应力(平行于裂纹表面的应力)，使得裂纹断裂路径比其他试件更自相似。试件的尺寸为 92.5mm×25mm×2mm，有效宽度 W 为 20mm，裂纹扩展槽是在试件中部高度采用电火花工艺加工的 V 型加工缺口，缺口长和宽分别为 7.5mm 和 1.5mm，尖角为 30°。材料的抗拉强度、屈服强度、延伸率等力学性能及试件的几何形状和实物见图 4-6。

从图 4-6(a)可以看出，材料在不同温度下的拉伸性能差别很大，为了探究单晶材料在不同温度下的适用性，尽可能减少材料本身力学性能差异造成的影响，同时兼顾裂纹观测的准确性与试验效率，选用三种中低温(25℃、450℃和 650℃)开展裂纹扩展试验。试验最大应力 σ_{max} 保持 50MPa(约为抗拉强度 5%)不变，应力比为 0.1，频率为 5Hz，正弦波载荷加载，试验方案如表 4-1 所示。

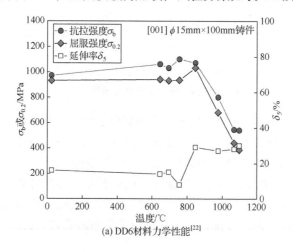

(a) DD6材料力学性能[22]

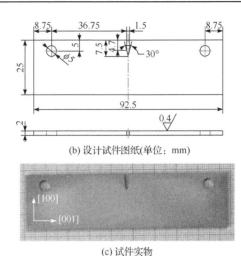

(b) 设计试件图纸(单位: mm)

(c) 试件实物

图 4-6　试件的基本信息

表 4-1　不同温度下 DD6 材料 ESE(T)试件试验方案

温度/℃	最大应力 σ_{max}/MPa	应力比	频率/Hz	设计试件数	有效试件数
25				7	6
450	50	0.1	5	7	6
650				7	6

4.3.3　EIFS 求解与疲劳全寿命预测

在不同等温循环载荷条件下,利用断裂力学试件研究亚临界裂纹扩展行为。与传统的铸造多晶材料不同,镍基单晶合金的疲劳裂纹扩展是沿着强滑移带扩展的。裂纹平面呈晶体平面状,并向应力轴倾斜,因此其开裂模式是混合的,由模式Ⅰ、Ⅱ和Ⅲ组成。三种温度下典型晶体学混合模式裂纹如图 4-7 和图 4-8 所示(图

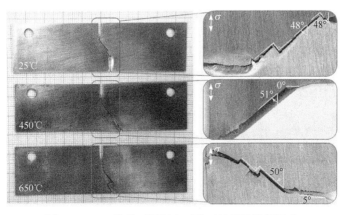

图 4-7　DD6 单晶不同温度环境下的裂纹扩展形式

中仅展示出几种典型的断裂形式)。结果显示，DD6 单晶在{111}平面上均表现疲劳破坏，且该平面倾斜于 ESE(T)试件的宽度和厚度，不同温度下观察的直裂纹长度稍有差别。

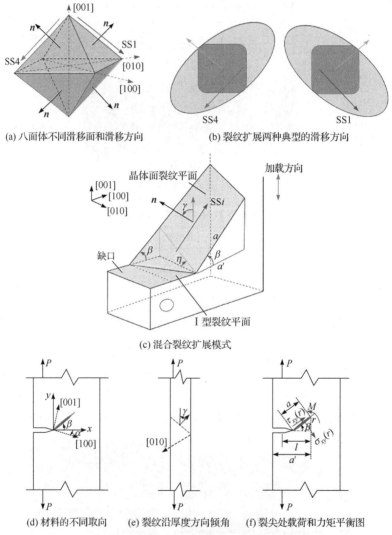

(a) 八面体不同滑移面和滑移方向　　　　　(b) 裂纹扩展两种典型的滑移方向

(c) 混合裂纹扩展模式

(d) 材料的不同取向　　　(e) 裂纹沿厚度方向倾角　　　(f) 裂尖处载荷和力矩平衡图

图 4-8　带裂纹倾角的 ESE(T)试件断裂示意图

P 为疲劳载荷；M 为裂尖弯矩；l 为裂尖与加载轴中心水平距离；r 为极坐标中心极径

由于裂纹几何形状复杂，基于 I 型裂纹计算得到的应力强度因子解不符合 ASTM 标准中限定的裂纹倾角范围，显然需要对各向异性单晶材料进行应力强度因子分析，并给出具有倾斜裂纹的各向异性 ESE(T)试件的应力强度因子解。ASTM 标准提供的各向同性 ESE(T)试件 I 型应力强度因子表达式为[22]

$$K_{\mathrm{I}} = \frac{P}{BW^{1/2}} F(a/W) \tag{4-88}$$

$$F(a/W) = \alpha^{1/2} \frac{1.4+\alpha}{(1-\alpha)^{3/2}} (3.97 - 10.88\alpha + 26.25\alpha^2 - 38.9\alpha^3 + 30.15\alpha^4 - 9.27\alpha^5) \tag{4-89}$$

式中，L 为载荷；α 为裂纹扩展长度 a 占试件宽度 W 的比例，等于 a/W，$0 < \alpha < 1$。

通过数值研究评估材料正交异性对 ESE(T)试件应力强度因子解的作用。Sih 等[23]采用复变量法推导了各向异性体裂纹尖端应力场的一般方程。对于平面应力状态下的 x_1 方向裂纹，Suo 等[24]和 Boa 等[25]提出用参数 ρ 对裂纹修正系数 $F(a/W)$ 进行改进，以度量材料正交异性，结果使得误差小于 1%。为考虑材料局部晶体取向的影响，使用同样方法获取 $F_1(a/W)$。

$$F_1(a/W) = Y(\rho) F(a/W) \tag{4-90}$$

$$Y(\rho) = [1 + 0.1(\rho-1) - 0.016(\rho-1)^2 + 0.002(\rho-1)^3] / [(1+\rho)/2]^{1/4} \tag{4-91}$$

$$\rho = \frac{2S_{12} + S_{66}}{2\sqrt{S_{11}S_{22}}} \tag{4-92}$$

考虑三维晶体面斜裂纹时，根据镍基单晶应力场的解析表达式，结合式(4-90)可以得到[26]

$$\begin{cases} K_{\mathrm{I}} = \dfrac{L\cos^2\gamma}{B\sqrt{W}} F_1(a'/W) \\[2mm] K_{\mathrm{II}} = \dfrac{L\cos^2\gamma}{B\sqrt{W}} F_2(a'/W) \\[2mm] K_{\mathrm{III}} = \dfrac{L\cos\gamma\sin\gamma}{B\sqrt{W}} F_3(a'/W) \\[2mm] a' = 7.5 + a\cos\beta \end{cases} \tag{4-93}$$

$$\Delta K_{\mathrm{eff}} = \left(\Delta K_{\mathrm{I}}^2 + \frac{C_2}{C_1}\Delta K_{\mathrm{II}}^2 + \frac{C_3}{C_1}\Delta K_{\mathrm{III}}^2 \right)^{1/2} \tag{4-94}$$

式中，K_{eff} 为等效应力强度因子；

$$\begin{cases} C_1 = \dfrac{-S_{22}}{2} \mathrm{Im}\left[\dfrac{\mu_1 + \mu_2}{\mu_1\mu_2} \right] \\[3mm] C_2 = \dfrac{S_{11}}{2} \mathrm{Im}[\mu_1 + \mu_2] \\[3mm] C_3 = \dfrac{1}{2} \dfrac{S_{44}S_{55}}{\sqrt{S_{44}S_{55} - S_{45}^2}} \end{cases} \tag{4-95}$$

μ_1 和 μ_2 满足式(4-96)；S_{ij} 为柔度矩阵参数，具体参数见附录 A。

$$S_{11}\mu^4 - 2S_{16}\mu^3 + (2S_{12} + S_{66})\mu^2 - 2S_{26}\mu + S_{22} = 0 \qquad (4\text{-}96)$$

将柔度矩阵参数结合式(4-93)~式(4-96)可以得到如表 4-2 所示的等效应力强度因子表达式。

表 4-2　　不同温度下 ESE(T)试件等效应力强度因子表达式

温度/℃	μ_1 和 μ_2 性质	C_2/C_1	C_3/C_1	ΔK_{eff} 表达式
25		4.10	1.94	$(\Delta K_I^2 + 4.10\Delta K_{II}^2 + 1.94 \cdot \Delta K_{III}^2)^{1/2}$
450	共轭复数	4.10	2.02	$(\Delta K_I^2 + 4.10\Delta K_{II}^2 + 2.02 \cdot \Delta K_{III}^2)^{1/2}$
650		4.10	2.07	$(\Delta K_I^2 + 4.10\Delta K_{II}^2 + 2.07 \cdot \Delta K_{III}^2)^{1/2}$

结合式(4-93)和附录 A 中关于对晶体取向和偏角之间的讨论，可以认为在 30° 以内，裂纹倾角对 ASTM 上关于多晶的 $f_1(l/W)$ 影响不大，但没能给出分界点。进一步得到裂尖载荷的二维力矩平衡方程为

$$\begin{cases} P = B\int_0^r (\sigma_{yy}(r)\cos\beta + \tau_{xy}(r)\sin\beta)\mathrm{d}r \\ Pl = B\int_0^r \sigma_{yy}(r)r\mathrm{d}r \end{cases} \qquad (4\text{-}97)$$

随着裂纹长度和倾角($\beta>30°$)变大，式(4-97)中 $\sigma_{yy}(r)$ 迅速变大，为了保持方程成立，$\tau_{xy}(r)$ 变成负数。此时，可以将 $\sigma_{yy}(r)$ 或 $F_1(a'/W)$ 梯度发生显著变化视为 $\tau_{xy}(r)$ 正负转换的临界值。根据式(4-96)可得，$\tan\beta/\cos\beta$ 的最大值在(0.3, 0.217)取得，见图 4-9。考虑最大的 $F_2(a'/W)$ 为 3.24，求解出的 β 最大值为 32.2°。对于镍基单晶而言，大量的研究表明，裂纹扩展方向会达到 45°甚至更大[27]，这将导致单一直接投影的方法不适用。因此，Sakaguchi 等[28]考虑 K_{III}，将裂纹实际扩展长度表示为 a，式(4-93)中的 K_{III} 可改写为

$$K_{III} = \frac{P\cos\gamma\sin\gamma}{b\sqrt{W}}F_3(a'/W) = \frac{6Pa}{BW^2}\cos\gamma\sin\gamma\sqrt{\pi a}F_3(a/W) \qquad (4\text{-}98)$$

式中，b 为试件厚度；

$$F_3(a/W) = \sqrt{\frac{2W}{\pi a}\tan\frac{\pi a}{2W}} \qquad (4\text{-}99)$$

在求解的过程中，K_{II} 往往相对 K_I 和 K_{III} 较小，且函数表达式比较复杂，因此可以忽略这一部分，改变式(4-94)和表 4-2 中等效应力强度因子，ΔK_{eff} 仅保留

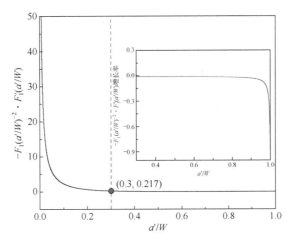

图 4-9　I 型应力强度因子表征倾斜裂纹应力强度因子的极限

ΔK_{I} 和 ΔK_{III} 项。根据式(4-11)，分别拟合 $\mathrm{d}a/\mathrm{d}t$ - a 和 $\mathrm{d}a/\mathrm{d}t$ - ΔK_{eff} 函数验证拟合优度，需要注意的是，直裂纹向晶体面裂纹转化之前认为 $\Delta K_{\mathrm{eff}} = \Delta K_{\mathrm{I}}$。晶体面应力强度因子表征不同温度下的倾斜裂纹扩展结果如图 4-10 所示。随后，将裂纹扩展数据代入 4.2.2 小节的公式中，以 SSE 最小为优化准则，基于 MATLAB 2014 平台编辑迭代，迭代次数对应的 SSE 如图 4-11 所示。

　　根据 a-N 数据，可以得到 EIFS 的概率密度和分布函数，累计概率分布如图 4-12 所示。从图中可以看出，均秩分布可以将 EIFS 函数化并呈现出一定的概率分布特征。相对于 TTCI 反推法，EIFS 拟合法得到的数据点拟合函数与均秩分布相对接近，这也间接表明在式(4-29)和式(4-35)中 SEE 准则与 EIFS 拟合法更为合适。根据分布规律，可以得到满足 5%超越数概率和 95%置信水平要求的"双95"等效初始裂纹尺寸 $a(0)_{5/95}$ 满足：

$$a(0)_{5/95} = x_{\mathrm{u}} \exp\left[-Q\beta(-\ln 0.95)^{1/\alpha}\right] \tag{4-100}$$

　　分别将参数值代入式(4-100)，TTCI 反推法和 EIFS 拟合法的计算值分别为 0.1389mm 和 0.1279mm。EIFS 主要集中在 20%～80%的均秩概率范围内，分布区间分为[0.0072mm, 0.0399mm]和[0.0114mm, 0.0803mm]。

　　将 EIFS 分布散点化，可以将中值寿命(a_{r}, N_{m})作为反推起点，分别求解同一温度下的 EIFS。需注意的是，裂纹扩展到平均寿命时的裂纹长度是通过插值确定的，即根据已知数据结合 4.2.3 小节的随机裂纹扩展率和预测寿命分布推导出寿命积分的上限；然后根据平均寿命确定积分下限，即 EIFS。由于最大似然散点化涵盖范围更广，体现了实际的分散性，且 EIFS 分布较 TTCI 反推法相对密集，基本在 0.2mm 以内。当 EIFS 满足对数正态分布时，其概率密度的函数表达形式为

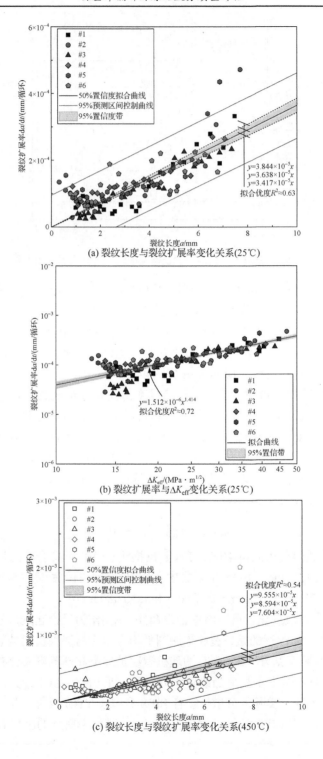

(a) 裂纹长度与裂纹扩展率变化关系(25℃)

(b) 裂纹扩展率与 ΔK_{eff} 变化关系(25℃)

(c) 裂纹长度与裂纹扩展率变化关系(450℃)

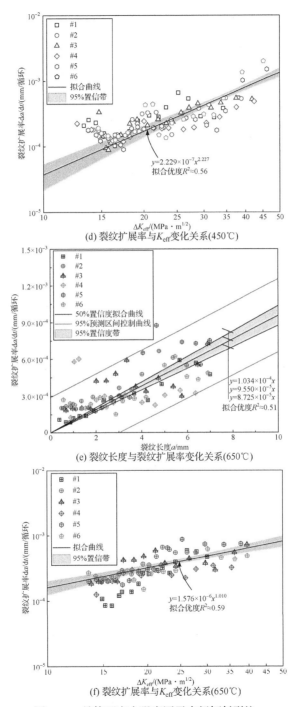

(d) 裂纹扩展率与K_{eff}变化关系(450℃)

(e) 裂纹长度与裂纹扩展率变化关系(650℃)

(f) 裂纹扩展率与K_{eff}变化关系(650℃)

图 4-10　晶体面应力强度因子表征倾斜裂纹

#1～#6 为试件编号，后同

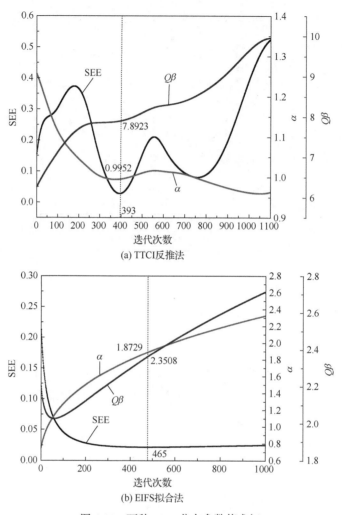

图 4-11　两种 EIFS 分布参数值求解

$$g(\mu,\sigma^2,v) = \frac{1}{0.8876v\sqrt{2\pi}}\exp\left[-\frac{(\ln v + 2.8683)^2}{1.5757}\right] \tag{4-101}$$

由此可得出平均 EIFS 即 $\bar{m}_{\mathrm{EIFS}} = \exp(\mu + 0.5\sigma^2)$ 为 0.0842mm，数据主要集中在 20%～80%的均秩概率中，分布在数据集中的区间可解为[0.0212mm, 0.0736mm]。需要注意的是，在 TTCI 反推法中，当 EIFS ≈ 0.25mm 时，分布函数值接近 1。也就是说，TTCI 反推法的概率表达式不能覆盖最大似然预测的 EIFS 范围。在最大似然中，计算区间[0.0316mm, 0.1128mm]包含了 TTCI 反演计算的所有结果。因此，提出改进的 TTCI 反推法，主要用于确定 EIFS 初始分布。计算总疲劳寿命估计中的 EIFS，最大似然反推中的 EIFS 分布更适合，范围更广、精度更高。同样，通

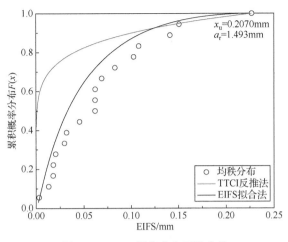

图 4-12　EIFS 概率分布函数曲线

过 TTCI 拟合计算得到的 EIFS 可以用特定试件的 EIFS 分布进行拟合和更新。更新后的概率密度表达式为

$$g_{\text{update}}(\mu,\sigma^2,v)=\frac{1}{0.9164v\sqrt{2\pi}}\exp\left[-\frac{(\ln v+3.4039)^2}{1.6796}\right] \tag{4-102}$$

其概率密度函数与累积概率分布函数如图 4-13 所示，可以计算出 $\bar{m}_{\text{EIFS}}$ 为 0.0506mm。由图 4-13 可看出，EIFS 均秩分布散点与拟合的概率密度能够很好地匹配。

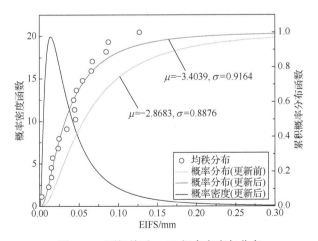

图 4-13　更新前后 EIFS 概率密度与分布

进一步利用考虑概率分布的 K_{IC} 确定满足概率分布的 a_{c}，为了简化分析，仅考虑同种温度的平均 a_{c}。根据试验结果，常温(25℃)、450℃和650℃的 a_{c} 分别可

取为 7.2112mm、7.1183mm 和 6.7359mm。众多分析表明，积分上限 a_c 对积分结果只有微小影响，尤其是对数正态分布。将前述多种 EIFS 评估方法进行比较，分别选取不同存活率(5%、50%和 95%)下的裂纹扩展表达式，通过式(4-8)预测疲劳全寿命和试验寿命，如图 4-14 所示。

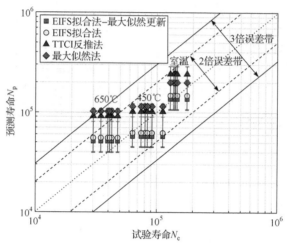

图 4-14　疲劳寿命预测结果

　　从图 4-14 可以清楚地看出，EIFS 拟合法预测寿命与试验寿命之间的误差很小，EIFS 拟合法-最大似然更新则更优，且各温度的寿命非常接近，绝大部分的寿命位于 2 倍误差带范围内。一方面，因为采用了标准件(裂纹扩展的函数更稳定)，结合更多的重复试验，避免了偶然误差和较大的反推误差，预测效果比一般的试件好；另一方面，考虑了不同温度下的 EIFS 是相同的且满足不同保证率，对通用 EIFS 进行了反复优化，这可以更好地与实验数据匹配。如图 4-14 所示，EIFS 预测寿命能均匀分布在试验寿命两侧。毫无疑问，基于 TTCI 预测能有效避免 EIFS 随温度变化的问题，能将各种条件下得到的 EIFS 拟合成特定的韦布尔分布或对数正态分布。需要注意的是，疲劳寿命预测数据不仅通过 EIFS 平均值，也可以满足 EIFS 在数据存活率 5%～95%取值。TTCI 反推法的误差棒相对 EIFS 拟合法较长，在室温下的预测结果中，绝大部分位于 2 倍误差带范围，但在 450℃和 650℃下超过了 2 倍误差带。最大似然法在没有先验分布的情况下，尽管其误差相对其他几种方法偏大，但大部分也处于 3 倍误差带内，且明显与温度相关，尤其是室温和高温之间的误差(室温下优于 TTCI 反推法)。因此，发挥最大似然法和 EIFS 拟合法两者的优势，能更好地反映 EIFS 的总体分布，使其具有更广泛的适用性。基于最大似然法和 EIFS 拟合法优化后，预测总疲劳寿命的精度最高，EIFS 的范围为[0.0028mm, 0.0875mm]，这个区间对寿命预测影响不大。另外，虽然常规的

TTCI 方法相对 EIFS 拟合法-最大似然更新的误差较大,但由于其具有简便性,仍可在工程上采用,只不过预测寿命总体上偏激进。本书作者也利用该预测方法在各向同性材料进行了详细探讨,这里不加赘述[29]。

根据 EIFS 拟合法推出的 Q,进一步结合(a_r, N_m)数据,考虑最大似然法确定不同存活率的应力下裂纹扩展系数,即$Q \cdot \exp[N(0, b^2\sigma^2)]$,由此可以根据式(4-87)确定不同安全概率 $P(i,t)$ 下的安全断裂寿命 t,这里不做更为细节的讨论。目前对允许 EIFS 没有明确统一的规定,在实际工程应用中,往往根据实际情况,根据破坏试件的宏观和微观特征,人为地给出 EIFS。从工程可测裂缝的角度出发,美国空军确定了表面裂纹长度为 1/32 英寸(约 0.794mm)是 EIFS 对应的裂纹深度[30]。另一个典型变量是安全裂纹长度 a_s,它通常是通过多次疲劳裂纹数据人工设定的。不同的安全裂纹长度将直接影响最终的安全裂纹概率表达式,这需要密切结合工程实际情况加以确定。

4.4　本章小结

本章基于 EIFS 概念定量表征材料初始缺陷这一背景,建立了一套关于安全疲劳寿命预测的框架:首先,提出了不同载荷条件采用多个参考裂纹长度的三参数 TTCI 法,根据拟合方式的不同,分为 TTCI 分布反推 EIFS 分布(TTCI 反推法)和 EIFS 拟合分布(EIFS 拟合法);其次,基于反推裂纹随机裂纹扩展率和中值寿命最大似然估计,得到优化 EIFS 分布;最后,考虑实际的工程应用,将试件服役损伤不确定映射为裂纹长度,基于超越裂纹理论确定满足一定存活率 $P(i,t)$ 下的安全断裂寿命 t。这一理论用三种温度下常规各向异性材料制成的 ESE(T)标准试件加以验证,所得结论如下。

(1) 考虑不同参考裂纹长度和试验环境的 TTCI 反推法,能有效改进 EIFS 与温度相关的这一不足,但是这一方法预测得到的疲劳寿命往往偏大,这可以初步认为是 EIFS 与实际结果相比偏小,导致进行原始损伤评估时偏保守。

(2) 随机裂纹扩展率相对确定裂纹扩展率能更合理地描述实际情况,基于这一假定,简化分析过程,保证 $b=1$,将随机性强加于反推系数 Q。根据 TTCI 反推法得到最优的 Q、参考裂纹长度 a_r 和 EIFS 大致数量级,从而推出随机裂纹扩展系数$Q \cdot \exp[N(0, b^2\sigma^2)]$,这一方法有效地提高了反推过程中测量数据和反推理论的适用性。

(3) 通过试验验证,基于最大似然法和 EIFS 拟合法优化后,预测的总疲劳寿命精度最高,EIFS 的范围为[0.0028mm, 0.0875mm],EIFS 均值为 0.0506mm。由于标准 ESE(T)试件裂纹扩展理论成熟,利用 EIFS 均值结合 5%~95%存活率下的裂纹扩展率，反推出的最优寿命误差在 2 倍误差带以内。尽管这一方法有很高的精度，但在初步运算时仍不排除使用 TTCI 反推法，因为它既可以有效避免寿命预测偏差大的问题，也为工程实际应用提供便捷。

（4）总疲劳寿命由有效 EIFS 推导而来，EIFS 由不同温度下的疲劳裂纹扩展数据推导而来。在推导过程中首次对各向异性单晶材料进行评估，并基于裂纹扩展模式差异，详细探讨了理论假设的合理性。从这一点来说，本章结果也为该理论在各向同性和各向异性材料应用提供了参考，因为它们通常在高温环境下使用，更容易产生疲劳裂纹，而裂纹数据的获取却非常困难。同时，高温环境比常温环境产生更多的不可控因素，因此提出包含更多误差的安全断裂寿命概率表达式尤为重要。

参 考 文 献

[1] 轩幅贞, 宫建国. 基于损伤模式的压力容器设计原理[M]. 北京: 科学出版社, 2020.

[2] CLAUDE B, ANDRE P. 材料与结构的疲劳[M]. 吴圣川, 李源, 王清远, 译. 北京: 国防工业出版社, 2016.

[3] RICE R C, BROEK D. Evaluation of equivalent initial flaws for damage tolerance analysis[R]. Ohio: Battelle Columbus Laboratories, 1978.

[4] CORREIA J A F O, BLASÓN S, DE JESUS A M P, et al. Fatigue life prediction based on an equivalent initial flaw size approach and a new normalized fatigue crack growth model[J]. Engineering Failure Analysis, 2016, 69: 15-28.

[5] AL-MUKHTAR A M, BIERMANN H, HÜBNER P, et al. Determination of some parameters for fatigue life in welded joints using fracture mechanics method[J]. Journal of Materials Engineering and Performance, 2010, 19: 1225-1234.

[6] LIU Y, MAHADEVAN S. Probabilistic fatigue life prediction using an equivalent initial flaw size distribution[J]. International Journal of Fatigue, 2009, 31(3): 476-487.

[7] LIANG J, WANG Z, XIE H, et al. In situ scanning electron microscopy analysis of effect of temperature on small fatigue crack growth behavior of nickel-based single-crystal superalloy[J]. International Journal of Fatigue, 2019, 128: 105195.

[8] 徐会会, 奥妮, 吴圣川, 等. 金属结构材料腐蚀疲劳寿命预测模型的研究进展[J]. 固体力学学报, 2023, 44(1): 1-33.

[9] 钟群鹏, 金星, 洪延姬, 等. 断裂失效的概率分析和评估基础[M]. 北京: 北京航空航天大学出版社, 2000.

[10] PEARSON S. Initiation of fatigue cracks in commercial aluminium alloys and the subsequent propagation of very short cracks[J]. Engineering Fracture Mechanics, 1975, 7(2): 235-247.

[11] MCEVILY A J, ISHIHARA S. On the dependence of the rate of fatigue crack growth on the σ^n_a $(2a)$ parameter[J]. International Journal of Fatigue, 2001, 23(2): 115-120.

[12] WU S C, XU Z W, YU C, et al. A physically short fatigue crack growth approach based on low cycle fatigue properties[J]. International Journal of Fatigue, 2017, 103: 185-195.

[13] YANG J N, MANNING S D. Distribution of equivalent initial flaw size[C]. San Francisco: Annual Reliability and Maintainability Symposium, 1980.

[14] RUDD J L. Applications of the equivalent initial quality method[R]. Ohio: Air Force Flight Dynamics Laboratory

Wright-Patterson AFB, 1977.

[15] WANG D Y. A study of small crack growth under transport spectrum loading[J]. AGARD Behaviour of Short Cracks in Airframe Components, 1983, 83: 22-31.

[16] 西北工业大学. 美国空军损伤容限设计手册(上册)[Z]. 西安: 西北工业大学, 1982.

[17] 刘文珽, 郑旻仲, 费斌军, 等. 概率断裂力学与概率损伤容限/耐久性[M]. 北京: 北京航空航天大学出版社, 1999.

[18] 杨谋存. 结构耐久性分析方法研究及其在轨道车辆上的应用[D]. 南京: 南京航空航天大学, 2007.

[19] TUEGEL E J, BELL R P, BERENS A P, et al. Aircraft structural reliability and risk analysis handbook, volume 1: Basic analysis methods (revised)[R]. Ohio: Structures Technology Branch (AFRL/RQVS), aerospace vehicles division wright-patterson air force base United States, 2018.

[20] SHAHANI A R, KASHANI H M. Assessment of equivalent initial flaw size estimation methods in fatigue life prediction using compact tension specimen tests[J]. Engineering Fracture Mechanics, 2013, 99: 48-61.

[21] ASTM. Standard Test Method for Measurement of Fatigue Crack Growth Rates: ASTM E647-15[S]. West Conshohocken: ASTM International, 2015.

[22] 于慧臣, 吴学仁. 航空发动机设计用材料数据手册(第四册)[M]. 北京: 航空工业出版社, 2010.

[23] SIH G C, PARIS P C, IRWIN G R. On cracks in rectilinearly anisotropic bodies[J]. International Journal of Fracture Mechanics, 1965, 1: 189-203.

[24] SUO Z, BAO G, FAN B, et al. Orthotropy rescaling and implications for fracture in composites[J]. International Journal of Solids and Structures, 1991, 28(2): 235-248.

[25] BAO G, HO S, SUO Z, et al. The role of material orthotropy in fracture specimens for composites[J]. International Journal of Solids and Structures, 1992, 29(9): 1105-1116.

[26] CHAN K S, HACK J E, LEVERANT G R. Fatigue crack growth in MAR-M200 single crystals[J]. Metallurgical and Materials Transactions A, 1987, 18: 581-591.

[27] ZHANG P, ZHANG L, BAXEVANAKIS K P, et al. Modelling short crack propagation in a single crystal nickel-based superalloy using crystal plasticity and XFEM[J]. International Journal of Fatigue, 2020, 136: 105594.

[28] SAKAGUCHI M, TSURU T, OKAZAKI M. Fatigue crack propagation in thin-wall superalloys component; Experimental investigation via miniature CT specimen[J]. Superalloys, 2012: 431-437.

[29] U. S. Department of Defense. Airplane Damage Tolerance Requirements: MIL-A-83444[S]. 1974.

[30] LI F, WEN Z, WU Z, et al. A safe fracture fatigue life prediction based on equivalent initial flaw size[J]. International Journal of Fatigue, 2021, 142: 105957.

第5章　考虑初始损伤的气膜孔结构低周疲劳寿命预测

5.1　引　　言

在工程上使用成熟的涡轮叶片制孔工艺主要是 LDM 和 EDM，其对裂纹萌生与扩展的影响在第 3 章中做了充分探讨。在涡轮叶片上制造这种精确孔的行业标准是 EDM 制孔[1]。利用这一技术可制造优质的孔，但与非接触技术(如 LDM)相比，该过程缓慢且昂贵。尽管激光制孔的质量不断提高，潜力巨大，但由于几何和/或冶金方面的影响，该工艺仍无法完全取代 EDM 加工在某些关键涡轮叶片方面的应用。LDM 造成的表面损伤严重程度取决于激光强度，激光强度又取决于使用的激光环切/冲击参数。以往研究表明[2-3]，对于激光打孔工艺，脉冲能量、脉冲持续时间、脉冲频率、打孔速度等参数影响最大；冲击[4]和环切制孔[5]均增加了再铸层厚度，形成微裂纹。EDM 主要表现为受加工电流、脉冲宽度、脉冲间隔时间等参数影响。胡萌等[6]研究了电火花加工气膜孔时不同工艺参数对再铸层的影响，认为在相同脉冲宽度、脉冲间隔的情况下，加工电流越大，再铸层厚度越大。

在早期的研究中，Gemma 等[7]使用断裂力学来预测热机械疲劳条件下 LDM 制孔、EDM 加工和 ECM 加工形成的不同冷却孔的寿命和裂纹扩展模式，发现工艺对寿命的影响非常大且不易用数学描述，只能认为不同制孔技术引入的缺陷会产生一系列初始缺陷，可以根据经验估计每种制孔工艺技术的带气膜孔结构寿命。Ralph 等[8]研究了 2024-T3 飞机高质量铝合金制孔工艺 6 个因素对孔质量的影响。需要注意的是，以上研究主要是通过控制变量，结合实验观察不同表面状态和排布下的力学行为和微观组织差异，并采用有限元法进行适量损伤仿真分析。实际情况中不同制孔工艺的差别是多种因素耦合的结果，分析单一因素很难从根本上解决不同制孔质量评估问题。除此之外，仿真模拟时的初始损伤无法在模型中量化或者不予考虑，这往往会与实际结果相去甚远。

EIFS 理论[9]可以定量评价不同结构部件的初始疲劳质量，避免对小裂纹直接进行研究，从成熟物理背景和理论体系的断裂力学角度出发，具有无可比拟的优势，被广泛应用于各个行业。Shahani 等[10]和 Liu 等[11]对如何有效地推导 EIFS 和疲劳寿命预测进行了系统的研究。这些疲劳寿命预测方法主要基于长裂纹扩展，预测精度不够高，有必要考虑一些较小的裂纹扩展数据，这更有利于在实际情况中使用。

近年来关于气膜孔的研究十分活跃，EIFS 概念在考虑制造因素方面展现出非常优越的预测能力，但该理论在各向异性材料和气膜孔结构的预测验证中尚属空白。基于此，本章主要解决三个方面的问题：①建立一种更为精确且方便的 EIFS 确定方法；②讨论 EIFS 对不同材料的适用性；③如何利用有效的 EIFS 来预测总疲劳寿命，特别是对于各向同性和各向异性材料疲劳裂纹扩展数据。为了解决这些问题，本章在综合国内外研究的基础上建立了修正的 K-T 模型，随后得到了不同工艺和不同镍基高温合金组合制成试件的 EIFS 并进行评价，利用该 EIFS 建立考虑小裂纹的疲劳裂纹扩展率模型，综合得到有效 EIFS 和裂纹扩展率，预测 2 倍误差带以内的疲劳全寿命。

5.2　EIFS 确定方法

5.2.1　疲劳强度与疲劳裂纹萌生之间的联系

在疲劳设计中，主要有两种准则：一种是基于 S-N 行为的耐久性极限(或称为疲劳极限 $\Delta\sigma_e$)，另一种是基于断裂力学的疲劳裂纹扩展应力强度因子门槛值 ΔK_{th}。Kitagawa-Takahashi (K-T)图[12]是将试件的 S-N 行为与断裂力学行为联系起来的重要工具。耐久性极限和疲劳裂纹扩展应力强度因子门槛值之间存在本质区别，因为前者是在安全生命概念框架内使用的，而后者是损伤容限理论的一部分[13]。在应力-裂纹长度双对数坐标系中，代表试件耐久性的疲劳极限应力在裂纹长度 a_c 处满足疲劳应力强度因子门槛值。在传统的线弹性断裂力学(LEFM)中，将疲劳极限 $\Delta\sigma_e$ 和长裂纹应力强度因子门槛值 $\Delta K_{th,l}$ 作为裂纹不扩展的临界点。

裂纹的形核和扩展一般可以根据格里菲斯(Griffith)条件来描述，如图 5-1(a)所示。裂纹尺寸 a 与所需应力 σ 之间的弹性关系为[14]

$$\sigma = \sqrt{2Eq/\pi a} \Rightarrow d\sigma/da = -(1/2a)\sqrt{2Eq/\pi a} \tag{5-1}$$

式中，E 为弹性模量；q 为表面能，$J\cdot m^{-2}$。

Griffith 线一般呈现弯曲形态，以满足有限尺寸试件的断裂应力但没有任何物理解释。假定存在临界裂纹长度 a_0，使得在实际裂纹长度 $a < a_0$ 时，疲劳裂纹扩展应力强度因子门槛值随裂纹长度减小而降低，此时可以用疲劳极限来描述门槛值的条件；当 $a > a_0$ 时，裂纹扩展应力强度因子门槛值与裂纹尺寸无关。当然，需要明确的是，这是最为粗糙的描述方法，因为 $a < a_0$ 时一般处于小裂纹扩展阶段，此时的受力状态很难用线弹性来描述(详细的讨论在后文呈现)，但是为了简

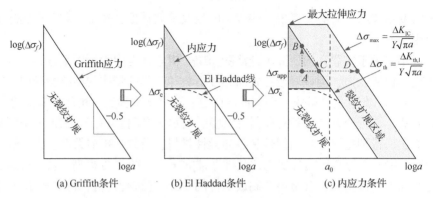

图 5-1　Kitagawa-Takahashi 图描述裂纹的形核和扩展

化，不同裂纹长度的疲劳极限可以简单地进行线性描述：

$$\frac{\Delta \sigma_{\text{th}}}{\Delta \sigma_{\text{e}}} = \sqrt{\frac{a_0}{a + a_0}} \tag{5-2}$$

El Haddad 等[15]报道了基于线弹性断裂力学 K-T 图的第一个解释，模型能进一步反映随着裂纹减小疲劳极限增加的现象，包括任意假想裂纹长度 $a_{0,l}$ 为过渡点：

$$a_{0,l} = \frac{1}{\pi}\left(\frac{\Delta K_{\text{th,l}}}{Y \Delta \sigma_{\text{e}}}\right)^2 \tag{5-3}$$

式中，$\Delta K_{\text{th,l}}$ 为长裂纹应力强度因子门槛值范围；$\Delta \sigma_{\text{e}}$ 为疲劳极限；Y 为裂纹几何修正因子。

使用式(5-4)可以将 $\Delta \sigma_{\text{th}}$ 与倾斜线平稳 $\Delta K_{\text{th,l}}$ 过渡为 $\Delta \sigma_{\text{e}}$，当裂纹长度 a 明显较小时，$\Delta \sigma_{\text{th}} = \Delta \sigma_{\text{e}}$，$Y$=1。同时，等效裂纹长度 $a_{0,l}$ 被视为裂纹连续扩展的临界值。

$$\Delta K_{\text{th,l}} = Y \Delta \sigma_{\text{th}} \sqrt{\pi(a + a_{0,l})} \tag{5-4}$$

由于材料无法承受如此高的应力，在重复疲劳载荷下发生局部塑性损伤，位错堆积、滑移带、侵入和挤压产生应变梯度，局部应力集中形成内应力[16]。这就解释了为什么当裂纹(或等效缺陷)长度 a_i 小于 $a_{0,l}$ 且名义应力 $\Delta \sigma_{\text{app}} > \Delta \sigma_{\text{e}}$[图 5-1(c) 中的 A 点]时，仍然会发生损伤使试件发生破坏。显然，裂纹扩展应力强度因子门槛值要求的条件在 A 点无法实现。一个常见的假设是，在小裂纹阶段存在另一个比 $\Delta K_{\text{th,l}}$ 更小的门槛值，但是这还不足以解释这个问题，因为这个门槛值会随着裂纹长度的增加而变化。因此，采用内应力使名义应力从 A 点增加到 B 点，使其破坏局部材料；随后，应力在 B 点松弛并回落到 C 点，达到初始名义应力，然后沿 CD 方向发生裂纹扩展并保持恒定。需要注意的是，在一定循环次数内作用于一定材料基体范围的内应力必然是有限的，即存在与微观组织密切相关且满足某一特定临界值的等效缺陷。可以理解为，当材料缺陷小于一个特定值时，尽管存在内应力作用但无法产生宏观裂纹。

图 5-2 进一步详细描述了图 5-1 中疲劳强度和断裂力学的关系，联立疲劳强度-裂纹阻滞 R 曲线-裂纹扩展 da/dN 线。将裂纹扩展 da/dN 线门槛值进一步前移，不同裂纹扩展阶段力学行为的变化裂纹扩展依次经历了微观结构小裂纹、力学小裂纹和长裂纹三个阶段，如图 5-2 中 K-T 图所示。在区域Ⅰ(如图 5-2 中循环 R 曲线分析所示)，裂纹长度仅局限于微小尺度，裂纹长度一般按照晶粒尺寸等微观结构特征的顺序排列。在此尺度范围内，微观结构成为裂纹扩展的主导，相应的裂纹驱动力(或裂纹驱动载荷)不能简单地用基于连续介质力学的断裂力学来描述，被 Miller[17]提出的微观结构断裂力学取代。当微观组织不足以抑制裂纹扩展时，如裂纹超过 1～2 个晶粒尺寸时(如图 5-2 中 K-T 图的区域Ⅱ所示)，裂纹扩展受周围晶粒支配，塑性区尺寸过大，对于小裂纹大多不能忽略。当裂纹长度小于 $a_{0,1}$ 时，不再适用 LEFM 的 $\Delta K_{th,1}$ 概念。

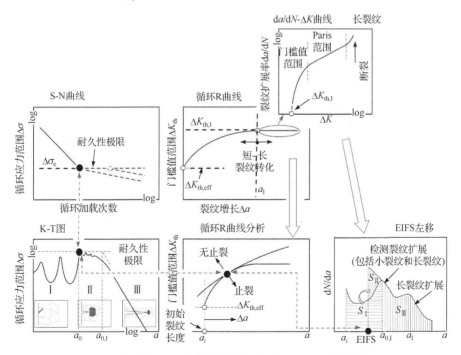

图 5-2　疲劳强度和断裂力学的关系与修正 EIFS 确定的原理

微观组织对高温合金的疲劳裂纹扩展有重要影响[18]，在缺陷相对较小的情况下，需要考虑较短的疲劳裂纹扩展。除了塑性区和裂纹尖端微结构的影响，长裂纹和小裂纹最大的区别是闭合效果的影响，利用断裂力学的方法求解 EIFS 时涉及小裂纹塑性区域，真实应力强度因子的求解需要对裂纹长度进行修正。在此基础上，学者[16, 19-20]通过大量的实验(包括光滑试件、缺口试件和带孔试件)证明了 Chapetti 模型的应用，该模型还考虑了小裂纹扩展，使得基于缺陷的模型相对疲劳试验结果的实用性有所提高。从图 5-2 中的循环 R 曲线可以看出，裂纹若要继续扩展，必须克服材料和结构的固有裂纹扩展门槛值才能进入第二阶段小裂纹区。在多晶材料中，特征尺寸 $a_{0,1}$ 常被视为长裂纹和小裂纹的边界点，但是实验已经证实这个值并不保守[13]。裂纹首先需要抵抗微观结构的影响，如晶界。此外，这一尺寸也是宏观裂纹与微观裂纹的分界点。在理解 EIFS 时需要明确的一个基本问题是，对于镍基单晶材料(无晶粒)，特征尺寸不能再用晶粒尺寸表示。如前所述，在内应力作用下，小于裂纹长度的裂纹仍可在 10^7 次循环内断裂。如果能够克服临界裂纹长度，则可以认为用 a_0 来描述 EIFS 是解决不同制孔初始损伤评价问题的一种方法。根据内应力产生的机理，采用缺陷应力梯度(DSG)方法和 Murakami 方法[21]的相关试验验证了 a_0 的合理性。当裂纹的尺寸较小时，塑性区更容易形成。一般来说，在相同的应力强度因子下，小裂纹的塑性区大约是长裂纹的 8 倍。一些研究甚至提出，塑性区的大小相当于一个小裂纹的大小[22]。由此可见，塑性区在弹性区应力场中起着不可忽视的重要作用。在整个裂纹的两个分界点处，分别引入 $\Delta K_{th,eff}$ 和 $\Delta K_{th,1}$ 与裂纹扩展阻力曲线(R 曲线)相对应，根据应力场的不同，将 a_0 作为弹塑性描述的极限状态(如图 5-2 中 EIFS 左移所示)。

　　常用的过渡曲线描述方法有 El Haddad 线[23]、Murakami 线[21]、Elber 线[24]和 Chapetti 线[25]，见图 5-3。将现有材料与不同材料进行比较，并对各种多晶材料的缺口部分进行充分验证，见图 5-4。结果表明，当结构等效缺陷小于光滑件和缺

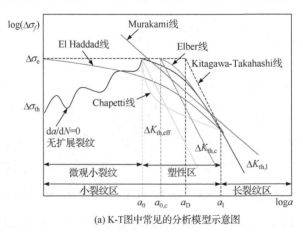

(a) K-T图中常见的分析模型示意图

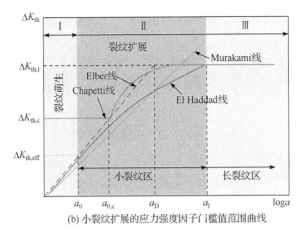

(b) 小裂纹扩展的应力强度因子门槛值范围曲线

图 5-3　过渡曲线描述方法

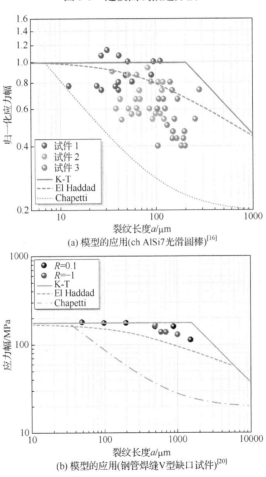

(a) 模型的应用(ch AlSi7光滑圆棒)[16]

(b) 模型的应用(钢管焊缝V型缺口试件)[20]

图 5-4　多晶材料的缺口试件的验证

口件时，光滑件和缺口件的疲劳寿命都存在一个保守值 a_0，使疲劳寿命接近"无穷大"。

微观组织机制和应力集中区域对某些合金的疲劳裂纹扩展有重要影响。典型 Chapetti 模型[25]的应力强度因子范围可以表征微观组织变化下的疲劳裂纹扩展过程，表示为

$$\begin{cases} \Delta K(a, l_R) = \Delta K_{th,eff} + (\Delta K_{th,l} - \Delta K_{th,eff})\{1 - \exp[-k(-\Delta a / l_R)]\} \\ \Delta a = a - a_0 \end{cases} \tag{5-5}$$

式中，a 为裂纹长度；l_R、k 为材料常数，由式(5-6)计算得出：

$$k = \frac{\Delta K_{th,eff}}{4d(\Delta K_{th} - \Delta K_{th,eff})} \tag{5-6}$$

$$\Delta \sigma_e(a) = \frac{\Delta K(a, l_R)}{Y(a)\sqrt{\pi a}} \tag{5-7}$$

当裂纹长度 $a = a_0$，$\Delta K(a, l_R) = \Delta K_{th,l}$，式(5-7)可以重新写成式(5-3)。可将 $\Delta K_{th,eff}$ 对应的最大缺陷或"假设裂纹长度"视为 EIFS，此时 $d = $ EIFS，式(5-3)可以重写为

$$\text{EIFS} = a_0 = \frac{1}{\pi}\left(\frac{\Delta K_{th,eff}}{\Delta \sigma_e Y(a)}\right)^2 \tag{5-8}$$

如图 5-3(b)所示，EIFS 区域的求解涉及小裂纹塑性区。虽然小裂纹的闭合水平低于长裂纹，但受其大小的限制，裂纹尖端塑性区的大小与小裂纹的长度相当，因此它是不可忽视的。设实际裂纹长度为 $\tilde{a}$，该值将在 5.2.2 小节中讨论，式(5-8)可修正为

$$\text{EIFS}_{mod} = \frac{1}{\pi \eta}\left(\frac{\Delta K_{th,eff}}{\Delta \sigma_e Y(\tilde{a})}\right)^2 \tag{5-9}$$

此时，疲劳全寿命可以表示为

$$N = \int_{a_i}^{a_c} \frac{1}{da / dN} da = \int_{a_i}^{a_b} \frac{1}{da / dN} da$$
$$+ \int_{a_b}^{a_c} \frac{1}{da / dN} da = \int_{\text{EIFS}_{mod}}^{a_c} \frac{1}{da / dN} da \tag{5-10}$$

式中，a_i 为实际初始裂纹长度；a_c 为临界裂纹长度，由断裂韧度或试验观测得到；a_b 为可检测裂纹长度，取决于设备检测能力。

5.2.2　塑性区大小

在小裂纹尺寸范围内，裂纹闭合和裂纹尖端塑性区大小显得尤为重要，考虑裂尖塑性区的驱动因子能有效描述裂纹扩展率。采用数字图像相关(digital image correlation，DIC)测量方法，根据物体表面产生的随机变形来非接触测量面内全场位移和应变场。该方法的优点是只需要捕捉变形前后随机图案的图像即可进行测量，不需要复杂的设备。将 DIC 方法应用于高温应变场测量[26-27]，结果表明，实测应变分量沿裂纹扩展方向的径向变化与有限元计算结果吻合较好，并在各向同性和各向异性材料中得到验证。Williams[28]用幂律级数描述了弹性和各向同性体中裂纹尖端周围的应力场，发现奇点遵循 $\sigma_{ij} \propto K / r^{-1/2}$，其中 r 是参考坐标系原点到裂纹尖端的径向距离，应力强度因子 K 是奇点本身的度量。大量学者在研究各向异性物体中裂纹的奇点场时，发现奇点具有相同的规律[29]。最初的工作[30-31]采用 Elber 技术通过 DIC 方法来研究裂纹闭合的影响，通过测量载荷循环中裂纹侧翼的相对位移来测量各向同性材裂尖塑性区，并解释了幂级数的第二项 T 应力对裂纹扩展路径的影响。Rabbolini 等[32]在此基础上研究了镍基单晶高温合金 Haynes 230 在室温下的疲劳裂纹扩展，通过实验方法(DIC)和数值模拟(晶体塑性)，进行作用于缺陷尖端的裂纹扩展机制的准确分析；McNeill 等[33]利用全场位移，采用基于解析奇异场的回归技术提取 ΔK，DIC 方法提取的应力强度因子范围 ΔK 可以评估作用于尖端的应力场。应力分布和适当的屈服准则可以用来评价材料在尖端附近局部屈服产生塑性区。

1. 各向同性材料塑性区

原始 Irwin 理论中，裂纹平面上的内力和远场作用的内力并不是严格平衡缺陷。这种不平衡导致在小尺度屈服情况下产生误差，并在远端应力接近屈服强度时预测了不适当的有限塑性区大小。对于含中心裂纹的无限大平板，Jia 等[34]利用 von Mises 准则，可以根据裂尖应力场的大小得到用于大规模和小规模屈服的情况。裂纹尖端塑性区大小为

$$r_{\mathrm{p}} = \frac{2a}{\sqrt{1 + 4\left(\dfrac{\sigma_{\mathrm{y}}\sqrt{\pi a}}{K_{\max}}\right)^4} - 1} \tag{5-11}$$

一般而言，裂纹尖端塑性区大小可表示为[35]

$$r_{\mathrm{p}} = \alpha\left(\frac{K_{\max}}{\sigma_{\mathrm{y}}}\right)^2 \tag{5-12}$$

其中，

$$
\alpha = \begin{cases}
\dfrac{1}{6\pi}, & t \geqslant 2.5\left(\dfrac{K_{\max}}{\sigma_{\mathrm{y}}}\right)^2 \\[3mm]
\dfrac{1}{\pi}, & t \leqslant \dfrac{1}{\pi}\left(\dfrac{K_{\max}}{\sigma_{\mathrm{y}}}\right)^2 \\[3mm]
\dfrac{1}{6\pi} + \dfrac{5}{6\pi}\left(\dfrac{2.5 - t(K_{\max}/\sigma_{\mathrm{r}})^{-2}}{\sigma_{\mathrm{r}}}\right), & \dfrac{1}{\pi}\left(\dfrac{K_{\max}}{\sigma_{\mathrm{y}}}\right)^2 < t < 2.5\left(\dfrac{K_{\max}}{\sigma_{\mathrm{y}}}\right)^2
\end{cases} \tag{5-13}
$$

式中，$K_{\max}$ 为最大应力强度因子；σ_{y} 为材料的屈服强度。

为简化上述过程，考虑平面应变时三轴应力作用的影响，在小范围屈服阶段，式(5-11)可以近似用式(5-14)来表示。根据胡克定律和欧文理论，取裂纹尖端塑性区大小为 $\dfrac{1}{6\pi}\left(\dfrac{K_{\max}}{\sigma_{\mathrm{y}}}\right)^2$，考虑裂纹有效长度和小范围塑性区的修正，根据 Dugdale-Barenblatt 理论[33]：

$$
\frac{1}{\pi}\left(\frac{K_{\max}}{\sigma_{\mathrm{y}}}\right)^2 = a\left(\sec\frac{\pi\sigma_{\max}}{2\sigma_{\mathrm{y}}} - 1\right) \tag{5-14}
$$

$$
r_{\mathrm{p}}^{*} = 2a\Bigg/\left[\sqrt{1 + 4\Big/\left(\sec\frac{\pi\sigma_{\max}}{2\sigma_{\mathrm{y}}} - 1\right)^2} - 1\right] \approx \frac{a}{12}\left(\sec\frac{\pi\sigma_{\max}}{2\sigma_{\mathrm{y}}} - 1\right) = \frac{a}{12}\left[\sec\frac{\pi\sigma_{\max}(1-R)}{4\sigma_{\mathrm{y}}} - 1\right]
$$

$$
\tag{5-15}
$$

式中，$\sigma_{\max}$ 为最大应力；R 为应力比。Irwin[35]认为，在塑性区内，有限的区域在每个载荷循环中经历反向塑性流动，因此将式(5-15)中的 σ_{y} 替换为材料的流动应力 σ_{fit}，其值约为材料极限抗拉强度 σ_{st} 和屈服强度 σ_{y} 之和的 57.5%[36]，如式(5-16)所示：

$$
\sigma_{\mathrm{fit}} = 0.575(\sigma_{\mathrm{y}} + \sigma_{\mathrm{st}}) \tag{5-16}
$$

式中，σ_{y} 为材料的屈服强度；σ_{fit} 为材料的流动应力；σ_{st} 为材料的极限抗拉强度。

修正后的裂纹长度 $\tilde{a}$ 可表示为

$$
\tilde{a} = a + \frac{a}{12}\left(\sec\frac{\pi\sigma_{\max}}{2\sigma_{\mathrm{fit}}} - 1\right) = a\left[\frac{1}{12}\left(\sec\frac{\pi\sigma_{\max}}{2\sigma_{\mathrm{fit}}} + 11\right)\right] \tag{5-17}
$$

需要注意的是，对于各向同性材料，式(5-17)能满足所需条件，不同的塑性屈服准则、裂纹结构形式等因素会改变塑性区形状。

2. 各向异性材料塑性区

各向同性和各向异性材料的裂纹尖端塑性区大小差异较大,镍基单晶表现出的明显各向异性行为足够影响裂纹扩展,因为裂纹扩展发生在与晶体滑移取向相关的平面上[26, 37], Pataky 等[38]和 Rabbolini 等[32]通过 DIC 测量技术证实了这一观点。将 DIC 位移与考虑材料各向异性的解析单场拟合,得到有效应力强度因子范围 ΔK_{eff} , 正如 Hertzberg[39]提出的各向异性体中裂纹的回归算法,见式(5-18)～式(5-20)。对于混合断裂模式,裂纹驱动受 K_{I} 和 K_{II} 共同影响,如 $\sqrt{(\Delta K_{1})^2 + \alpha(\Delta K_{II})^2}$ [37, 40], 镍基单晶在裂纹萌生初始阶段仍能仅用 $\Delta K_{I,eff}$ 表征裂尖位移场大小和形状,尽管忽略了部分沿厚度方向的剪应力,但仍具有高度的精确性(<5%)和简洁性[32]。

$$v = \Delta K_{I,eff}\sqrt{\frac{2r}{\pi}}\mathrm{Re}\left[\frac{1}{\mu_1 - \mu_2}\left(\mu_1 q_2 \sqrt{\cos\varsigma + \mu_2 \sin\varsigma} - \mu_2 q_1 \sqrt{\cos\varsigma + \mu_1 \sin\varsigma}\right)\right]$$
$$+ a_{11}Tr\sin\varsigma + Ar\cos\varsigma + B \tag{5-18}$$

$$a_{11}\mu^4 - 2a_{16}\mu^3 + (2a_{12} + a_{66})\mu^2 - 2a_{26}\mu + a_{22} = 0 \tag{5-19}$$

$$q_i = a_{12}\mu_i + \frac{a_{22}}{\mu_i} - a_{26} \tag{5-20}$$

式中, v 为垂直裂纹平面方向的位移;Re 为复数的实部; r 和 ς 分别为裂尖局部极坐标系的距离和角度; a_{ij} 为材料弹性常数矩阵分量; A 、 B 分别为刚体旋转和位移值; μ_1 、 μ_2 为式(5-18)的两个共轭复根; q_i 为计算出的复数,下标 i 的取值为 1、2; T 为应力。

将 von Mises 屈服准则推广到正交各向异性材料的 Hill 屈服准则[41],其二次形式可以表示为

$$\sigma_s^2 = \frac{F}{2}(\sigma_{22} - \sigma_{33})^2 + \frac{G}{2}(\sigma_{33} - \sigma_{11})^2 + \frac{H}{2}(\sigma_{11} - \sigma_{22})^2 + L\sigma_{23}^2 + M\sigma_{31}^2 + N\sigma_{12}^2 \tag{5-21}$$

式中, F 、 G 和 H 、 L 、 M 、 N 分别描述各向异性材料主坐标下的拉应力和压应力; σ_s 为参考屈服应力。在镍基单晶材料中,拉剪耦合和剪切之间耦合对材料的屈服特性都有很大影响[42]。对原 Hill 屈服准则做出修正,从而考虑这些因素的影响,如式(5-22)所示:

$$\sigma_s^2 = \frac{F}{2}\Big[(\sigma_{22} - \sigma_{33})^2 + (\sigma_{33} - \sigma_{11})^2 + (\sigma_{11} - \sigma_{22})^2\Big] + L\Big[\sigma_{23}^2 + \sigma_{31}^2 + \sigma_{12}^2\Big]$$
$$+ U\Big[\sigma_{23}(2\sigma_{11} - \sigma_{22} - \sigma_{33}) + \sigma_{31}(2\sigma_{22} - \sigma_{33} - \sigma_{11})$$
$$+ \sigma_{12}(2\sigma_{33} - \sigma_{11} - \sigma_{22}) + \sigma_{12}\sigma_{23} + \sigma_{12}\sigma_{31} + \sigma_{23}\sigma_{31}\Big] \tag{5-22}$$

式中，F、L、U 为各向异性参数，两两之间相互独立；$\sigma_{12}\sigma_{23}+\sigma_{12}\sigma_{31}+\sigma_{23}\sigma_{31}$ 为剪应力之间的耦合；$\sigma_{23}(2\sigma_{11}-\sigma_{22}-\sigma_{33})+\sigma_{31}(2\sigma_{22}-\sigma_{33}-\sigma_{11})+\sigma_{12}(2\sigma_{33}-\sigma_{11}-\sigma_{22})$ 为正应力与剪应力之间的耦合。

此时，等效应力 $\bar{\sigma}$ 为

$$\bar{\sigma}=\left\{\frac{F}{2}\Big[(\sigma_{22}-\sigma_{33})^2+(\sigma_{33}-\sigma_{11})^2+(\sigma_{11}-\sigma_{22})^2\Big]+L\Big(\sigma_{23}^2+\sigma_{31}^2+\sigma_{12}^2\Big)\right.$$
$$+U\Big[\sigma_{23}(2\sigma_{11}-\sigma_{22}-\sigma_{33})+\sigma_{31}(2\sigma_{22}-\sigma_{33}-\sigma_{11})$$
$$\left.+\sigma_{12}(2\sigma_{33}-\sigma_{11}-\sigma_{22})+\sigma_{12}\sigma_{23}+\sigma_{12}\sigma_{31}+\sigma_{23}\sigma_{31}\Big]\right\}^{0.5} \tag{5-23}$$

晶体取向和晶轴夹角大小见表 5-1。晶体取向和晶轴[010]方向夹角记为 ϕ，与 [100] 方向夹角记为 θ，假定沿着拉伸方向的单位向量 $\boldsymbol{n}_e$ 为 $[\cos\phi\cos\theta,\cos\phi\sin\theta,\sin\phi]^T$，轴向应力为 S，则应力分量为

$$\sigma=S\boldsymbol{n}_e\boldsymbol{n}_e^T=\begin{bmatrix}\cos^2\phi\cos^2\theta & \cos^2\phi\cos\theta\sin\theta & \cos\phi\sin\phi\cos\theta\\ \cos^2\phi\cos\theta\sin\theta & \cos^2\phi\sin^2\theta & \cos\phi\sin\phi\sin\theta\\ \cos\phi\sin\theta\cos\theta & \cos\phi\sin\theta\sin\theta & \sin^2\phi\end{bmatrix} \tag{5-24}$$

等效应力分量的表达式为

$$\frac{\bar{\sigma}^2}{S^2}=F\Big[\cos^4\phi(\sin^4\theta+\cos^4\theta)+\sin^4\phi-\cos^2\phi\sin^2\phi-\cos^4\phi\sin^2\theta\cos^2\theta\Big]$$
$$+L(\cos^4\phi\sin^2\phi+\cos^4\phi\sin^4\theta\cos^2\theta)+U\Big[2\cos^3\theta\sin\phi(\cos^2\theta\sin\theta+\cos\theta\sin^3\theta)$$
$$+2\cos^2\phi\sin^2\phi\cos\theta\sin\theta-\cos^3\phi\sin\phi(\sin^3\theta+\cos^3\theta)-\cos^4\phi(\cos^3\theta\sin\theta+\sin^3\theta\cos\theta)$$
$$-\cos\phi\sin^3\phi(\sin\theta+\cos\theta)+\sin\phi\cos^2\phi\sin\theta\cos\theta(\cos\phi\sin\theta+\cos\phi\cos\theta+\sin\phi)\Big]$$

$$\tag{5-25}$$

表 5-1　晶体取向与晶轴夹角

取向	ϕ /(°)	θ /(°)
[001]	0	0
[011]	45	90
[111]	35.26	45

为了简化分析，只考虑 I 型裂纹对裂尖塑性区的影响(后文证明了 I 型裂纹驱动力占等量驱动力的 80%左右)，其裂尖应力场可以简单用二维方式表示为

$$\begin{cases} \sigma_{11} = \dfrac{\Delta K_{I,\text{eff}}}{\sqrt{2\pi r}} \operatorname{Re}\left[\dfrac{\mu_1\mu_2}{\mu_1-\mu_2}\left(\dfrac{\mu_2}{\sqrt{\cos\theta+\mu_2\sin\theta}} - \dfrac{\mu_1}{\sqrt{\cos\theta+\mu_1\sin\theta}} \right) \right] = \dfrac{\Delta K_{I,\text{eff}}}{\sqrt{2\pi r}}\mathcal{R}_1 \\[3mm] \sigma_{22} = \dfrac{\Delta K_{I,\text{eff}}}{\sqrt{2\pi r}} \operatorname{Re}\left[\dfrac{1}{\mu_1-\mu_2}\left(\dfrac{\mu_1}{\sqrt{\cos\theta+\mu_2\sin\theta}} - \dfrac{\mu_2}{\sqrt{\cos\theta+\mu_1\sin\theta}} \right) \right] = \dfrac{\Delta K_{I,\text{eff}}}{\sqrt{2\pi r}}\mathcal{R}_2 \\[3mm] \sigma_{12} = \dfrac{\Delta K_{I,\text{eff}}}{\sqrt{2\pi r}} \operatorname{Re}\left[\dfrac{\mu_1\mu_2}{\mu_1-\mu_2}\left(\dfrac{1}{\sqrt{\cos\theta+\mu_1\sin\theta}} - \dfrac{1}{\sqrt{\cos\theta+\mu_2\sin\theta}} \right) \right] = \dfrac{\Delta K_{I,\text{eff}}}{\sqrt{2\pi r}}\mathcal{R}_{12} \end{cases}$$
$$(5\text{-}26)$$

考虑平面应力状态，有 $\sigma_{33}=\sigma_{23}=\sigma_{31}$，将式(5-26)代入式(5-22)，根据 Rice 公式[43]，塑性区 r_p 大小为

$$r_p = \dfrac{\Delta K_{I,\text{eff}}^2}{2\pi\sigma_s^2}\left(F\mathcal{R}_1^2 - F\mathcal{R}_1\mathcal{R}_2 + F\mathcal{R}_2^2 + 2L\mathcal{R}_{12}^2 - U\mathcal{R}_1\mathcal{R}_{12} - U\mathcal{R}_2\mathcal{R}_{12} \right) \qquad (5\text{-}27)$$

当 $\sigma_s = \sigma_y$ 时，r_p 可以根据式(5-14)进一步简化。

镍基单晶材料[001]、[111]和[011]方向的屈服应力分别 $S_{[001]}$、$S_{[111]}$ 和 $S_{[011]}$，将[001]取向的屈服应力代入式(5-25)，可得到 $F=1$。各向异性系数 L、U 可以表示为

$$\begin{cases} U = b - \dfrac{4}{3}a + \dfrac{1}{3} \\[3mm] L = 2b + \dfrac{4}{3}a - \dfrac{1}{3} \\[3mm] a = \left(\dfrac{S_{[001]}}{S_{[011]}} \right)^2 \\[3mm] b = \left(\dfrac{S_{[001]}}{S_{[111]}} \right)^2 \end{cases} \qquad (5\text{-}28)$$

此时，镍基单晶合金的 I 型应力强度因子可以表示为

$$\Delta K_{I,\text{eff}} = Y(a)\cdot\omega\cdot\Delta\sigma\sqrt{\pi\tilde{a}} \qquad (5\text{-}29)$$

式中，ω 为应力缩放因子，主要受小裂纹阶段裂纹闭合效应影响，具体的函数表达形式为

$$\omega = \dfrac{\sigma_{\max} - \sigma_{op}}{\sigma_{\max} - \sigma_{\min}} \qquad (5\text{-}30)$$

式中，σ_{op} 为裂纹张开时最小应力。

不可避免的是，ω 在实际载荷下非常难确定，为了使问题简化，根据有限元计算和试验验证，裂纹初期 $\sigma_{op} \approx 17.8\%\sigma_{max}$[32]。进一步，联立式(5-9)和式(5-27)～式(5-30)，求解隐函数 EIFS $= \tilde{a}$ 及塑性区大小 r_p。

5.3　材料与试验

航空发动机最关键的热端部件涡轮转子由转子叶片、涡轮盘、涡轮轴等组成。涡轮盘与涡轮轴连接，通过涡轮盘将机械功传给涡轮轴，涡轮盘上的叶片就是工作叶片。涡轮盘通过榫槽连接带动工作叶片转动，工作中转速为 9000～15000r/min。伴随着启动—巡航—制动，涡轮盘和叶片均承受着高温和循环高应力的叠加作用，其服役损伤部位通常发生在应力集中产生较大塑性变形的位置。在高温环境下，涡轮盘表面和内孔表面与冷却空气换热，外缘与叶片根部换热，转鼓内外侧与空气换热。叶片上同样存在复杂的冷却结构，以气膜孔冷却最为重要，制造质量会显著影响其强度。显然，服役过程中不同部位承受的温度和载荷具有明显差异，考虑到材料和加工成本，一般涡轮盘常用镍基变形高温合金 GH4169，涡轮叶片常用更耐温的镍基定向凝固高温合金，以单晶 DD6 居多。选用中国航发北京航空材料研究院经过标准热处理的标准锻造工艺制成的 GH4169 圆盘毛坯和籽晶法生长的第二代镍基单晶 DD6 板状毛坯。经过适当固溶退火处理和时效处理后的 GH4169 高温合金，其显微组织主要有面心立方奥氏基体 γ，弥散分布的 γ' 相、γ'' 相、δ 相及少量分布的 TiN、NbC 等，经测量，平均晶粒直径为 18μm。DD6 消除了横向晶界，一般只存在单个晶粒，但制造工艺的限制导致材料会出现明显的角度偏差。经过电子背散射衍射(EBSD)测量，其一次取向[001]角度偏差为 6.68°，二次取向[100]角度偏差为 13.6°(实际取向测试为[61$\bar{1}$])。这两种材料的微观组织如图 5-5 所示，DD6 材料的化学成分见表 2-1，GH4169 的化学成分见表 5-2。

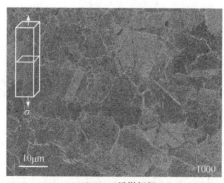

(a) GH4169显微组织

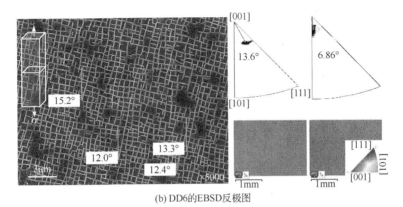

(b) DD6的EBSD反极图

图 5-5　材料微观组织

表 5-2　GH4169 高温合金的化学成分

元素	C	Cr	Ni	Co	Mo	B	Mn
质量分数/%	0.036	18.86	52.14	0.07	3.187	0.0027	0.025

元素	Al	Ti	Mg	Nb	Si	P	Fe
质量分数/%	0.547	1.096	<0.001	5.348	<0.3	<0.001	剩余

GH4169 材料主要采用单边缺口拉伸(SENT)试件, 主要原因体现在两个方面: ①SENT 试件能较好地模拟构件榫槽缺口和常见的中心孔应力场; ②缺口处应力集中, 裂纹容易从缺口根部萌生, 且能避免厚度较大的中心孔试件两边不对称扩展, 为单晶裂纹提供参考。试件缺口直径为 0.5mm, 厚度 B 为 1.5mm, 加工工艺分别为高速电火花线加工(HEDM)和成型电火花加工(FEDM)。这两种加工工艺的根本区别是, 高速电火花加工利用移动的细金属丝作工具电极, 按预定的轨迹进行脉冲放电高速走丝切割, 金属丝电极是直径为 0.5mm 的高强度钼丝; 成型电火花加工通过工具电极相对工件做进给运动, 将工件电极的形状和尺寸复制在工件上, 从而加工出需要的零件。单晶平板坯料的所有试件沿[001]方向切割, 以消除一次取向和二次取向的干扰; 试件采用纯矩形平板(宽度 W=7.5mm), 中心圆孔直径为 0.8mm, 采用高速电火花加工(HEDM)和超快激光加工(LDM)两种不同的制孔工艺。试件厚度 B 为 0.8mm, 近似中空叶片根部进气边缘气膜孔开裂部分的厚度, 使其尽可能接近平面应力状态。需要注意的是, 两种材料使用的 HEDM 制孔参数一样, 以验证同种参数下不同材料和厚度的差异。全部样品制作流程如图 5-6 所示。

由于实际疲劳裂纹扩展具有随机性, 采用自制的放大倍数达 500 倍的三轴裂纹跟踪 CCD 记录裂纹扩展长度直至断裂, 用图像采集软件记录裂纹扩展形态。

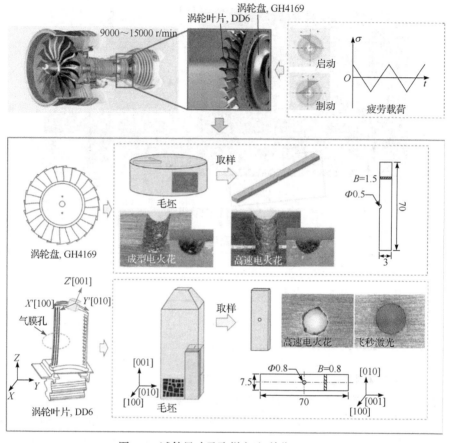

图 5-6 试件尺寸及取样方法(单位：mm)

这些试验是在室温下进行的，以分离温度因素的干扰。采用高频疲劳试验机
(QBG-25)，正弦波应力加载。对于 SENT 试件，每种制孔工艺 27 件(6 种载荷)，
共 54 件试件；对于气膜孔试件，每种制孔工艺 24 件(5 种载荷)，共 48 个试件。
考虑到实际试验操作(高应力无法获取足够的裂纹扩展数据)且充分利用数据，高
应力下的数据数量往往会大于计划数量。详细的测试方案如表 5-3 所示，测试设
备如图 3-4 所示。

表 5-3 不同试件的测试方案(常温)

材料与试件	加工工艺	最大载荷 σ_{max} /MPa	频率/Hz	应力比	计划试件数	有效试件数
GH4169 SENT 试件	FEDM	420	95	0.1	2	2
		400			2	2
		380			7	5

续表

材料与试件	加工工艺	最大载荷 σ_{max} /MPa	频率/Hz	应力比	计划试件数	有效试件数
GH4169 SENT 试件	FEDM	360			7	6
		350	95	0.1	7	6
		340			2	2
	HEDM	400			2	2
		380			7	6
		360	95	0.1	7	6
		340			7	6
		320			2	2
		300			2	2
DD6 气膜孔试件	HEDM	240			3	2
		220			6	5
		200	78	0.1	6	4
		180			6	5
		160			3	2
	LDM	240			3	2
		220			3	3
		200	78	0.1	6	4
		180			6	4
		160			6	5

5.4 EIFS 计算流程与结果

5.4.1 两种试件的疲劳极限确定与分析

如 5.2.1 小节所述，在 K-T 图中一般将宏观裂纹的疲劳极限视为整个裂纹扩展阶段的疲劳极限。显然，小于 EIFS 的裂纹受微观尺寸的影响会有不同的应力门槛值(σ_{th})，这在图 5-4 可以看出。当使用 Chapetti 模型时，根据图 5-3 和式(5-15)，EIFS 点处的疲劳极限与宏观疲劳极限没有区别，这也是弹塑性断裂力学使用的边界。这种处理有两个方面的考虑，一方面该点有效应力强度因子门槛值一般很难通过实验测得，另一方面宏观裂纹的应力门槛值(或者疲劳极限)也能很好地反映阶段 II 的应力情况。

　　采用 ASTM-E466 标准[44]提出的大于 10^7 次循环时无破坏对应的应力幅值作为疲劳极限。将相同制孔试件试验数据进行拟合，得到 S-N 曲线。为了进一步反映实验的散点性，引入存活率 P_s，得到 P-S-N 曲线，如图 5-7 所示。假定相同应力水平下的疲劳寿命满足正态分布，由于 SENT 试件的数据分布相对于气膜孔较为分散，为了尽可能缩小分析数据误差，使用三种常用的存活率，SENT 试件采用 5%、50% 和 95%，气膜孔试件则采用 0.01%、50% 和 99.99%。拟合方程为常规幂律函数 ($\Delta\sigma^m N = C$)，其中参数 m、C 通过拟合得到。将拟合曲线扩展至 10^7 次循环，可以得到满足不同存活率的疲劳极限，如表 5-4 所示。

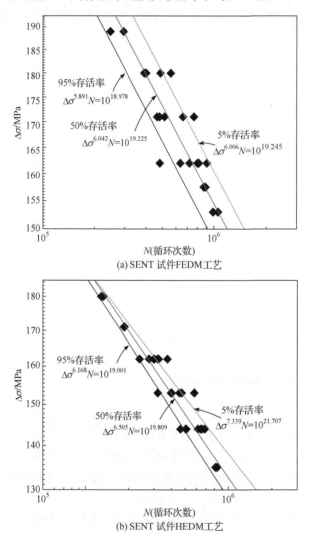

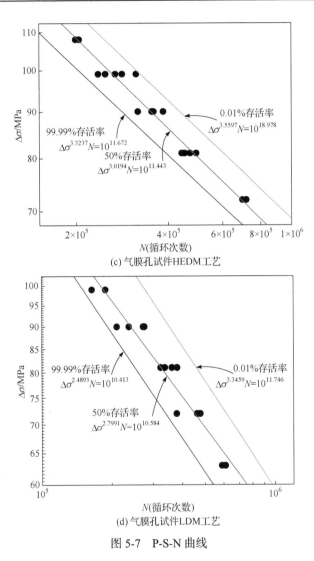

(c) 气膜孔试件HEDM工艺

(d) 气膜孔试件LDM工艺

图 5-7 P-S-N 曲线

表 5-4 P-S-N 曲线拟合疲劳极限(95%置信度)

材料与试件	加工工艺	存活率 P_s/%	拟合优度 R^2	疲劳极限幅值 /MPa	疲劳极限 $\Delta\sigma_e$ /MPa
GH4169 SENT 试件	FEDM	95	0.606	100.642	201.284
		50	0.876	105.504	211.008
		5	0.501	109.340	218.680
	HEDM	95	0.762	88.261	176.522
		50	0.912	93.134	186.268
		5	0.862	100.925	201.850

续表

材料与试件	加工工艺	存活率 P_s/%	拟合优度 R^2	疲劳极限幅值 /MPa	疲劳极限 $\Delta\sigma_e$ /MPa
DD6 气膜孔试件	HEDM	99.99	0.585	28.556	55.113
		50	0.959	29.616	59.232
		0.01	0.671	32.943	65.886
	LDM	99.99	0.342	23.500	47.000
		50	0.935	23.821	47.641
		0.01	0.339	26.216	52.433

　　两种试件表现出的疲劳寿命分散性表明:SENT 试件存活率为 5% 和 95% 的疲劳极限幅值差异为 10% 左右,且在相同存活率下,FEDM 试件的疲劳极限大于 HEDM 试件。在相同应力水平下,HEDM 试件的疲劳寿命普遍比 FEDM 试件短,疲劳寿命仅为 FEDM 试件的一半。具体而言,FEDM 试件和 HEDM 试件的 95% 存活率、95% 置信度下的疲劳极限幅值分别为 100.642MPa 和 88.261MPa。对于气膜孔试件,LDM 试件总体疲劳寿命比 HEDM 试件疲劳寿命小,在相同应力水平下,LDM 试件疲劳寿命仅仅为 HEDM 试件的 70%~80%。在相同工艺、存活率分别为 0.01% 和 99.99% 条件下,气膜孔试件的疲劳极限幅值区别是非常小的,尤其是在真实的实验环境中。除此之外,在相同存活率下,HEDM 试件的疲劳极限大于 LDM 试件,99.99% 存活率、95% 置信度下的疲劳极限分别为 55.113MPa 和 47.000MPa,这将使测试数据变得保守。需要在此说明的是,镍基单晶与其他镍基高温合金(多晶)材料相比,常温强度要小很多(GH4169 和 DD6 的极限拉伸强度分别为 1360MPa 和 970MPa),这主要是因为单晶材料组织中缺乏高强度的晶界,有明显脆性特征,当缺陷引起微结构变形时,它很快就会断裂。在高温环境下,这一特性则相反,因为晶界区在高温环境下容易萌生裂纹。再者,气膜孔试件的厚度只有 SENT 试件的一半左右,容易表现出更为明显的"薄壁"效应。虽然理想状态 SENT 和气膜孔试件结构单轴加载下的应力集中基本相同,但受到滑移系引起的剪切力时,SENT 和气膜孔试件的应力分布会受到较大影响,产生应力集中系数差异,进而影响开裂。

5.4.2 应力强度因子

　　在工程应用中,一般探讨裂纹前缘与板垂直的穿透裂纹。穿透裂纹是一种简单情况,只在极少数的工程材料中才能出现,且满足特定的几何要求。对于常见的工程结构来说,裂纹起源于表面,呈现半穿透裂纹向穿透裂纹转化,宏观表现为小裂纹向长裂纹演化。在实际裂纹扩展过程中,裂纹前缘是曲线型,应力强度

因子 K 不再是常数，而是沿着裂纹前缘变化。

1. GH4169 材料 SENT 试件

需要明确的是，大多数情况下裂纹从表面开始萌生，有一些夹杂或者气孔等内部缺陷形成深埋裂纹，这些都不在考虑范围内。对于 SENT 的自身工艺而言，直接接触高能电子束的上表面比贯穿之后的下表面接触更长时间，即使 EDM 在很短时间内完成，但从实际情况考虑，上表面作用时间长、损伤更大。对于小裂纹的测量，应包括缺口内壁和上下表面。由于加工试件的直径过小，不利于采用覆膜法和显微镜观测。因此，将缺口裂纹扩展视为角裂纹扩展，全部试件均从该观测面缺口边起裂，然后逐步向厚度方向扩展(图 5-8)。SEM 证实了用角裂纹来描述裂纹扩展是有效的，如图 5-9 所示。从裂纹萌生开始，人为实时观测会滞后，第一次能判断出的裂纹长度基本位于 70~100μm[图 5-9(a)]，循环次数是 324500，对应的观测反面还没有任何裂纹[图 5-9(b)]。循环次数为 485600 时，主观测面裂纹加速扩展，长度已经达到 784μm[图 5-9(c)]，此时观测反面开始萌生裂

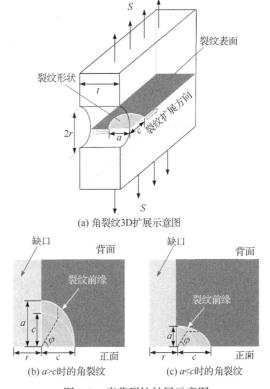

(a) 角裂纹3D扩展示意图

(b) $a>c$ 时的角裂纹　　　(c) $a<c$ 时的角裂纹

图 5-8　疲劳裂纹扩展示意图

S 为载荷；t 为试件宽度；a 为裂纹沿试件厚度方向长度；c 为裂纹沿试件表面方向长度

纹[图 5-9(d)]，裂纹扩展率较主观测面明显增加。随着循环次数的增加，主观测面裂纹扩展急剧增加，并且裂纹扩展角度改变[图 5-9(e)]，观测反面裂纹扩展异常迅速，直至两个观测面裂纹长度的差别在 100μm 左右，随后在裂纹尖端极大应力场作用下迅速拉断。

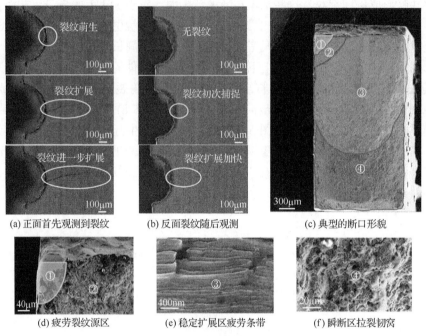

(a) 正面首先观测到裂纹　　　(b) 反面裂纹随后观测　　　(c) 典型的断口形貌

(d) 疲劳裂纹源区　　　(e) 稳定扩展区疲劳条带　　　(f) 瞬断区拉裂韧窝

图 5-9　裂纹长度观测与断口形貌

Newman 等[45]给出了角裂纹应力强度因子的表达式，其解在文献[46]中有详细的叙述。结果表明，Newman 等的解在一定条件下能较好地预测疲劳裂纹的形状演变，具有较高的精度和适用性。应力强度因子沿裂纹周长变化，其最大值随裂纹形状位置改变而变化。实验过程中往往无法准确地确定深度，只能在试件失效后进行分析，以获得裂纹形状。对许多早期样品进行断口学分析发现，裂纹几何形状往往保持相对半圆形，c/a 为 0.9～1.1[47]。为了描述裂纹扩展时的裂纹前缘形状，建立如图 5-10 所示的坐标系。假定裂纹前缘仍然满足 1/4 椭圆形貌，且满足：

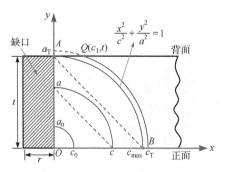

图 5-10　裂纹前缘形态示意图

$$\frac{x^2}{c^2} + \frac{y^2}{a^2} = 1 \tag{5-31}$$

式中，a 为裂纹沿试件厚度方向长度；c 为裂纹沿试件表面方向长度。

假定初始的裂纹长度分别为 a_0 和 c_0，当裂纹恰好穿透时，裂纹长短半轴的坐标分别为点 $(0,t)$ 和 $(c_{max},0)$；通过裂纹监测装置初次同时检测到裂纹时，前后两个观测面坐标点分别为 $Q(c_1,t)$ 和 $B(c_T,0)$。在实际过程中，尽管裂纹形状是变化的，但是 c_T 与 c_{max} 之间的差别较小，此时可以将裂纹形状视为保持一致，进而可以求解出裂纹前缘几何形貌变化函数。同样地，a/t 与 c/c_{max} 基本满足相似关系。结合多个试件观测数据，分别拟合 c/a-a/t 和 c/a-c/W 之间的关系，如图 5-11 所示，可以大致得到不同制孔工艺的裂纹形状表达式。

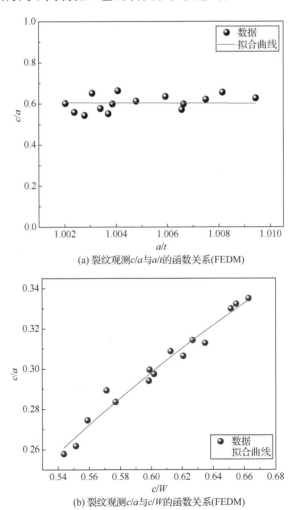

(a) 裂纹观测 c/a 与 a/t 的函数关系(FEDM)

(b) 裂纹观测 c/a 与 c/W 的函数关系(FEDM)

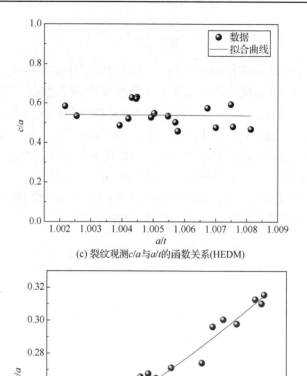

(c) 裂纹观测c/a与a/t的函数关系(HEDM)

(d) 裂纹观测c/a与c/W的函数关系(HEDM)

图 5-11   裂纹几何关系拟合

对于 FEDM 工艺，根据相似关系，有

$$\begin{cases} \dfrac{c}{a} = 0.9 - 0.29625\left(\dfrac{c}{c_{\max}}\right)^2 \\[2mm] \dfrac{c}{a} = -0.35143 + 1.54544\dfrac{c}{W} \\[2mm] \qquad\quad -0.77115\left(\dfrac{c}{W}\right)^2 \end{cases} \tag{5-32}$$

对于 HEDM 工艺，根据相似关系，有

$$\begin{cases} \dfrac{c}{a}=0.9-0.3559\left(\dfrac{c}{c_{\max}}\right)^2 \\[3mm] \dfrac{c}{a}=0.15526-0.08218\dfrac{c}{W}+0.53205\left(\dfrac{c}{W}\right)^2 \end{cases} \tag{5-33}$$

进一步将裂纹形状和裂纹长度与试件厚度之比联系起来，用以改进 Newman 经验公式，引入式(5-32)和式(5-33)。根据 SENT 试件的 Newman 公式，裂纹扩展的等效应力强度因子可表示为

$$\Delta K=\Delta\sigma\sqrt{\frac{\pi a}{Q}}F_{\mathrm{c}}\left(\frac{a}{c},\frac{a}{t},\frac{c}{r},\frac{c}{W},\frac{r}{t},\frac{r}{W},\varphi\right) \tag{5-34}$$

式中，F_{c} 和 Q 为修正因子；r 和 W 分别为试件缺口半径和几何宽度；φ 为裂纹偏转角。

具体而言，

$$F_{\mathrm{c}}=\left[M_1+M_2(a/t)^2+M_3(a/t)^4\right]g_1g_2g_3g_4g_5f_\varphi f_W \tag{5-35}$$

对于 $c/a<1$，$Q=1+1.464(c/a)^{1.65}$，

$$\begin{cases} M_1=(c/a)^{0.5}(1+0.04c/a) \\ M_2=0.2(c/a)^4 \\ M_3=-0.11(c/a)^4 \\ g_1=1+(c/a)\left[0.1+0.2(a/t)^2\right](1-\sin\varphi)^2-0.16(a/t)(c/a)\sin\varphi\cos\varphi \\ \qquad +0.07(1-c/a)(1-a/t)\cos^2\varphi \\ g_2=(1+0.358\lambda+1.425\lambda^2-1.578\lambda^3+2.156\lambda^4)/(1+0.13\lambda^2) \\ g_3=(0.13-0.19c/a)\left[1+0.1(1-\cos\varphi)^2\right]\left[0.97+0.03(a/t)^{0.25}\right] \\ g_4=K_t\left[0.36-0.032/(1+c/r)^{0.5}\right] \\ g_5=1+(a/c)^{0.5}\left[0.003(r/t)^2+0.035(r/t)(1-\cos\varphi)^3\right] \\ \qquad -0.35(a/t)^2(1-0.5a/c)^3\cos\varphi \\ f_\varphi=\left[(a/c)^2\sin^2\varphi+\cos^2\varphi\right]^{0.25} \\ f_W=1-0.2\gamma+9.4\gamma^2-19.4\gamma^3+27.1\gamma^4 \\ \gamma=(a/t)^{0.5}(c+r)/W \\ \lambda=1/\left[1+c/r(\cos 0.8\varphi)\right] \end{cases} \tag{5-36}$$

2. 镍基单晶材料气膜孔试件

镍基单晶气膜孔结构典型的全阶段裂纹萌生和扩展路径如图 5-12 所示。萌生寿命占整个疲劳寿命的一半左右，裂纹在循环 200000 次后开始沿[111]晶体面从一侧孔边萌生，随后在裂纹的晶体位错驱动下出现 Z 字形扩展，随后在孔另一侧迅速萌生扩展，扩展速率显著加快直至最终断裂。不同制孔工艺下的裂纹扩展模式相同，只有起裂时间不一样。根据第 3 章的分析和讨论，可以得出镍基单晶主要驱动力是八面体剪应力且"主滑移系"为 τ_1、τ_4、τ_9 和 τ_{11}，而不是单纯的法向应力。如果没有这种驱动力，裂纹不会在晶面上扩展，即使晶面上的名义主应力很大也不会开裂[48-49]。因此，裂纹扩展与这种滑移系有关，在室温下只考虑八面体{111}滑移系。

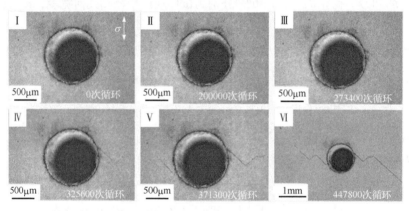

图 5-12　原位观测孔边裂纹扩展六阶段(以 LDM 制孔为例)
阶段Ⅰ：原始试件；阶段Ⅱ：裂纹萌生前；阶段Ⅲ：右侧单边起裂；
阶段Ⅳ：左侧萌生裂纹；阶段Ⅴ：两侧同时扩展；阶段Ⅵ：迅速扩展直至断裂

目前，用广泛基于晶体滑移的各向异性线弹性断裂力学来描述裂纹扩展率，但是它在某些情况下并不适用，即存在明显的"小裂纹效应"。对于气膜孔结构疲劳裂纹，继续使用线弹性断裂力学的原因主要在于其工程应用的方便性[50]，在高周疲劳条件下结构可视为线弹性变形，但裂纹尖端塑性区相对于裂纹长度的大小不可忽视。为了尽可能合理地计算应力强度因子，将有限元模型简化，如图 5-13 所示。

(1) 由于试件具有几何对称性，只模拟了试件的一半宽度(3.75mm)，裂纹从气膜孔两侧对称扩展。假定裂纹沿主滑移面扩展，将裂纹平面建模为"晶体面裂纹"。

(2) 为了保证单个滑移面，减厚过程如 Sakaguchi 等[51]所述，模型厚度为原设计厚度的 1/2。同时，不考虑半穿透直裂纹(类似阶段Ⅱ)，主要原因是局部孔边材

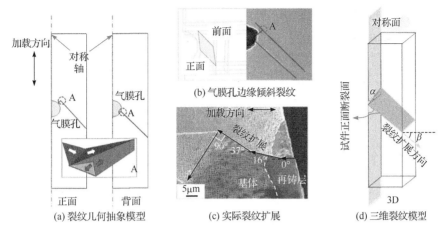

图 5-13　晶体面裂纹建模描述

料微观组织性质的变化形成了"任意滑移面"[40]。

(3) 制孔损伤导致的气膜孔几何形状、冶金和机械性能的差异没有考虑在内，只使用理想的圆孔，将这些因素综合到裂纹扩展速率中。

根据各向异性应力强度因子的模拟结果，给出试件几何形态中三维倾斜裂纹尖端应力分量[52]：

$$\boldsymbol{\sigma}_{ij}(r,\theta) = \frac{1}{\sqrt{2\pi r}}\Big[K_{\mathrm{I}}f_{ij}(\theta) + K_{\mathrm{II}}g_{ij}(\theta) + K_{\mathrm{III}}h_{ij}(\theta) \Big] \tag{5-37}$$

式中，$\boldsymbol{\sigma}_{ij}(r,\theta)$ 为试件几何坐标系中的应力张量；$f_{ij}(\theta)$、$g_{ij}(\theta)$、$h_{ij}(\theta)$ 均为应力场随角度变化的几何函数；r、θ 均为极坐标参量。

将纯 I 型(拉伸)、II 型(剪切)和 III 型(撕裂)裂纹尖端应力场叠加，得到三维倾斜裂纹尖端应力场，根据图 5-12 的裂纹扩展路径和形貌，应力张量分量可确定为[50]

$$\begin{cases} \sigma_{x'x'} = \dfrac{K_{\mathrm{I}}}{\sqrt{2\pi r}}\cos\dfrac{\theta}{2}\left(1-\sin\dfrac{\theta}{2}\cos\dfrac{\theta}{2}\right) - \dfrac{K_{\mathrm{II}}}{\sqrt{2\pi r}}\sin\dfrac{\theta}{2}\left(2+\cos\dfrac{\theta}{2}\cos\dfrac{3\theta}{2}\right) \\[3mm] \sigma_{y'y'} = \dfrac{K_{\mathrm{I}}}{\sqrt{2\pi r}}\cos\dfrac{\theta}{2}\left(1+\sin\dfrac{\theta}{2}\cos\dfrac{\theta}{2}\right) + \dfrac{K_{\mathrm{II}}}{\sqrt{2\pi r}}\sin\dfrac{\theta}{2}\cos\dfrac{\theta}{2}\cos\dfrac{3\theta}{2} \\[3mm] \sigma_{z'z'} = v(\sigma_{x'x'} + \sigma_{y'y'}) \\[3mm] \tau_{x'y'} = \dfrac{K_{\mathrm{I}}}{\sqrt{2\pi r}}\sin\dfrac{\theta}{2}\cos\dfrac{\theta}{2}\cos\dfrac{3\theta}{2} + \dfrac{K_{\mathrm{II}}}{\sqrt{2\pi r}}\cos\dfrac{\theta}{2}\left(1-\sin\dfrac{\theta}{2}\sin\dfrac{3\theta}{2}\right) \\[3mm] \tau_{x'z'} = -\dfrac{K_{\mathrm{III}}}{\sqrt{2\pi r}}\sin\dfrac{\theta}{2} \\[3mm] \tau_{y'z'} = \dfrac{K_{\mathrm{III}}}{\sqrt{2\pi r}}\cos\dfrac{\theta}{2} \end{cases} \tag{5-38}$$

应力强度因子采用三维围线积分计算，裂纹尖端采用 36 节点、1/4 塌陷的二阶楔形单元，如图 5-14 所示。应力加载轴为[001]、裂纹平面为{111}的 4 个主要滑移面，具体滑移面由实际裂纹决定。为分析裂纹扩展与八面体滑移系的一致性，通过式(5-39)计算每种可能滑移系的分切应力 τ_{rss} 和法向应力 σ_{rns}：

$$\begin{cases} \tau_{rss} = \boldsymbol{b}\boldsymbol{\sigma}_{ij}(r,\theta)\boldsymbol{n} \\ \sigma_{rns} = \boldsymbol{n}\boldsymbol{\sigma}_{ij}(r,\theta)\boldsymbol{n} \end{cases} \tag{5-39}$$

式中，$\boldsymbol{b}$ 为各个滑移系单位伯氏矢量；$\boldsymbol{n}$ 为滑动面单位法向量。

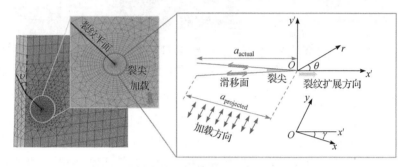

图 5-14　倾斜裂纹有限元模型及裂尖局部坐标

a_{actual} 为真实裂纹长度；$a_{projected}$ 为沿垂直加载方向的长度投影；γ 为裂纹扩展方向与垂直加载方向之间的夹角；
υ 为裂纹在试件厚度上与加载方向之间的夹角

将式(5-38)代入式(5-39)，则 τ_{rss} 和 σ_{rns} 分别为

$$\begin{cases} \tau_{rss} = \dfrac{1}{\sqrt{2\pi r}}\boldsymbol{b}_{i'}\boldsymbol{T}_{i'j}\boldsymbol{\sigma}_{ij}(r,\theta_s)\boldsymbol{T}_{ij'}\boldsymbol{n}_{j'} \\ \sigma_{rns} = \dfrac{1}{\sqrt{2\pi r}}\boldsymbol{n}_{i'}\boldsymbol{T}_{i'j}\boldsymbol{\sigma}_{ij}(r,\theta_s)\boldsymbol{T}_{ij'}\boldsymbol{n}_{j'} \end{cases} \tag{5-40}$$

式中，$\boldsymbol{T}_{i'j}$、$\boldsymbol{T}_{ij'}$ 均为晶体坐标 $x_{i'}$ 与裂纹尖端局部坐标 x_j 之间的坐标变换矩阵；θ_s 为在晶体坐标系中断口面与滑移面的夹角。

由式(5-40)可得到解析分切应力强度系数 K_{rss} 和解析正应力强度系数 K_{rns}：

$$\begin{cases} K_{rss} = \lim_{r\to 0}\sqrt{2\pi r}\,\tau_{rss} = \lim_{r\to 0}\boldsymbol{b}_{i'}\boldsymbol{T}_{i'j}\boldsymbol{\sigma}_{ij}(r,\theta_s)\boldsymbol{T}_{ij'}\boldsymbol{n}_{j'} \\ K_{rns} = \lim_{r\to 0}\sqrt{2\pi r}\,\tau_{rss} = \lim_{r\to 0}\boldsymbol{n}_{i'}\boldsymbol{T}_{i'j}\boldsymbol{\sigma}_{ij}(r,\theta_s)\boldsymbol{T}_{ij'}\boldsymbol{n}_{j'} \end{cases} \tag{5-41}$$

在拉应力、弯曲应力和剪应力的共同作用下，八面体滑移面上的净驱动力是 K_{rss} 和 K_{rns} 的组合，其中一种可能的关系为

$$K_{eq} = \sqrt{(K_{rss})^2 + (K_{rns})^2} \tag{5-42}$$

需要理解的是，转换后的晶体坐标系中轴平行于任意滑移平面的法线。除此

之外，裂纹扩展平面与裂纹扩展方向所成角度为 0°，因此 K_{rss}、K_{rns} 和等效应力强度因子 K_{eq} 可以重写为

$$\begin{cases} K_{rss} = \lim_{r \to 0} \sqrt{2\pi r} \sqrt{(\tau_{x'y'})^2 + (\tau_{y'z'})^2} = \sqrt{(K_{II})^2 + (K_{III})^2} \\ K_{rns} = \lim_{r \to 0} \sqrt{2\pi r} \sigma_{y'y'} = K_I \\ K_{eq} = \sqrt{(K_{rss})^2 + (K_{rns})^2} = \sqrt{(K_I)^2 + (K_{II})^2 + (K_{III})^2} \end{cases} \tag{5-43}$$

5.4.3 两种应力强度因子门槛值

从图 5-14 可以看出，疲劳裂纹扩展应力强度因子门槛值 $\Delta K_{th,l}$ 可以解释为两个分量：①可视为材料参数的 $\Delta K_{th,eff}$，在高应力比时，$\Delta K_{th,eff}$ 与无闭合的 $\Delta K_{th,l}$ 相同；②与裂纹长度相关分量 $\Delta K_{th,change}$，当物理小裂纹转变为长裂纹时，该值达到上限，可表示为

$$\Delta K_{th,l} = \Delta K_{th,eff} + \Delta K_{th,change} \tag{5-44}$$

为了从材料的角度表征这一应力强度因子门槛值，即求得 $\Delta K_{th,eff}$，可以用长裂纹应力强度因子门槛值 $\Delta K_{th,l}$ 减去 $\Delta K_{th,change}$，其中 $\Delta K_{th,change}$ 的表达式可以为[25]

$$\Delta K_{th,change} = [1 - \exp(-h\Delta a)](K_{op,LC} - K_{min}) \tag{5-45}$$

式中，$K_{op,LC}$ 为长裂纹张开的最小应力强度因子；h 为材料表征裂纹伸长量 Δa 和加载周期内最小应力强度因子 K_{min} 的修正参数。

显然，不同材料长裂纹张开的最小应力强度因子不同，且这一参数很难通过实验测得。因此，采用式(5-45)会使整个计算变得复杂。一些研究结果表明，可以将大部分材料的 da/dN 很好地与 $\Delta K / E$ 绘制在一个共同的分散带内，其中 $\Delta K / E$ 叫作应力强度因子对杨氏模量的变化范围。根据这一现象可以猜测，E 和 $\Delta K_{th,eff}$ 之间可能存在某种联系，有研究证明了这一结论，根据常用与金属键合强度的相关函数关系[53]可得到

$$\Delta K_{th,eff} \approx \chi \cdot 10^{-5} \cdot E \tag{5-46}$$

式中，χ 为相关系数，一般取 1.30~1.64[54]；一种典型的取值是 1.60[54]；$\Delta K_{th,eff}$ 为材料和结构的固有裂纹扩展应力强度因子门槛值；E 为材料整体或局部杨氏模量。

让人更能接受的是从材料变形的角度来解释这一现象，Hertzberg[55]指出，$\Delta K_{th,eff}$ 总是在伯氏矢量 $|\boldsymbol{b}|$ 的数量级上，作为晶体晶格中位错引起的最小畸变。

$$\Delta K_{th,eff} \approx E \cdot \sqrt{|\boldsymbol{b}|} \tag{5-47}$$

一般而言，$|\boldsymbol{b}|$ 的取值为 2.5~2.9Å。对于大部分金属，该公式已经得到很好

的验证。在此基础上，Pokluda 等[56]引入修正系数 3/4，以使结果更加精确：

$$\Delta K_{\text{th,eff}} = \frac{3}{4} E \cdot \sqrt{|\boldsymbol{b}|} \tag{5-48}$$

如前所述，裂纹在滑移作用下，在材料的薄弱部位成核并扩展微裂纹，在晶界作用下形成阻滞。阻滞现象的产生是由于微裂纹扩展需要克服 $\Delta K_{\text{th,eff}}$，且该值仅与材料性能有关。由于裂纹在应力集中阶段或夹杂物中容易形成微裂纹，裂纹扩展发生在小于晶粒尺寸的范围内，即裂纹扩展过程中的微观结构小裂纹阶段。滑移位错在晶界处堵塞，堆积产生应力集中，进而切割晶界进行扩展。采用 SEM可以看到稳定的 δ 相集中在晶界处，密集的 δ 相会阻止裂纹向前扩展。当裂纹穿过晶界进入相邻的 1～2 个晶粒时，裂纹逐渐增大，从小裂纹开始接近宏观裂纹扩展。因此，$\Delta K_{\text{th,eff}}$ 主要根据 δ 相滑移变形计算。GH4169 合金主要相的晶体结构和组成如表 5-5 所示。

表 5-5　GH4169 合金主要相的晶体结构和组成

相	晶体结构	典型晶格参数/nm	主要化学成分	原子最密排面	$|\boldsymbol{b}|$ /Å
γ	fcc	$a=0.3616$	Ni, Co, Cr, Mo	{111}<110>	2.70
γ′	LI₂	$a=0.3605$	Ni₃(Al, Ti, Nb)	{112}<110>	2.60～2.80
γ″	DO₂₂	$a=b=0.3624, c=0.7460$	Ni₃Nb	{111}<110>	2.80
δ	DOa	$a=0.5141, b=0.4231, c=0.4534$	Ni₃Nb	{010}<001>	2.80
MC	B1	$a=0.443～0.444$	Nb(C, N)或Ti(C, N)	{111}<110>	2.10～2.15

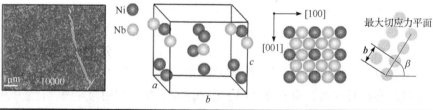

采用类似第 3 章的测试方法，SENT 试件 FEDM、HEDM 的再铸层最大厚度为 43μm 左右，气膜孔试件 HEDM 和 LDM 的再铸层最大厚度分别为 35μm 和 7.5μm。通过纳米压痕获得了距再铸层不同距离气膜孔边缘的载荷-深度曲线。FEDM 和 HEDM 工艺距离缺口边缘 15μm 处实测的平均弹性模量 E 分别为 200.90GPa 和 204.02GPa，总体而言相差不明显。气膜孔试件 HEDM 加工孔边 15μm 处和 LDM 孔边 5μm 处实测的平均弹性模量 E 分别为 107.76GPa 和 126.50GPa。GH4169 和 DD6 的伯氏矢量分别为 2.80Å 和 3.0Å[57-58]，代入式(5-48)得到的 $\Delta K_{\text{th,eff}}$ 如表 5-6 所示。

表 5-6　不同材料和工艺下的应力强度因子门槛值

材料与试件	工艺	$\Delta K_{th,eff}$ /(MPa·m$^{1/2}$)
GH4169 SENT 试件	FEDM	2.521
	HEDM	2.560
DD6 气膜孔试件	HEDM	1.399
	LDM	1.643

相对于微观尺度的 $\Delta K_{th,eff}$，宏观裂纹应力强度因子门槛值 $\Delta K_{th,l}$ 的确定要容易很多。根据测试标准 ASTM E647，$\Delta K_{th,l}$ 一般为 10^{-7} mm/循环时对应的 ΔK。选定至少 5 个平均分布在 $10^{-6} \sim 10^{-7}$ mm/循环的数据点，采用线性方法拟合，与横轴的交点为 $\Delta K_{th,l}$，如图 5-15 所示。拟合出的 SENT 试件在 FEDM 和 HEDM 工

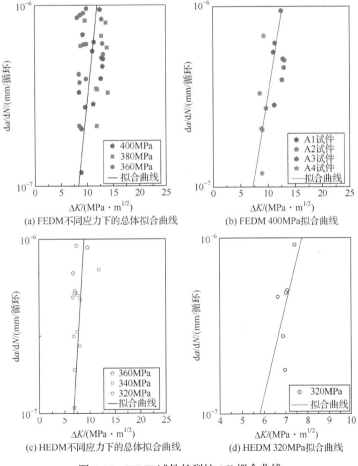

图 5-15　SENT 试件长裂纹 ΔK 拟合曲线

艺下的总体 $K_{\text{th,l}}$ 分别为 8.012MPa·m$^{1/2}$ 和 6.934MPa·m$^{1/2}$。需要理解的是，整个裂纹扩展过程没有考虑降载，便于预测疲劳寿命。不同试件裂纹扩展门槛值如表 5-7 所示。

表 5-7　SENT 试件的宏观应力强度因子门槛值

加工工艺	应力/MPa	拟合曲线	$\Delta K_{\text{th,l}}$ /(MPa·m$^{1/2}$)	总体 $\Delta K_{\text{th,l}}$ /(MPa·m$^{1/2}$)
FEDM	400	$y = 2.672 \times 10^{-7} x - 1.805 \times 10^{-6}$	7.132	
	380	$y = 3.022 \times 10^{-7} x - 2.455 \times 10^{-6}$	8.455	8.012
	360	$y = 2.504 \times 10^{-7} x - 1.614 \times 10^{-6}$	6.847	
HEDM	360	—	—	
	340	$y = 4.914 \times 10^{-7} x - 2.854 \times 10^{-6}$	6.012	6.934
	320	$y = 4.606 \times 10^{-7} x - 2.570 \times 10^{-6}$	5.797	

同理，拟合出的气膜孔试件在 FEDM 和 LDM 工艺下的总体 $\Delta K_{\text{th,l}}$ 分别为 2.225MPa·m$^{1/2}$ 和 2.531MPa·m$^{1/2}$，拟合曲线如图 5-16 所示。

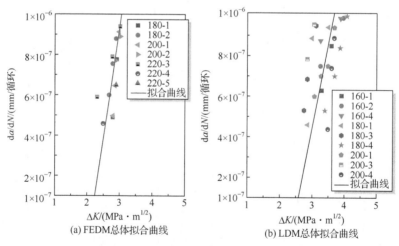

图 5-16　气膜孔试件长裂纹 ΔK 拟合曲线
160-1 表示 160MPa 试验条件下的第一个试件，以此类推，后同

5.4.4　EIFS 计算结果

由式(5-9)和式(5-14)可以计算 SENT 试件两种不同制孔工艺在不同应力下的 EIFS，如图 5-17 所示。可以发现，修正 K-T 法的同种制孔工艺不同应力水平下 EIFS 差别较小，FEDM 和 HEDM 的 EIFS 分别稳定在 0.012mm 和 0.021mm 左

右，不同制孔工艺之间的差别较为明显，FEDM 的 EIFS 小于 HEDM，这与加工工艺密切相关，也更加符合实际情况。相反，原始 K-T 法的同种制孔工艺下 EIFS 较为分散，FEDM 的 EIFS 为 0.030～0.040mm，HEDM 的 EIFS 为 0.045～0.060mm，且两种情况下的 EIFS 相对修正 K-T 法明显偏大，这主要是计算中使用的应力强度因子门槛值不同引起的，但仍然能反映 FEDM 的 EIFS 低于 HEDM 这一趋势。

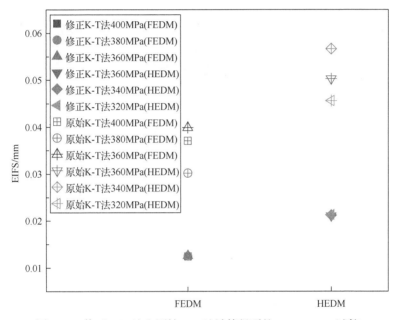

图 5-17　修正 K-T 法和原始 K-T 法计算得到的 EIFS(SENT 试件)

不考虑实际制孔过程中产生的孔边几何尺寸差异，平面应力状态下半径为 c 的中心圆孔初始状态 I 型应力强度因子(ΔK_I)表示为式(5-29)，其中 $Y(a)$ 按式(5-49) 计算，且 $l = a + c$。

$$Y(a) = F\left(\frac{c}{W/2}, \frac{l}{W/2}\right) = \begin{cases} \dfrac{0.761(2l/W - 0.093)^{-0.283}}{\sqrt{1 - 2l/W}}, & 2l < W \\ \dfrac{0.826}{\sqrt{1 - 2c/W}}, & 2l = W \end{cases} \tag{5-49}$$

与相关研究假定 $Y(a)$ 为某一固定数值(如常规的 $Y(a)$ 为 1、0.728 等)不同，裂纹的几何形状因子会随着裂纹长度发生变化。需要注意的是，长度大小也包括当量初始裂纹长度(EIFS)。真实裂纹起裂后，裂纹尖端的塑性区随之出现，根据修正 Hill 屈服准则和八面体计算斜裂纹尖端塑性区，从而计算该值。镍基单晶材料

$S_{[001]}$、$S_{[011]}$ 和 $S_{[111]}$ 分别为 930MPa、1030MPa 和 1180MPa[59]。计算得到的斜裂纹塑性区与直裂纹的形状和相对大小，如图 5-18 所示。

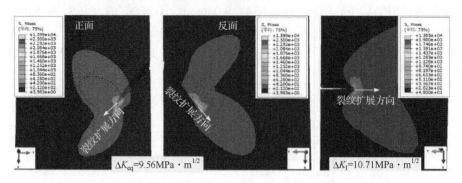

图 5-18　裂纹尖端塑性区 Mises 应力计算结果(单位：MPa)

相比直裂纹纯平面应力状态，真实的裂纹塑性区不呈现以裂纹为对称轴的完全对称形状，但塑性区仍然可以近似为主要受 K_I 影响。在裂纹长度比较小时，直裂尖应力场约为斜裂纹的 1.1 倍，{001}斜裂纹面可以近似等效成垂直于加载轴的直裂纹产生的对称蝴蝶形，以与裂纹几何参数 $Y(a)$ 匹配。需要理解的是，裂纹长度 $a' = \sqrt{2}a/2$，根据裂尖的局部坐标系应力分布，可以得到 $r_p = \Delta K_{I,\text{eff}}^2 / 2\pi\sigma_s^2$。为了考虑平面应变三轴应力影响及疲劳裂尖应力松弛后塑性区尺寸变化，实际的塑性区大小可根据 Dugdale 和 Zhang 的模型[60]进一步表示为

$$r_{p,\text{eff}} = \frac{r_p}{2\sqrt{2}} = \frac{\Delta K_{I,\text{eff}}^2}{4\sqrt{2}\pi\sigma_s^2} = 0.16a\left(\sec\frac{\pi\sigma_{\max}}{2\sigma_s} - 1\right) \tag{5-50}$$

气膜孔试件的 EIFS 可以通过式(5-9)、式(5-49)和式(5-50)计算得到，计算结果如图 5-19 所示。HEDM 和 LDM 这两种制孔工艺的 EIFS 差别较大，考虑到测试数据的不同存活率，修正 K-T 法得到的 EDM 的 EIFS 为 0.0188～0.0273mm，LDM 的 EIFS 为 0.0423～0.0530mm。需要说明的是，这一数值区间包括了全部测试数据且涵盖了全部的存活率范围，在同一应力水平下这一区间范围将进一步缩小。例如，在 200MPa 应力水平下，LDM 的 EIFS 范围为 0.0423～0.0521mm，区间大小仅为 0.0098mm，LDM 则更小一点，约为 0.008mm。可以进一步得出，当考虑三种应力水平(应力水平变化约 20%)时，EIFS 的区间峰值仅扩大了 2%左右，相对常见的 EIFS 与应力大小密切相关的计算方式，这种变化趋势可以忽略不计。同时，相同存活率下，LDM 的 EIFS 约为 EDM 的 2 倍，在 50%存活率下，HEDM 的 EIFS 约为 0.0263mm，LDM 约为 0.0518mm。由此可以得出结论：利用修正 K-T 法结合 Chapetti 理论计算得到的等效 EIFS 与材料的种类和厚度关系不大，相

同工艺下不同材料的 EIFS 大致位于同一数量级,变化范围未超过 0.01mm。对于应力集中较大的试件,EIFS 对材料的影响不是很敏感,这为进一步促进 EIFS 的工程应用起到了非常重要的作用。

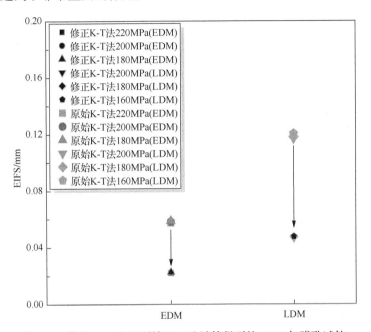

图 5-19　修正 K-T 法和原始 K-T 法计算得到的 EIFS(气膜孔试件)

5.5　裂纹扩展率与疲劳寿命预测

　　疲劳裂纹扩展率的研究大多集中在宏观裂纹上,应用较为广泛的三个疲劳裂纹扩展定律是 Forman 公式、Walker 公式和 NASGRO 公式[59]。常规的 McEvily 模型[61]和 Chapetti 模型[25]既考虑了小疲劳裂纹的特征,又反映了初始缺陷和加载顺序的影响,很好地解释了许多金属疲劳现象。然而,这些模型都是基于弹性阶段的裂纹扩展数据,其应用需要进一步改进。Chapetti 模型[25]能较好地适应 K-T 图中的参数,为了充分反映小裂纹和宏观裂纹的阶段,其疲劳裂纹扩展率可表示为

$$\frac{\mathrm{d}a}{\mathrm{d}N} = C(\Delta K - \Delta K_{\mathrm{th}})^m \tag{5-51}$$

进一步,为了反映原始初始损伤,将 d 替换为 $\mathrm{EIFS}_{\mathrm{mod}}$,式(5-5)和式(5-6)可以改写为

$$
\begin{cases}
\Delta K_{th} = \Delta K_{th,eff} + \Delta K_{th,change}\left\{1 - \exp\left[-k(a-d)\right]\right\} \\[2mm]
k = \dfrac{\Delta K_{th,eff}}{4d\,\Delta K_{th,change}} \\[4mm]
\Delta K_{th,change} = \Delta K_{th,l} - \Delta K_{th,eff} \\[2mm]
\Delta K_{th,eff} = \Delta\sigma_e\sqrt{\pi d}
\end{cases}
\tag{5-52}
$$

在疲劳实验中，寿命分散性一般较大，图 5-7 的 P-S-N 曲线也能反映这一问题，实际临界裂纹长度一般有 20%的波动范围，疲劳寿命也存在 1.5 倍左右的分散。为了便于统计和预测各个变量之间的关系，将各参数视为满足正态分布，5.4 节中计算的 EIFS 均为 50%存活率下得到的。拟合裂纹扩展率 da/dN 和 $\Delta K - \Delta K_{th}$ 的关系，如图 5-20 所示，从图中可以清晰地看到，在应力强度因子较小时，裂纹扩展率明显偏大，即出现小裂纹现象；与常见的拟合曲线在应力强度因子较小时偏向横坐标轴不同，由本征应力强度因子门槛值得到的有效应力强度因子拟合函数曲线可以很好地穿过小裂纹区域，拟合情况基本满足条件。

同理，为了将同种工艺下不同应力裂纹扩展数据进行统一，将仅考虑存活率为 50%的 EIFS 计算结果作为同种制孔工艺下裂纹扩展率中的 $EIFS_{mod}$ [式(5-52)]，与此同时，长裂纹应力强度因子门槛值 $\Delta K_{th,l}$ 的 EIFS 也为 50%存活率，根据式(5-51)和式(5-52)，将裂纹扩展率与 $\Delta K_{eq} - \Delta K_{th}$ 在对数坐标下进行拟合，如图 5-21 所示。

为了进一步说明该方法的准确性，对比常见的基于 EIFS 预测疲劳寿命的方法，如 TTCI 反推法、K-T 法和 Murakami 疲劳源区面积法(Murakami 法)[21]，这些方法在前文已有系统的介绍。将得到的疲劳寿命进行对比，如图 5-22 所示。在疲劳寿命预测理论中，总体上修正 K-T 法可以更准确地预测疲劳寿命。

从图 5-22(a)可以发现，TTCI 反推法得到的疲劳寿命和原始 K-T 法预测的寿命误差均较大。原始 K-T 法与修正 K-T 法之间误差主要体现在计算 EIFS 时使用的应力强度因子门槛值的差异，修正 K-T 法考虑了小裂纹扩展区域且对裂纹扩展率进行了改进，换句话说，将已知的寿命区间扩大而将未知寿命区间相应缩小，从而得到更为精准的疲劳全寿命预测结果。TTCI 反推法的误差线甚至超过了 2 倍误差带，在气膜孔试件中也表现出这一现象[图 5-22(b)]，这主要是因为 TTCI 反推法采用了韦布尔分布避免与实际情况产生误差。尽管 TTCI 反推法的前提假设是裂纹扩展率大致满足 $da/dN = Aa^b$，但从实际情况来看(图 5-23)，拟合曲线吻合的情况并不是很好(仅以 SENT 试件为例，气膜孔试件与之类似)，只能以大致的趋势作为参考。拟合曲线表明，裂纹扩展率相对实际的裂纹扩展率仍然是偏小的。

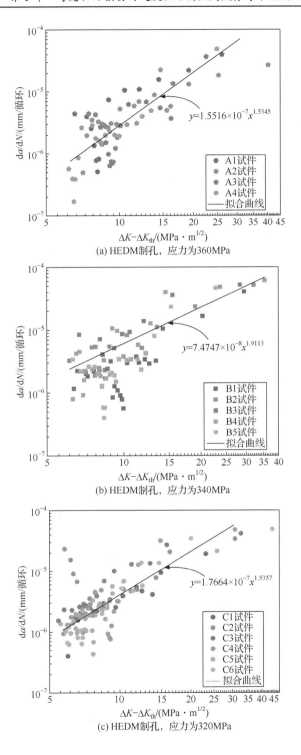

(a) HEDM制孔，应力为360MPa

(b) HEDM制孔，应力为340MPa

(c) HEDM制孔，应力为320MPa

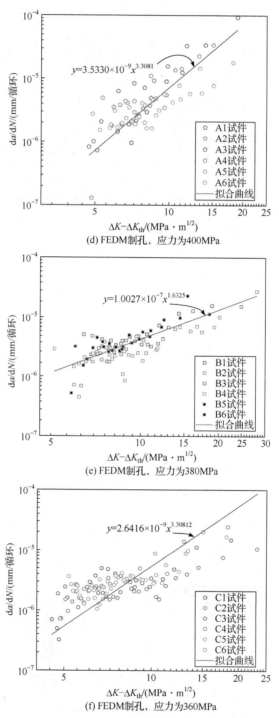

(d) FEDM制孔，应力为400MPa

(e) FEDM制孔，应力为380MPa

(f) FEDM制孔，应力为360MPa

图 5-20　SENT 试件的 $\mathrm{d}a/\mathrm{d}N\text{-}(\Delta K-\Delta K_{\mathrm{th}})$ 曲线

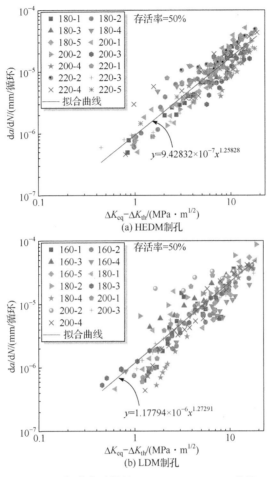

(a) HEDM制孔

(b) LDM制孔

图 5-21　气膜孔试件的 da/dN-($\Delta K - \Delta K_{th}$) 曲线

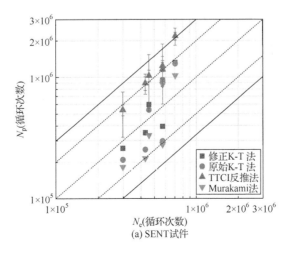

(a) SENT试件

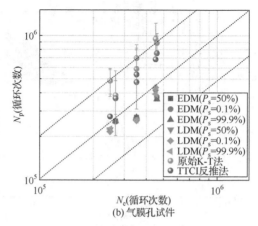

(b) 气膜孔试件

图 5-22　SENT 试件和气膜孔试件的疲劳寿命预测结果

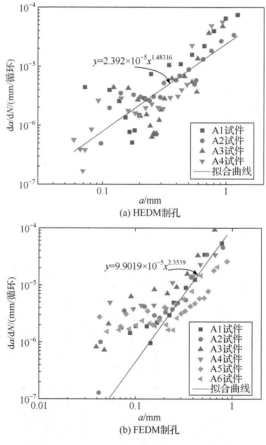

图 5-23　da/dN-a 拟合公式(SENT 试件)

　　原始 K-T 法直接通过长裂纹扩展数据反推出全部疲劳寿命,换而言之,通过 20%的可观测实验寿命来预测剩余的 80%疲劳寿命,这显然是有很大风险的。不可否认的是,原始 K-T 法和 TTCI 反推法均能够直接得到当量初始裂纹长度,与修正 K-T 法的趋势是一样的。Murakami 模型在光滑试件中广泛应用,其预测结果与修正 K-T 法一致;但在缺口试件中,由于缺陷面积大于 EIFS,因此疲劳寿命一般比修正 K-T 法要小。虽然它们不能更精准预测疲劳寿命,但是仅用于评价制孔工艺质量仍然具有很好的借鉴意义。

　　需要进一步注意的是,长裂纹应力强度因子门槛值往往对原始 K-T 法计算有非常大的影响,而这个值的获取却具有一定的分散性,对于 EIFS 要求的精度较高。从图 5-17 和图 5-19 可以进一步得出,在覆盖全存活率的情况下,根据修正 K-T 法得到的 EIFS 不会发生很大的变化,原始 K-T 法则出现了极为宽泛的预测范围,50%存活率下的 EIFS 计算结果分别为 0.0584mm 和 0.1182mm,这大致为修正 K-T 法计算结果的 2.5 倍。值得肯定的是,这一计算方法仍然可以使得同种工艺下的 EIFS 基本不受载荷的影响,这明显改进了 TTCI 反推法的预测结果。

5.6　本　章　小　结

　　本章对采用 HEDM 和 FEDM 制孔工艺制备的镍基高温合金 GH4169 SENT 试件、HEDM 和 LDM 制孔工艺制备的 DD6 气膜孔试件进行了重复疲劳试验。采用改进的 K-T 图方法计算 EIFS,并与现有计算方法进行比较。在前文提出的 EIFS 概念基础上,考虑小裂纹扩展区域的物理背景和理论体系,提出了一种新的疲劳裂纹扩展表达式,并以此为基础计算了疲劳寿命,主要结论如下。

　　(1) 不同制孔工艺的疲劳寿命明显不同,在相同载荷条件下,SENT 试件 HEDM 的疲劳寿命约为 FEDM 的一半;气膜孔试件 LDM 的整体寿命小于 HEDM,在相同应力下,疲劳寿命仅为 HEDM 加工试件的 70%~80%。考虑晶体位错原理,提出了本征应力强度因子门槛值 $\Delta K_{\text{th,eff}}$,用来描述临界裂纹萌生非阻滞应力强度范围,进而获得改进后的 K-T 图,可以获得更准确稳定的 EIFS。

　　(2) 分别考虑 GH4169 材料厚试件(厚度 1.5mm)的直裂纹裂尖几何因素和单晶材料薄试件(厚度 0.8mm)的晶体面斜裂纹,计算裂纹尖端的等效应力强度因子 ΔK_{eq},提出了一种新的考虑小裂纹阶段的裂纹扩展速率表达式,该表达式可以很好地集成到提出的 EIFS 解中。

　　(3) 对于多晶合金 GH4169 试件,FEDM 和 HEDM 工艺的 EIFS 分别稳定在 0.012mm 和 0.021mm 左右。对于单晶合金 DD6 试件,根据改进的 Hill 屈服准则和改进的 Chapetti 模型 K-T 图方法,计算得到 HEDM 的 EIFS 计算值为 0.0188~

0.0273mm，LDM 的 EIFS 计算值为 0.0423～0.0530mm。50%失效概率下，HEDM 和 LDM 的 EIFS 分别为 0.0263mm 和 0.0518mm。从这一点上看，相同工艺下不同材料的 EIFS 大致位于同一数量级，且范围未超过 0.01mm，有效证明了对于应力集中较大的试件，EIFS 对材料影响不是很敏感。

(4) 通过室温原位疲劳裂纹扩展实验，充分考虑实验过程中数据的离散性，采用 P-S-N 和两种应力强度因子门槛值($\Delta K_{th,l}$ 和 $\Delta K_{th,eff}$)描述了不同制孔过程中的疲劳初始损伤，并提出了基于 EIFS 修正的疲劳裂纹扩展率。根据常温原位试验，获取精度较高的裂纹扩展 a-N 数据，用于拟合试件统一的 da/dN-(ΔK_{eq} - ΔK_{th}) 曲线，用幂律函数可以得到具有很好拟合优度的方程，结合 EIFS 和平均临界裂纹长度预测了两倍误差带的疲劳全寿命。

参 考 文 献

[1] HO K H, NEWMAN S T. State of the art electrical discharge machining (EDM)[J]. International Journal of Machine Tools and Manufacture, 2003, 43(13): 1287-1300.

[2] MA S, MCDONALD J P, TRYON B, et al. Femtosecond laser ablation regimes in a single-crystal superalloy[J]. Metallurgical and Materials transactions A, 2007, 38(13): 2349-2357.

[3] MCNALLY C A, FOLKES J, PASHBY I R. Laser drilling of cooling holes in aeroengines: State of the art and future challenges[J]. Materials Science and Technology, 2004, 20(7): 805-813.

[4] LEIGH S, SEZER K, LI L, et al. Recast and oxide formation in laser-drilled acute holes in CMSX-4 nickel single-crystal superalloy[J]. Proceedings of the Institution of Mechanical Engineers, Part B: Journal of Engineering Manufacture, 2010, 224(7): 1005-1016.

[5] CHIEN W T, HOU S C. Investigating the recast layer formed during the laser trepan drilling of Inconel 718 using the Taguchi method[J]. The International Journal of Advanced Manufacturing Technology, 2007, 33(3): 308-316.

[6] 胡萌, 刘遵友, 王轶, 等. 航空发动机高压涡轮叶片气膜孔电火花加工工艺参数对重熔层的影响[J]. 航空维修与工程, 2019(4): 85-87.

[7] GEMMA A E, PHILLIPS J S. The application of fracture mechanics to life prediction of cooling hole configurations in thermal-mechanical fatigue[J]. Engineering Fracture Mechanics, 1977, 9(1): 25-36.

[8] RALPH W C, JOHNSON W S, TOIVONEN P, et al. Effect of various aircraft production drilling procedures on hole quality[J]. International Journal of Fatigue, 2006, 28(8): 943-950.

[9] JOHNSON W S. The history, logic and uses of the equivalent initial flaw size approach to total fatigue life prediction[J]. Procedia Engineering, 2010, 2(1): 47-58.

[10] SHAHANI A R, KASHANI H M. Assessment of equivalent initial flaw size estimation methods in fatigue life prediction using compact tension specimen tests[J]. Engineering Fracture Mechanics, 2013, 99: 48-61.

[11] LIU Y, MAHADEVAN S. Probabilistic fatigue life prediction using an equivalent initial flaw size distribution[J]. International Journal of Fatigue, 2009, 31(3):476-487.

[12] KITAGAWA H. Applicability of fracture mechanics to very small cracks or the cracks in the early stage[C]. Boston: the Second International Conference on Mechanical Behavior of Materials, 1976.

[13] ZERBST U, VORMWALD M, PIPPAN R, et al. About the fatigue crack propagation threshold of metals as a design criterion: A review[J]. Engineering Fracture Mechanics, 2016, 153: 190-243.

[14] SURESH S. Fatigue of Materials[M]. Cambridge: Cambridge University Press, 1998.

[15] EL HADDAD M H, TOPPER T H, SMITH K N. Prediction of nonpropagating cracks[J]. Engineering Fracture Mechanics, 1979, 11: 573-584.

[16] GARB C, LEITNER M, STAUDER B, et al. Application of modified Kitagawa-Takahashi diagram for fatigue strength assessment of cast Al-Si-Cu alloys[J]. International Journal of Fatigue, 2018, 111: 256-268.

[17] MILLER K J. The two thresholds of fatigue behaviour[J]. Fatigue & Fracture of Engineering Materials & Structures, 1993, 16(9): 931-939.

[18] KING J E. Fatigue crack propagation in nickel-base superalloys-effects of microstructure, load ratio, and temperature[J]. Materials Science and Technology, 1987, 3(9): 750-764.

[19] LEE K D, KIM K Y. Performance evaluation of a novel film-cooling hole[J]. Journal of Heat Transfer, 2012, 134(10): 1-7.

[20] VENKATESWARAN P, RAMAN S G S, PATHAK S D. Generation of stress vs. crack length plots for a ferritic steel weld metal based on Kitagawa-Takahashi approach[J]. Materials Letters, 2005, 59(4): 495-498.

[21] MURAKAMI Y. Metal Fatigue: Effects of Small Defects and Nonmetallic Inclusions[M]. London: Academic Press, 2019.

[22] DAVIDSON D L. Characterizing small fatigue cracks in metallic alloys[J]. Metallurgical and Materials Transactions A, 2004, 35(1): 7-14.

[23] EL HADDAD M H, SMITH K N, TOPPER T H. Fatigue crack propagation of short cracks[J]. Journal Engngeering Material Technology, 1979, 101: 42-46.

[24] ELBER W. The significance of fatigue crack closure[M]//ROSENFELD M S. Damage Tolerance in Aircraft Structure. West Conshohocken: ASTM International, 1971.

[25] CHAPETTI M D. Fatigue propagation threshold of short cracks under constant amplitude loading[J]. International Journal of Fatigue, 2003, 25(12): 1319-1326.

[26] MELLO A W, NICOLAS A, SANGID M D. Fatigue strain mapping via digital image correlation for Ni-based superalloys: The role of thermal activation on cube slip[J]. Materials Science and Engineering: A, 2017, 695: 332-341.

[27] SJÖBERG T, KAJBERG J, OLDENBURG M. Fracture behaviour of Alloy 718 at high strain rates, elevated temperatures, and various stress triaxialities[J]. Engineering Fracture Mechanics, 2017, 178: 231-242.

[28] WILLIAMS M L. On the stress distribution at the base of a stationary crack[J]. Journal of Applied Mechanics, 1956, 24(1):109-114.

[29] 李群, 欧卓成, 陈宜亨. 高等断裂力学[M]. 北京: 科学出版社, 2017.

[30] SUTTON M A, ZHAO W, MCNEILL S R, et al. Local crack closure measurements: Development of a measurement system using computer vision and a far-field microscope[J]. ASTM Special Technical Publication, 1999, 1343: 145-156.

[31] CARROLL J, EFSTATHIOU C, LAMBROS J, et al. Investigation of fatigue crack closure using multiscale image correlation experiments[J]. Engineering Fracture Mechanics, 2009, 76(15): 2384-2398.

[32] RABBOLINI S, PATAKY G J, SEHITOGLU H, et al. Fatigue crack growth in Haynes 230 single crystals: An analysis with digital image correlation[J]. Fatigue & Fracture of Engineering Materials & Structures, 2015, 38(5):

583-596.

[33] MCNEILL S R, PETERS W H, SUTTON M A. Estimation of stress intensity factor by digital image correlation[J]. Engineering Fracture Mechanics, 1987, 28(1): 101-112.

[34] JIA Y J, SHI M X, ZHAO Y, et al. A better estimation of plastic zone size at the crack tip beyond Irwin's model[J]. Journal of Applied Mechanics, 2013, 80(5): 051014.

[35] IRWIN G R. Plastic zone near a crack and fracture toughness[C]. New York: 7th Sagamore Research Conference on Mechanics & Metals Behavior of Sheet Material, 1960.

[36] MAIR G. Introduction to Manufacturing Processes[M]. London: Macmillan Education UK, 1993.

[37] QIU W, MA X, RUI S, et al. Crystallographic analysis on small fatigue crack propagation behaviour of a nickel-based single crystal superalloy[J]. Fatigue & Fracture of Engineering Materials & Structures, 2017, 40(1): 3-11.

[38] PATAKY G J, SEHITOGLU H, MAIER H J. High temperature fatigue crack growth of Haynes 230[J]. Materials Characterization, 2013, 75: 69-78.

[39] HERTZBERG R W. Deformation and fracture mechanics of engineering materials[J]. Journal of Engineering Materials and Technology, 1976, 99(1): 96.

[40] BUSSE C, PALMERT F, SJÖDIN B, et al. Evaluation of the crystallographic fatigue crack growth rate in a single-crystal nickel-base superalloy[J]. International Journal of Fatigue, 2019, 127: 259-267.

[41] HILL R. The Mathematical Theory of Plasticity[M]. Oxford: Oxford University Press, 1998.

[42] DING Z, LIU Y, YIN Z, et al. Constitutive model for an FCC single-crystal material[J]. Frontiers of Mechanical Engineering in China, 2006, 1(1): 40-47.

[43] RICE J. The mechanics of crack tip deformation and extension by fatigue[M]//GROSSKREUTZ J C. Fatigue Crack Propagation. West Conshohocken: ASTM International, 1966.

[44] ASTM. Standard Practice for Conducting Force Controlled Constant Amplitude Axial Fatigue Tests of Metallic Materials : ASTM E466-21[S]. USA, 2021.

[45] NEWMAN J C, RAJU I S. Stress-intensity factor equations for cracks in three-dimensional finite bodies[R]. Hampton: NASA Langley Reseach Center, 1983.

[46] WU S X. Shape change of surface crack during fatigue growth[J]. Engineering Fracture Mechanics, 1985, 22(5): 897-913.

[47] NEWMAN JR J C. Fracture mechanics parameters for small fatigue cracks[M]//LARSEN J M, ALLISON J E. Small Crack Test Methods. West Conshohocken: ASTM International, 1992.

[48] 陈龙. 镍基单晶气膜孔结构疲劳性能研究[D]. 西安: 西安建筑科技大学, 2014.

[49] CHEN O Y. Crystallographic Fatigue Crack Propagation in Single Crystal Nickel-base Superalloy[M]. New London: University of Connecticut, 1985.

[50] ZHANG Y, SHI H J, GU J, et al. Crystallographic analysis for fatigue small crack growth behaviors of a nickel-based single crystal by in situ SEM observation[J]. Theoretical and Applied Fracture Mechanics, 2014, 69: 80-89.

[51] SAKAGUCHI M, KOMAMURA R, CHEN X, et al. Crystal plasticity assessment of crystallographic stage I crack propagation in a Ni-based single crystal superalloy[J]. International Journal of Fatigue, 2019, 123: 10-21.

[52] WEN Z X, LIANG J W, LIU C Y, et al. Prediction method for creep life of thin-wall specimen with FCHs in Ni-based single-crystal superalloy[J]. International Journal of Mechanical Sciences, 2018, 141: 276-289.

[53] MAIERHOFER J, KOLITSCH S, PIPPAN R, et al. The cyclic R-curve: Determination, problems, limitations and application[J]. Engineering Fracture Mechanics, 2018, 198: 45-64.

[54] RIEMELMOSER F O, GUMBSCH P, PIPPAN R. Dislocation modelling of fatigue cracks: An overview[J]. Materials transactions, 2001, 42(1): 2-13.

[55] HERTZBERG R W. On the calculation of closure-free fatigue crack propagation data in monolithic metal alloys[J]. Materials Science and Engineering: A, 1995, 190(1-2): 25-32.

[56] POKLUDA J, PIPPAN R, VOJTEK T, et al. Near-threshold behaviour of shear-mode fatigue cracks in metallic materials[J]. Fatigue & Fracture of Engineering Materials & Structures, 2014, 37(3): 232-254.

[57] ZHOU H, ZHANG X, WANG P, et al. Crystal plasticity analysis of cylindrical holes and their effects on the deformation behavior of Ni-based single-crystal superalloys with different secondary orientations[J]. International Journal of Plasticity, 2019, 119: 249-272.

[58] ASARO R J, RICE J R. Strain localization in ductile single crystals[J]. Journal of the Mechanics and Physics of Solids, 1977, 25(5): 309-338.

[59] SIH G C. Multiscale Fatigue Crack Initiation and Propagation of Engineering Materials: Structural Integrity and Microstructural Worthiness[M]. Berlin: Springer Netherlands, 2008.

[60] ZHANG L, ZHAO L G, ROY A, et al. In-situ SEM study of slip-controlled short-crack growth in single-crystal nickel superalloy[J]. Materials Science and Engineering: A, 2019, 742: 564-572.

[61] PEARSON S. Initiation of fatigue cracks in commercial aluminium alloys and the subsequent propagation of very short cracks[J]. Engineering Fracture Mechanics, 1975, 7(2): 235-247.

第6章　不同温度下气膜孔结构低周疲劳寿命预测

6.1　引　言

在涡轮叶片结构强度设计过程中，主要考虑材料、结构、制造工艺、载荷环境、安全与可靠性五大方面的内容[1]。涡轮叶片的材料选择方面侧重耐高温、抗腐蚀、强度高等优点，多采用定向凝固或单晶高温合金，但其各向异性显著、失效机制复杂。在结构设计方面，主要体现在叶片的参数化设计、冷却结构设计及在此基础上形成的多学科设计[2]，为了提高服役温度，气膜孔冷却结构优化占有主要地位。叶片的强度和寿命对壁厚和气膜孔质量十分敏感，但是在制造过程中，不同部位表现出不同壁厚，形成"薄壁效应"，且气膜孔质量加工难以把控，一直困扰着工业部门。涡轮叶片在服役过程中主要承受离心载荷、气动载荷、温度载荷和振动载荷，引起机械疲劳、热疲劳、蠕变、冲击、摩擦等耦合失效，无论哪种工况，叶片对温度载荷都非常敏感，且疲劳失效约占叶片失效的70%[3]。在安全和可靠性方面，结构上载荷随机波动和结构材质、工艺内在不均匀性导致寿命相差数倍之多，存在很大的分散性，目前一些定值处理方法已无法满足工程需要。因此，对镍基单晶气膜孔结构在不同温度下的疲劳寿命进行研究显得尤为重要。

综合国内外的相关研究，对气膜孔高温疲劳寿命进行研究主要基于损伤力学的寿命模型，本构关系为宏观唯象或细观晶体塑性理论。Guo 等[4]和 Bourbita 等[5]采用临界距离法预测了气膜孔缺口试件的疲劳寿命，初步证明了该理论对各向异性材料的有效性，但是他们只考虑了材料特性，忽略了构件几何效应的影响。为了更准确地理解疲劳寿命，研究人员考虑了晶体损伤，用随时间变化的模型[6-7]来表征与物理量(如应力、应变、应变率和材料缺陷[8])相关的损伤速率演化，并提出了考虑动态硬化行为的更微观的本构方程[9]。本书作者团队对高温下气膜孔结晶滑移系的活化进行了大量研究，并提供了有效的疲劳寿命预测方法。遗憾的是，镍基单晶高温合金的几个关键问题尚未得到根本解决，即各向异性本构模型不够准确，疲劳损伤机制和累积准则复杂，大量模型没有考虑初始制造的损伤差异，单纯的有限元分析无法体现制孔工艺对寿命的影响，或者定义的初始损伤没有科学性，更无法考虑试验结果和预测方法的随机性。需要引起重视的是，这些因素甚至是决定性的，且不得不考虑。Kersey 等[10]对激光制孔的薄壁单晶圆棒试件的热力学性能进行了进一步的研究，结果表明，在相同的加载条件下，激光制孔的寿命比光滑试件的寿命短，气膜孔的引入无疑大大削弱了结构的强度。在高温疲劳的研究中，Pan 等[11]使用局部应力的方法评估了 700～900℃高温下激光制孔的疲劳寿命，金相分析表明，在低周疲劳状态(10⁵次)下，制孔过程引入的微裂纹对试件的总寿命无显著影响，但对高周疲劳影响显著。Morar 等[12]研究了激光制孔速度和再铸层厚度对 CMSX-4 高温合金锐角孔高温腐蚀疲劳行为的影响，在850℃低周疲劳条件下，提高激光制孔速度可使腐蚀疲劳寿命降低约 36.50%。张志金等[13]开展了 980℃下三种工艺(电液束、毫秒激光、高速电火花)气膜孔平板高周疲劳性能测试，指出不同制孔工艺对试件的高周疲劳性能影响显著，电液束制孔工艺的疲劳极限较高速电火花制孔和毫秒激光制孔工艺提升约 5.3%和 7.1%。上述文献中报道的研究并没有完全详细描述不同工艺造成的初始损伤是如何对疲劳行为产生影响，且不能定量给出当量初始损伤度，以至于得出的结论很难推广应用。

　　表征 EIFS 分散性的 EIFS 分布(EIFSD)足以反映一批试件的原始质量，甚至其他相同结构。Salemi 等[14]提出了一种贝叶斯和有限元模拟相结合的方法，估计含不确定性的 EIFSD 并预测疲劳寿命；Aliabadi 团队[15-16]采用双边界元法(DBEM)，结合贝叶斯法更新求解 EIFSD。他们缺乏高温环境下的试验结果，而这一方面恰恰是非常重要的，且对于镍基单晶材料而言，裂纹扩展率代理模型的描述也需要进一步完善。因此，为了进一步提升工程适用性，本章主要根据第 5章已建立的 EIFS 求解方法，获得一种从光滑件到缺口件的通用镍基单晶气膜孔结构 EIFS 预测评估方法。首先，开展大量不同温度疲劳和裂纹扩展试验，提出一种唯象考虑应力集中的通用 EIFS 确定方法；其次，根据试验结果提出一种考虑裂纹扩展路径和氧化耦合的裂纹驱动力，建立含 EIFS 的高温环境裂纹扩展率；最后，比较不同方法计算出的 EIFS 结果，并进行表面完整性验证 EIFS 理论的合理性，由此获得 3 倍误差带范围内的疲劳全寿命预测结果。

6.2　通用 EIFS 确定方法

6.2.1　不同应力集中 EIFS 求解模型

　　根据第 5 章的分析可知，气膜孔 EIFS 会比 $a_{0,1}$ 小以保证结构安全性。假想光滑材料的裂纹长度 $a_{0,1}=\dfrac{1}{\pi}\left(\dfrac{\Delta K_{th,1}}{Y\Delta\sigma_{smooth,e}}\right)^2$，由此可以得到安全的 EIFS 为 $a_0=\dfrac{1}{\pi}\left(\dfrac{\Delta K_{th,eff}}{\Delta\sigma_{smooth,e}Y(a)}\right)^2$，其中 a 为实际构件中的裂纹长度。此时，求出当 a 小于

$a_{0,1}$ 时对应的安全疲劳极限：

$$\Delta\sigma_0 = \frac{\Delta\sigma_{\text{smooth,e}}}{\sqrt{1+a/a_{0,1}}}, \ a \leqslant a_{0,1} \tag{6-1}$$

一般而言，根据 El Haddad 理论[17]，式(6-1)可以进一步改写为

$$\Delta\sigma_0 = A \cdot a^m \tag{6-2}$$

式中，A、m 为与材料密切相关的常数。分别对式(6-1)和式(6-2)取对数，并对 $\ln a$ 求导，得到

$$\begin{cases} \dfrac{\mathrm{d}\ln\Delta\sigma_0}{\mathrm{d}\ln a} = m \\ \dfrac{\mathrm{d}\ln\Delta\sigma_0}{\mathrm{d}\ln a} = -\dfrac{a/a_{0,1}}{2(1+a/a_{0,1})} \end{cases} \tag{6-3}$$

进一步，有

$$-\frac{a/a_{0,1}}{2(1+a/a_{0,1})} = m \Rightarrow \frac{a}{a_{0,1}} = -\frac{m}{1/2+m} \tag{6-4}$$

当 $a = a_0$ 时，$a_0 = -\dfrac{m \cdot a_{0,1}}{1/2+m}$，为确定该裂纹长度实际对应的疲劳极限，式(6-1)可以重写为

$$\Delta\sigma_0 = \frac{\Delta\sigma_{\text{smooth,e}}}{\sqrt{1+a_0/a_{0,1}}} \tag{6-5}$$

关于 m 的取值，Frost 和 Murakami 结合大量的试验结果，分别取值为$-1/3$、$-1/6$[18]，后文结合试验结果选取$-1/6$。

从应力强度因子的线性表达式可以看出，对于具有裂纹长度为 a 的表面裂纹的任意物体，在垂直于裂纹平面的单轴远程拉伸应力 σ_∞ 下，应力强度因子可写成 $K = F\sigma_\infty\sqrt{\pi a}$，$F$ 为实际试件的几何修正因子。对于缺口应力场中的裂纹，应力强度因子解与光滑固体中的表面裂纹渐近相同，只是远端应力通过应力集中系数 $K_t = \sigma_{\max}/\sigma_\infty$ 被放大。因此，当 $a \to 0$ 时，有

$$K = F\sigma_\infty\sqrt{\pi a} = F_0 K_t \sigma_\infty\sqrt{\pi a} \tag{6-6}$$

式中，F_0 为光滑试件表面裂纹的几何修正因子。

对于位于缺口应力场中的裂纹，几何修正因子 F 的渐近解为

$$F = F_0 K_t \tag{6-7}$$

当裂纹扩展到缺口应力场之外时，远端应力场主导应力强度因子，可以用式(6-8)表示：

$$K = K_t \sigma_\infty \sqrt{\pi(a+d)} \tag{6-8}$$

式中，d 为缺口深度。式(6-7)用式(6-9)进行修正：

$$F = F_\infty = F_0 \sqrt{1+d/a} \tag{6-9}$$

式中，F_∞ 为参考几何修正因子，当 $d/a \ll 1$ 时，F 可以渐进地接近常数，即 $F = F_0$。此时，几何修正因子 F 的上界和下界分别为 F_0 和 $F_0 K_t$。利用这些渐近解，可以建立任意大小由缺口根部引起的几何修正因子 F 的简单公式。

对于位于缺口根部的贯通裂纹，几何修正因子 F 受上下渐近线的限制，使 $1 < F/F_0 < K_t$。Härkegård 等引入了一个 F 方程，该方程与近、远场估计渐近一致，建议将几何修正因子 F 写为[19]

$$F = F_0 \sqrt{D/a} \tag{6-10}$$

式中，D 为"等效"表面裂纹深度，可由式(6-11)确定：

$$D = a + d\left[1 - \exp\left(-\frac{a}{a'}\right)\right] \tag{6-11}$$

式中，$a' = d/\left(K_t^2 - 1\right)$。

Liu 等[20]提出了一个应力强度因子渐近解，其一般公式可以表示为

$$K = F_0 \sigma \sqrt{\pi\left(a + d\left\{1 - \exp\left[-\frac{a}{d}(K_t - 1)\right]\right\}\right)} \tag{6-12}$$

需要注意的是，引入气膜孔(或缺口)后，光滑试件和缺口试件的疲劳极限已经不能简单地根据 K_t 计算，因为无法满足高应力材料表面"相似性"。此时，将疲劳缺口因子定义为 K_f，具体函数表达式为

$$K_f = \frac{\sigma_{\text{smooth,e}}}{\sigma_{\text{notch,e}}} \tag{6-13}$$

式中，$\sigma_{\text{smooth,e}}$ 为光滑试件疲劳极限；$\sigma_{\text{notch,e}}$ 为缺口试件疲劳极限。

为了考虑疲劳缺口效应，假定光滑试件具有半圆形微缺口，其长度与 EIFS 数量级相同，接下来使用渐近应力强度因子解和 EIFS 模型对疲劳缺口因子进行详细讨论。基于缺口裂纹的渐近解[式(6-7)]，当施加的应力强度因子等于应力强度因子门槛值时，光滑试件达到疲劳极限($\sigma_{\text{smooth,e}}$)，引入有限几何修正因子，此时 K_{th} 恰好可以表示为

$$K_{\text{th}} = F\alpha\sigma_{\text{smooth,e}} \sqrt{\pi\left(a_{0,1} + d_r\left\{1 - \exp\left[-\frac{a_{0,1}}{d_r}\left(\frac{K_t^2}{\alpha^2} - 1\right)\right]\right\}\right)} \tag{6-14}$$

式中，$a_{0,1}$ 为光滑试件保守 EIFS 裂纹长度，mm；d_r 为光滑试件疲劳源区微缺陷

等效尺寸，mm；α 为有限尺寸试件中裂纹长度为 $a+d$ 的几何修正系数，可以通过 Anderson 断裂力学手册[21]或者有限元计算得到。

同理，缺口试件的疲劳极限($\sigma_{\text{notch,e}}$)和 K_{th} 的联系为

$$K_{\text{th}} = F\alpha\sigma_{\text{notch,e}}\sqrt{\pi\left(a_{0,1} + d_{\text{n}}\left\{1-\exp\left[-\frac{a_{0,1}}{d_{\text{n}}}\left(\frac{K_t^2}{\alpha^2}-1\right)\right]\right\}\right)} \tag{6-15}$$

式中，d_{n} 为真实缺口尺寸，mm。

联立式(6-14)和式(6-15)，可得到

$$K_{\text{f}} = \frac{\sigma_{\text{smooth,e}}}{\sigma_{\text{notch,e}}} = \sqrt{\frac{a_{0,1} + d_{\text{n}}\left\{1-\exp\left[-\frac{a_{0,1}}{d_{\text{n}}}\left(\frac{K_t^2}{\alpha^2}-1\right)\right]\right\}}{a_{0,1} + d_{\text{r}}\left\{1-\exp\left[-\frac{a_{0,1}}{d_{\text{r}}}\left(\frac{K_t^2}{\alpha^2}-1\right)\right]\right\}}} \tag{6-16}$$

需要理解的是，EIFS 通常比真实样品尺寸小几个数量级(真实样品几何尺寸为毫米级，EIFS 为微米级)，式(6-16)可以简化为

$$K_{\text{f}} = K_t\sqrt{\frac{1}{1+\frac{d_{\text{r}}}{a_{0,1}}\left\{1-\exp\left[-\frac{a_{0,1}}{d_{\text{r}}}\left(\frac{K_t^2}{\alpha^2}-1\right)\right]\right\}}} \Rightarrow \frac{K_{\text{f}}}{K_t} = \sqrt{\frac{1}{1+\frac{d_{\text{r}}}{a_{0,1}}\left\{1-\exp\left[-\frac{a_{0,1}}{d_{\text{r}}}\left(\frac{K_t^2}{\alpha^2}-1\right)\right]\right\}}}$$

$$\tag{6-17}$$

当 $\dfrac{d_{\text{r}}}{a_{0,1}} \to +\infty$ 时，即微缺陷等效尺寸远大于保守 EIFS，$K_{\text{f}}=1$，此时缺口效应可

以忽略；当 $\dfrac{d_{\text{r}}}{a_{0,1}} \to 0$ 时，即微缺陷等效尺寸远小于保守 EIFS，$K_{\text{f}} = K_t$。

根据 Murakami 理论[18]和大量试验结果，疲劳源区的夹杂(或微缺陷)近似为椭圆，即实际的光滑试件 EIFS 为二维状态，将椭圆近似转化为标准圆可以实现 EIFS "等效" 降维，如图 6-1 所示。小半轴长为 a 和长半轴长为 c 的椭圆裂纹嵌在一个无限的固体中，受到垂直于 xz 平面的均匀张力 σ，裂纹长度为 $a+d$ 的几何修正因子为 $F(\beta)$，根据 Anderson 手册[21]，半椭圆裂纹应力强度因子可表示为

$$\begin{cases} K_{\text{椭}} = F(\beta)\sigma\sqrt{\pi a} = \sigma\sqrt{\pi a}\,/\,E(k(\beta)) \\ E(k(\beta)) = \int_0^{\pi/2}\sqrt{1-(k\sin\theta)^2}\,\mathrm{d}\theta \\ k^2 = 1-\beta^2 \\ \beta = a\,/\,c \end{cases} \tag{6-18}$$

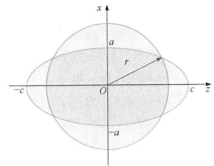

(a) 椭圆和标准圆等效关系示意图

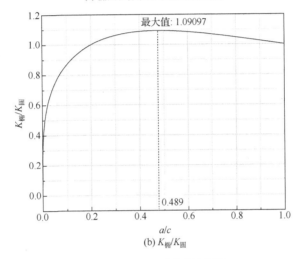

(b) $K_椭/K_圆$

图 6-1　椭圆和圆形裂纹等效

根据 Dowling 等[22]提出的公式，式(6-18)可以化简为

$$E(\beta) \approx \sqrt{1+1.467\beta^{1.63}} \Rightarrow F(\beta) \approx 1/\sqrt{1+1.467\beta^{1.653}} \qquad (6\text{-}19)$$

根据等面积公式，β 可以表示为 $(a/r)^2$，则两种几何形式的应力强度因子比值关系为

$$\frac{K_椭}{K_圆} = \frac{F(\beta)\sigma\sqrt{\pi a}}{F(1)\sigma\sqrt{\pi r}} = \frac{F(\beta)\beta^{1/4}}{F(1)} \approx \beta^{1/4}\sqrt{\frac{2.467}{1+1.467\beta^{1.653}}} \qquad (6\text{-}20)$$

式中，$K_椭$ 的具体表达式可以参见第 5 章式(5-36)。Härkegård 等进一步对不同几何形式的裂纹应力强度因子 K 进行对比，结果表明，两者最大比值约为 1.091，此时 $\beta = 0.489$[19]；同时，当 β 在 0.2~1.0 变化时，$K_椭/K_圆$ 的变化幅度仅在 9.1% 以内。通过观察光滑试件的 β 实际值，即可确定 $K_圆$ 和裂纹尺寸降维后的裂纹半径长 r，并将其视为 d_r。

对于有限尺寸平板缺口试件，使用光滑试件求得的原始 K-T 图不能描述其裂纹的起裂和扩展行为，因为裂纹的萌生与扩展不仅受到材料自身的缺陷影响，还受到几何尺寸应力集中的作用。将材料固有的缺陷视为 $a_{0,1}$，当存在中心尖锐裂纹时，$a_{0,1}$ 能反映该构件的裂纹萌生行为，如第 5 章所述。在缺口的作用下，当不考虑疲劳敏感性时，构件的等量缺陷长度可以进一步表示为

$$a_{\mathrm{D}} = \frac{1}{\pi}\left(\frac{\Delta K_{\mathrm{th,1}}}{F \cdot \Delta \sigma_{\mathrm{smooth,e}}}\right)^2 = \frac{a_{0,1}}{F^2} \tag{6-21}$$

式中，$F = Y \cdot \varphi$，包括材料的固有缺陷因子 Y 和缺口实际几何修正因子(出现裂纹前) φ，且 $a_{0,1}$ 是在 Y 为 1 时取得。

同理，考虑真实试件非保守的 EIFS 时，结合式(6-5)，可以修正得到

$$a_{\mathrm{D}}' = \frac{1}{\pi}\left(\frac{\Delta K_{\mathrm{th,eff}}}{F \cdot \Delta \sigma_0}\right)^2 \tag{6-22}$$

使用平面(固有)疲劳极限 $\Delta \sigma_{\mathrm{smooth,e}}$ 和最强微观结构阻碍 d 的函数关系式，定义微裂纹扩展的最小内在阻力(微观结构阈值 $\Delta K_{\mathrm{th,eff}}$)，如 Chapetti[23]提出的函数表达式：

$$\Delta K_{\mathrm{th,eff}} = 0.65 \Delta \sigma_{\mathrm{smooth,e}} \sqrt{\pi d} \tag{6-23}$$

为了考虑镍基单晶微观组织温度敏感性，且温度不同切割两相不一样，将第 5 章中的式(5-52)进行优化，此处的 d 可以定义为不同温度下的基体相或强化相尺寸，取决于位错首先在哪一种成分相中出现。进一步可以得出

$$\frac{\Delta K_{\mathrm{th,eff}}}{\Delta K_{\mathrm{th,1}}} = 0.65 \sqrt{\frac{d}{a_{0,1}}} \tag{6-24}$$

此时，真实试件修正 K-T 可以被描述为 Sapora 等[24]给出的平行段，表示在缺口裂纹耦合系数作用下的宏观裂纹形核差异。对于理想纯缺口结构，长裂纹萌生的临界缺口深度 a_{p} 为 $\Delta K_{\mathrm{th,1}}$ 与 $\Delta \sigma_{\mathrm{smooth,e}} / K_t$ 的交线，即

$$\frac{\Delta \sigma_{\mathrm{smooth,e}}}{K_t} = \Delta \sigma_{\mathrm{th}} = \frac{\Delta K_{\mathrm{th}}}{\sqrt{\pi a_{\mathrm{p}}}} = \frac{\Delta \sigma_{\mathrm{smooth,e}} \sqrt{\pi a_{0,1}}}{\sqrt{\pi a_{\mathrm{p}}}} \Rightarrow a_{\mathrm{p}} = a_{0,1} K_t^2 \tag{6-25}$$

实际的临界缺口深度为

$$a_{\mathrm{N}} = \frac{a_{\mathrm{p}}}{F^2} = a_{\mathrm{D}} K_t^2 \tag{6-26}$$

考虑裂纹扩展过程中的缺口敏感性，长裂纹萌生的临界缺口深度 a_{p} 为 $\Delta K_{\mathrm{th,1}}$

与 $\Delta\sigma_{smooth,e}\lambda / K_t$ 的交线，如图 6-2 所示。此时，式(6-25)和式(6-26)可以重新改写为式(6-27)。需要进一步理解的是，为了得到真实试件非保守的 EIFS 对应 Chapetti 转换线，只需要将式(6-26)中 a_p 和 a_N 表示为

$$\begin{cases} a_p = a_{0,1}K_t^2 / \lambda^2 \\ a_N = a_D K_t^2 / \lambda^2 \\ \lambda = \sqrt{1 + \dfrac{d_r}{a}\left\{1 - \exp\left[-\dfrac{a}{d_r}\left(\dfrac{K_t^2}{\alpha^2} - 1\right)\right]\right\}} \end{cases} \tag{6-27}$$

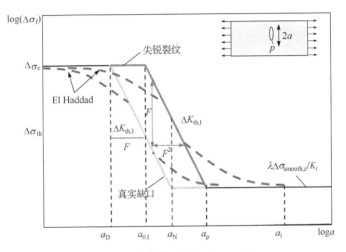

图 6-2 考虑缺口的修正 K-T 图

由于裂纹在小裂纹尺度范围内塑性区大小不能忽略，工程上为了简化，对二维模式下的裂尖塑性区进行修正，以满足线弹性断裂力学条件[25]。镍基单晶材料的有效塑性区大小 r_p 可以通过试验和数值解出[26]，并且吻合度非常高。试件表面相对内部会产生更大的塑性，二维各向异性材料为平面应力状态($z=0$)时，孔边两侧应力和位移可以由 Fu 等[27]提出的表达式来确定：

$$\begin{cases} \sigma_{ij} = \sum_{\kappa=1}^{4} \sum_{m=-M^-}^{M^+} f_{(\kappa)m}^{(ij)}(x,y)H_{(\kappa)m} \\ u_i = \sum_{\kappa=1}^{4} \sum_{m=-M^-}^{M^+} g_{(\kappa)m}^{i}(x,y)H_{(\kappa)m} \end{cases} \tag{6-28}$$

式中，f，g 为已知坐标系(x,y)的解析函数；H 为刚体旋转；κ 和 m 为求和的索引；M^- 为积分下限；M^+ 为积分上限。

当结构和载荷关于 x 轴和 y 轴对称时，式(6-28)可进一步表示为

$$\begin{cases} H_{(2)m} = H_{(3)m} = H_{(1)2m} = H_{(4)2m-1} = 0 \\ K_{\mathrm{II,R}} = K_{\mathrm{II,L}} = K_{\mathrm{II}} = 0 \\ K_{\mathrm{I}} = K_{\mathrm{I,R}} = K_{\mathrm{I,L}} = 2\sqrt{\dfrac{\pi}{a}} \displaystyle\sum_{m=M^-}^{M^+} H_{(1)2m-1} a^{2m-1} \end{cases} \tag{6-29}$$

式中，下标 L 和 R 分别表示裂纹左侧和右侧。

综合前文理论分析，根据镍基单晶有限元结果，结合 Dugdale 模型和 Antolovich 模型[28]，解出 $r_{\mathrm{p}} = a\eta = 0.16a\left(\sec\dfrac{\pi\sigma_{\max}}{2\sigma_{\mathrm{s}}} - 1\right)$。此时，气膜孔 EIFS 可以进一步写为

$$\begin{aligned} \mathrm{EIFS}_{\mathrm{mod,notch}} &= \frac{1}{\pi\left\{0.16\sec\left[\pi\sigma_{\max}/(2\sigma_{0.2})\right] + 0.84\right\}}\left[\frac{K_t \Delta K_{\mathrm{th,eff}}}{\lambda\Delta\sigma_0 F(a\eta)}\right]^2 \\ &= \frac{a_0}{0.16\sec\left[\pi\sigma_{\max}/(2\sigma_{0.2})\right] + 0.84}\left[\frac{K_t}{\lambda F(a\eta)}\right]^2 \end{aligned} \tag{6-30}$$

式中，$\Delta\sigma_0$ 可以根据式(6-1)和式(6-5)得到；$F(\cdot)$ 可以根据第 5 章的修正式(5-49)代入得到。

联立式(6-24)和式(6-30)，可以获取不同应力集中试件的 $\mathrm{EIFS}_{\mathrm{mod,notch}}$。需要注意的是，$\Delta K_{\mathrm{th,eff}}$ 实质上是材料的基本属性，对于相同工艺，$\Delta K_{\mathrm{th,eff}}$ 可以视作不变；但是对于不同工艺和不同温度，尤其是不同气膜孔结构强度分析过程中，孔边材料属性已经发生了变化，$\Delta K_{\mathrm{th,eff}}$ 并不一致，此时需要单独评估，通常的做法是根据常温缺口件确定的 EIFS 进一步反推出不同温度的 $\Delta K_{\mathrm{th,eff}}$。

6.2.2　镍基单晶小裂纹扩展闭合效应

裂纹萌生后，不同温度下裂纹沿晶体面扩展和非晶面扩展呈现两种模式，这主要与试件结构、试验温度和晶体取向密切相关。一般在低温下，晶体裂纹沿八面体滑移面扩展；在高温下，裂纹以 I 型"开口"扩展。镍基单晶合金的疲劳破坏是由作用在裂纹尖端前指定滑移面上的分解剪应力驱动的，而不是多晶的最大主应力[29]。镍基单晶最为典型的裂纹扩展驱动力是分切剪应力强度因子 ΔK_{rss} 和八面体等效因子 ΔK_{oct}，以及综合这两种因子的混合。需要注意的是，应力强度因子受线弹性假设控制，存在明显的"小裂纹效应"。如第 5 章所述，许多研究者开始关注小裂纹使用线弹性断裂力学的合理性，这一理论被推广到小裂纹扩展的研究中，即使其适用条件与假设不一致。Palmert 等[30]详细讨论了各向异性线弹性与常规线弹性描述镍基高温合金裂纹扩展的异同，总结了各向异性线弹性的合理

性。第 5 章的 Chapetti 模型不仅考虑了小裂纹的疲劳特性，而且考虑了初始缺陷和加载顺序的影响。另外，高温条件下的小裂纹扩展率明显大于低温条件下的小裂纹扩展率。基于裂纹扩展机理，一般用受力学因素和环境因素控制的裂纹扩展率总和规律来预测疲劳小裂纹扩展率。

由于多晶高温合金的环境辅助开裂，在长时间加载和空气条件下，疲劳裂纹扩展率增大了几个数量级，其主要机理是应力辅助晶界氧化和动态氧化作用。除了普遍存在的这两种机制外，单晶高温合金有时还应考虑另一种与氧有关的疲劳机制——氧化致裂纹闭合，与真空条件相比，近门槛值裂纹的扩展速度大大减慢。与裂纹开放位移(COD)厚度相当的氧化物在裂纹内形成，从而降低有效应力强度因子范围(ΔK_{eff})和裂纹扩展率，其疲劳加载时的裂纹如图 6-3 所示。大量试验观测表明，高温环境下裂纹呈圆冠状，氧充满整个裂纹使裂纹尖端钝化。通常情况下，认为裂纹内的氧化物是"微动氧化"形成的，这意味着氧化物在循环载荷下不断断裂和重新形成，从而形成连续的外部氧化层。当改变加载频率，高频更容易使氧化物反复破碎，产生部分氧化闭合；同理，低频则有利于形成厚而连续的氧化物。

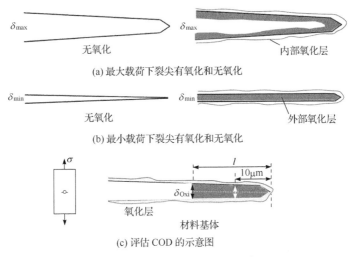

(a) 最大载荷下裂尖有氧化和无氧化

(b) 最小载荷下裂尖有氧化和无氧化

(c) 评估 COD 的示意图

图 6-3 疲劳载荷下裂尖氧化示意图

l 为裂尖到填充氧化物末端距离；δ_{Oxi} 为填充氧化物宽度

对于连续的氧化闭合效应，对 COD 作出以下简化假设：① δ_{max} 仅与最大负荷有关，不受氧化作用的影响；② δ_{min} 等于外部氧化层的厚度，因为氧化物被假定为刚体；③外部氧化物厚度取裂纹尖端后 $10\mu m$ 内的平均氧化物厚度。氧侵入材料形成了内部氧化物，对裂纹张开影响较小。Tan 等[31]根据氧化物厚度，计算有效应力强度因子范围 ΔK_{eff}：

$$\Delta K_{\text{eff}} = K_{\text{max}} - K_{\text{i}} \tag{6-31}$$

式中，K_{max} 为最大载荷下应力强度因子；K_{i} 为裂纹侧翼接触氧化物时的应力强度因子。

一般而言，当裂纹面接触氧化物时，卸载阶段的循环应变-应力应该存在斜率变化。拐点对应的应力强度因子为 K_{i}，这个拐点很难区分，因为局部裂纹闭合对材料整体力学响应的影响很小，特别是在裂纹扩展试验的初始阶段。如果可以测量氧化物与裂纹面接触点的 COD，就可以计算出 K_{i}。由于氧气的侵入，裂纹尖端钝化并形成独特的圆形，与正常的尖锐裂纹尖端完全不同(图 6-3)，因此使用 90° 相交线的方法可能会高估 COD。在图 6-3(c)所示的模型中，考虑了裂纹面与氧化物的初始接触，裂纹尖端后 10μm 处的 COD 可用式(6-32)计算：

$$\delta_{\text{COD}} = \delta_{\text{Oxi}} \frac{10}{l} \tag{6-32}$$

式中，δ_{COD} (外部氧化物厚度)可以通过 SEM 测得。进一步建立 δ_{Oxi} 与 K_{i} 的关系，从而求解出 K_{i}：

$$\delta_{\text{Oxi}} = \frac{K_{\text{i}}^{\,2}}{m\sigma_{\text{Y}}E'} \tag{6-33}$$

$$m = 1.517 \left(\frac{\sigma_{\text{Y}}}{\sigma_{\text{U}}} \right)^{-0.3188} \tag{6-34}$$

式中，m 为与材料屈服强度 σ_{Y} 和极限拉伸强度 σ_{U} 相关的参数；E' 为平面应力下的杨氏模量。

由此，根据测量裂尖 10μm 处的闭合氧化物厚度即可得到实际的 δ_{Oxi}，随后在此基础上计算得出 K_{i} 和 ΔK_{eff}。

6.2.3　镍基单晶裂纹扩展驱动力描述模型

根据文献[31]各向异性应力强度因子的模拟结果，给出试件几何结构中局部三维裂纹尖端应力函数表达式，如式(6-35)所示，θ 为裂纹扩展方向的夹角，r 为坐标系原点到裂纹尖端在垂直平面上的距离。对于各向异性材料，分量 $f_{ij}(\theta)$、$g_{ij}(\theta)$ 和 $h_{ij}(\theta)$ 在文献[32]、[33]中有详细描述。

$$\begin{aligned} \sigma_{ij}(r,\theta) &= \frac{1}{\sqrt{2\pi r}} \Big[K_{\text{I}} f_{ij}(\theta) + K_{\text{II}} g_{ij}(\theta) + K_{\text{III}} h_{ij}(\theta) \Big] \\ &= \frac{1}{\sqrt{2\pi r}} \boldsymbol{\Omega}(K_{\text{I}}, K_{\text{II}}, K_{\text{III}}, \theta) \end{aligned} \tag{6-35}$$

式中，$\boldsymbol{\Omega}(K_{\text{I}}, K_{\text{II}}, K_{\text{III}}, \theta)$ 为三种不同应力强度因子函数。

令随机裂纹面上某一点距离裂纹前缘长度为 r'，其空间位置由与三个坐标轴之间的夹角 (α,β,γ) 确定，不考虑小范围内沿 z 轴方向上应力场的变化，则随机裂纹面上长度 r' 可以投影到裂纹垂直面上，如图 6-4(a)所示，对应的函数关系为

$$r' = \frac{r}{\sqrt{\cos^2 \beta + \cos^2 \gamma}} \tag{6-36}$$

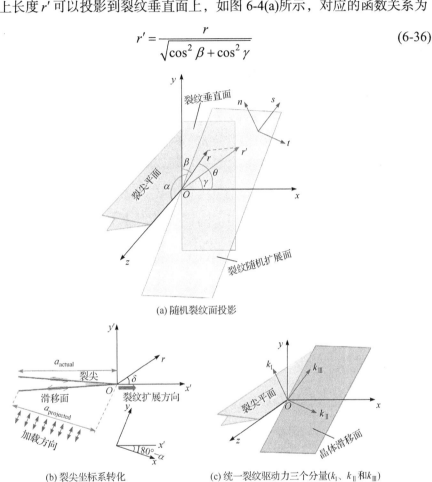

(a) 随机裂纹面投影

(b) 裂尖坐标系转化　　　(c) 统一裂纹驱动力三个分量(k_{I}、k_{II} 和 k_{III})

图 6-4　裂尖局部坐标系转换

根据这一特征关系，可以得到

$$\theta = \arctan(\cos\beta / \cos\gamma) \tag{6-37}$$

将式(6-36)和式(6-37)代入式(6-35)，随机裂纹平面上裂纹尖端的应力场为

$$\begin{aligned}
\sigma_{ij}(r',\alpha,\beta,\gamma) &= \frac{\sqrt[4]{\cos^2 \beta + \cos^2 \gamma}}{\sqrt{2\pi r}} \frac{1}{\sqrt{2\pi r}} \boldsymbol{\Omega}(K_{\mathrm{I}}, K_{\mathrm{II}}, K_{\mathrm{III}}, \beta, \gamma) \\
&= \frac{1}{\sqrt{2\pi r}} \boldsymbol{\Omega}'(K_{\mathrm{I}}, K_{\mathrm{II}}, K_{\mathrm{III}}, \beta, \gamma)
\end{aligned} \tag{6-38}$$

因此，以随机平面上的裂纹场可以得到不同方向上的分切应力强度因子。将随机平面上的单位法向量视为 n，平面上的单位向量为 s，分切单位向量为 t，根据空间关系，$t = n \times s$。需要注意的是，s 在空间上可以投影到三个坐标轴上，其分量矩阵为 (s_x, s_y, s_z)。

裂纹出现晶体面裂纹后，k_I、k_{II} 和 k_{III} 同时出现，它们分别对应晶体滑移开动三个方向(或叫作局部滑移坐标系的三个主轴，坐标轴记为 m、n 和 z)，其中 k_I 为晶体面法向量 n 驱动力，k_{II} 在晶体面上由 s 作用，k_{III} 则是由 t 作用。因此，在滑移系(SS)ω 上，可以将 n、s 和 t 分别视为滑移平面(SP)的单位法向量(SN)n^{ω}，滑移方向单位矢量(SD)m^{ω} 和 z^{ω} ($z^{\omega} = n^{\omega} \times m^{\omega}$)。

根据晶体面上的滑移坐标系，分解剪切应力和正应力为

$$\begin{cases} \tau_{\mathrm{rssII}} = m^{\omega} \cdot \sigma_{ij}(r', \alpha, \beta, \gamma) \cdot n^{\omega} \\ \tau_{\mathrm{rssIII}} = z^{\omega} \cdot \sigma_{ij}(r', \alpha, \beta, \gamma) \cdot n^{\omega} \\ \sigma_{\mathrm{rns}} = n^{\omega} \cdot \sigma_{ij}(r', \alpha, \beta, \gamma) \cdot n^{\omega} \end{cases} \tag{6-39}$$

此时，有

$$\begin{aligned} K_{\mathrm{rss}} &= \lim_{r \to 0} \sqrt{2\pi r} \cdot \sqrt{(\tau_{\mathrm{rssII}})^2 + (\tau_{\mathrm{rssIII}})^2} \\ &= \sqrt{\left[m^{\omega} \cdot \boldsymbol{\Omega}'(K_I, K_{II}, K_{III}, \beta, \gamma) \cdot n^{\omega} \right]^2 + \left[z^{\omega} \cdot \boldsymbol{\Omega}'(K_I, K_{II}, K_{III}, \beta, \gamma) \cdot n^{\omega} \right]^2} \\ &= \sqrt{(k_{II})^2 + (k_{III})^2} \end{aligned} \tag{6-40}$$

$$K_{\mathrm{rns}} = \lim_{r \to 0} \sqrt{2\pi r} \cdot \sigma_{\mathrm{rns}} = n^{\omega} \cdot \boldsymbol{\Omega}'(K_I, K_{II}, K_{III}, \beta, \gamma) \cdot n^{\omega} = k_I \tag{6-41}$$

需要理解的是，滑移面应力强度因子 k_I、k_{II} 和 k_{III} 与垂直平面的常规应力强度因子满足 $\sqrt[4]{\cos^2 \beta + \cos^2 \gamma}$ 倍数关系，即

$$\begin{pmatrix} k_I \\ k_{II} \\ k_{III} \end{pmatrix} = \sqrt[4]{\cos^2 \beta + \cos^2 \gamma} \begin{pmatrix} K_I \\ K_{II} \\ K_{III} \end{pmatrix} \tag{6-42}$$

一般认为八面体滑移系裂纹是从 I 型裂纹转化后潜在的晶体面裂纹。考虑晶体裂纹在 {111} 滑移面上驱动，可供选择的 12 个滑移系见后文所述。考虑斜裂纹驱动力受 τ_{rss} 和 τ_{rns} 共同作用，则等效应力强度因子 K_{EQ} 可为 $\sqrt{(K_{\mathrm{rss}})^2 + (K_{\mathrm{rns}})^2}$。由于在裂尖 x'-y'-z' 局部坐标系中，y' 轴平行于晶体面法向量 n^{ω}，则 $\delta = 0$。

$$K_{\mathrm{EQ}} = \sqrt{(k_I)^2 + (k_{II})^2 + (k_{III})^2} = \sqrt{(\cos^2 \beta + \cos^2 \gamma)\left[(K_I)^2 + (K_{II})^2 + (K_{III})^2 \right]} \tag{6-43}$$

在某一确定晶体面上,根据裂尖应力场的奇异性,有 $\theta \to 0°$,则

$$K_{eq} = \lim_{\theta \to 0°} K_{EQ} = \lim_{\beta \to 90°} K_{EQ} = \sqrt{(K_{I})^2 + (K_{II})^2 + (K_{III})^2} \tag{6-44}$$

因此,裂纹全过程的应力强度因子可以统一表示为式(6-45),其中 a_p 为垂直加载轴方向长度,a_T 为直裂纹向晶体面裂纹转换时的裂纹长度。

$$K_{eq} = \begin{cases} K_{I}, & a_p < a_T \\ \sqrt{(K_{I})^2 + (K_{II})^2 + (K_{III})^2}, & a_p \geqslant a_T \end{cases} \tag{6-45}$$

6.2.4　概率疲劳寿命预测

根据第 5 章 Chapetti 裂纹扩展表达式和前文的分析,裂纹扩展率可以改写成如下形式:

$$\frac{\mathrm{d}a}{\mathrm{d}N} = C(\Delta K_{eq,eff} - \Delta K_{th,eq})^m \tag{6-46}$$

$$\Delta K_{th,eq} = \Delta K_{th,eff} + \Delta K_{th,change} \left\{ 1 - \exp\left[-k(a - \mathrm{EIFS}_{notch,mod}) \right] \right\} \tag{6-47}$$

式中,$K_{eq,eff}$ 由考虑应力比后将式(6-31)中 K_{eff} 替换成式(6-45)中 K_{eq} 联立求得;$\Delta K_{th,eq}$ 为考虑 EIFS 长短裂纹变化的门槛值范围,类似第 5 章式(5-52)所述。

由于材料本征与试验过程中存在不可控因素,实际上评估的原始损伤状态(如缺陷大小、应力集中差异等)、疲劳极限、裂纹扩展应力强度因子门槛值(如 $\Delta K_{th,l}$ 和 $\Delta K_{th,eff}$)等均存在一定概率分布,如图 6-5 所示。对于式(6-47),疲劳扩展试验不能直接测出 $\Delta K_{th,change}$,只能根据 $\Delta K_{th,l}$ 和 $\Delta K_{th,eff}$ 之差进行间接求解,其中 $\Delta K_{th,l}$ 通常通过标准 ASTM E399 求得。Aigner 等[34]通过 Kolmogorov-Smirnov (K-S)测试研究,结果显示韦布尔分布的显著性差异明显增大,即韦布尔分布更适合描述 $\Delta K_{th,l}$ 的离散情况。韦布尔分布的出现概率 P 是通过从基本总体中减去累积分布函数(CDF)得到的,表示测试数据的存活率,如式(6-48)所示,其中三个拟合参数 α、β 和 γ 分别定义了其分布的形状、范围和位置。

$$P = 1 - \left\{ 1 - \exp\left[-\left(\frac{\Delta K_{th,l} - \gamma}{\beta} \right)^{\alpha} \right] \right\} \tag{6-48}$$

式(6-48)可以进一步转化为

$$\Delta K_{th,l}(P) = \beta(-\ln P)^{\frac{1}{\alpha}} + \gamma \tag{6-49}$$

根据原始 Chapetti 公式,由式(6-25)在第 II 阶段随裂纹长度增加而变化的疲劳

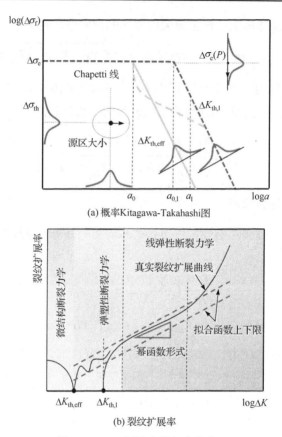

(a) 概率Kitagawa-Takahashi图

(b) 裂纹扩展率

图 6-5　EIFS 评估参数概率分布

极限大小可以表示为

$$\Delta\sigma_{\text{th}}(P)=\frac{\Delta K_{\text{th,eff}}+\left[\beta(\ln P)^{\alpha^{-1}}+\gamma-\Delta K_{\text{th,eff}}\right]\{1-\exp[-k(-\Delta a/l_{\text{R}})]\}}{Y(a)\sqrt{\pi a}} \tag{6-50}$$

可以看出，通过材料的 $\Delta K_{\text{th,eff}}$、$\Delta K_{\text{th,l}}$ 分布和光滑试件 EIFS(或 a_0)，可以求出 $\Delta\sigma_{\text{th}}(P)$，反之亦然。为了充分利用数据，本小节只将式(6-50)作为计算参考，光滑试件的 $\Delta\sigma_{\text{th}}(P)$ 将从试验中直接获得。同理，考虑概率分布的裂纹扩展率拟合形式也存在某一概率分布，如图 6-5(b)所示。根据试件的不同存活率得到幂函数拟合函数上下限，并分别扩展至 EIFS 和临界裂纹长度。

通过式(6-50)可得，当 a=EIFS 时，即 Δa=0 时，$\Delta\sigma_{\text{th}}(P)$ 仅与长裂纹阶段的 $\Delta K_{\text{th,l}}(P)$ 相关，$\Delta\sigma_{\text{th}}(P)$ 可由 P-S-N 曲线确定，$\Delta K_{\text{th,l}}(P)$ 可由试验得到的裂纹扩展曲线获得。需要注意的是：这两个参数虽然有对应关系，但是不能通过已知一个变量来确定另一个参数，因为变量 a 也满足某一种不确定的概率分布。式(6-30)

和式(6-46)可以进一步重写为

$$\text{EIFS}_{\text{mod,notch}}(P) = \frac{1}{\pi\left\{0.16\sec\left[\pi\sigma_{\max}/(2\sigma_{0.2})\right]+0.84\right\}}\left[\frac{K_t\Delta K_{\text{th,eff}}(P)}{\lambda\Delta\sigma_{\text{smooth,e}}(P)F(a\eta)}\right]^2 \quad (6\text{-}51)$$

$$(da/dN)_{\text{P}} = C\left[\Delta K_{\text{eq,eff}}(P) - \Delta K_{\text{th,eq}}(P)\right]^m \quad (6\text{-}52)$$

式中，$\Delta K_{\text{th,eff}}(P)$ 要根据实际孔边弹性模量进行综合评估；参数 $F(a\eta)$ 与裂纹长度 a 密切相关，且在求解 EIFS 时，可以近似 $a=\text{EIFS}$ 进行隐函数求解得到；$\Delta K_{\text{th,eq}}(P)$ 根据 $\Delta K_{\text{th,l}}(P)$ 获得。因此，疲劳全寿命可以表示为

$$N(P) = \int_{\text{EIFS}_{\text{mod,notch}}(P)}^{a_{\text{c}}} \left(\frac{1}{da/dN}\right)_{\text{P}} da \quad (6\text{-}53)$$

6.3 材料与试验

本章采用的试验材料为标准热处理后的国产第二代镍基单晶高温合金 DD6，在毛坯上保证一次取向相等，分别制取两种型式的平板件，即纯矩形板(平板 1)和狗骨状平板(平板 2)，这主要是为了在同一有限尺寸的毛坯材料上尽可能达到试验所需数量，其几何尺寸如图 6-6 所示。为了区别不同制孔工艺，以及将 EIFS 适用于不同几何尺寸和厚度，设计平板 1 的厚度为 0.8mm，气膜孔直径为 0.8mm，标距段的净截面面积为 5.36mm²；平板 2 的厚度为 1.0mm，气膜孔直径为 0.5mm，标距段的净截面面积为 5.5mm²。需要注意的是，平板 1 上采用两种制孔工艺，即电火花加工(EDM)和激光制孔(LDM)；平板 2 上仅用激光制孔，除直径外，加工

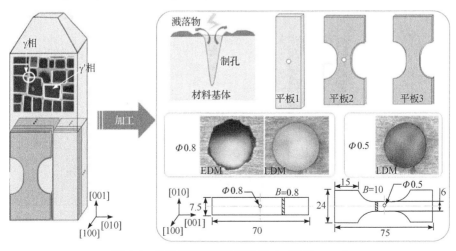

图 6-6 显微组织特征及试件尺寸 (单位：mm)

参数与平板 1 保持一致。

　　为了研究 EIFS 与加载条件和试件几何尺寸之间是否存在相关性，分别在室温(RT，25℃)、900℃和 980℃下对两种板进行了测试。详细试验方案如表 6-1 所示，采用高频疲劳试验机和低频液压疲劳试验机，正弦波应力加载(应力比 R=0.1)进行试验。在试件表面喷涂脆性涂层(丙烯酸树脂)，及时捕捉画面，防止金属表面光泽和线条的干扰。同时，利用自组装的三轴联动高温 CCD 观测设备和长焦距显微镜跟踪记录裂纹扩展数据。高温环境下的疲劳试验装置如图 6-7 所示。

表 6-1　试验方案矩阵

工艺	试件	温度	σ_{max}/MPa	频率/Hz	应力比	计划试件数	有效试件数	目的
EDM	平板 1	室温	240	78	0.1	3	2	确定 EIFS
			220			6	5	
			200			6	4	
			180			6	5	
			160			3	2	
		900℃	580	5	0.1	5	4	高温验证
LDM	平板 1	室温	240	78	0.1	3	2	确定 EIFS
			220			3	3	
			200			6	4	
			180			6	4	
			160			6	5	
		900℃	580	5	0.1	4	3	高温验证
	平板 2	900℃	580	5	0.1	5	4	高温验证
		980℃	550			5	4	
光滑	平板 3	室温	350~450	78	0.1	10	10	缺口效应

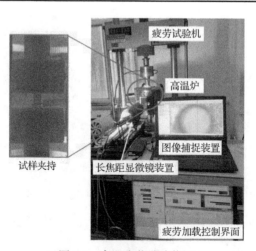

图 6-7　高温疲劳试验装置

6.4　气膜孔裂纹扩展行为与疲劳寿命预测

6.4.1　裂纹扩展路径与萌生断裂机理

　　基于断裂力学寿命预测方案,需要正确理解使用温度范围内不同试件形式的裂纹扩展模式。平板 1 和平板 2 在不同温度下断裂的立体形貌如图 6-8 所示。在高温下,塑性变形不局限于滑移区,初始断裂路径呈垂直于加载方向的典型 I 型特征。需要注意的是,沿厚度方向的前后两面裂纹长度并不一致,这是为了向晶体面斜裂纹转化,晶体裂纹面一般由两个主滑移面组成(DSP1 和 DSP2),裂纹扩展率明显加大。随后,在一定长度裂纹区域改变滑移面形成次滑移面,造成整体断裂,整个过程如图 6-8(a)所示。这一模式与常温和中低温(<760℃)下疲劳裂纹起源于滑移带、主要沿{111}晶体面扩展有着明显的差别(如第 5 章的断裂形貌)。

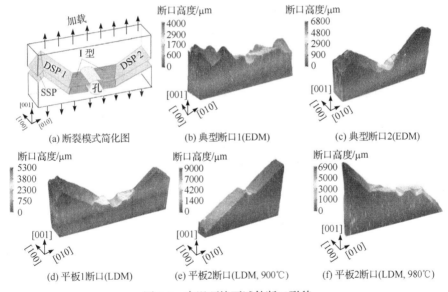

图 6-8　高温环境下试件断口形貌

　　图 6-8(b)和(c)为 EDM 平板 1 在 900℃、580MPa 载荷下的两种典型断口形貌,可以看出 EDM 试件的裂纹形式变化多样,呈现两个主滑移面反复交错咬合,或者先进行少量的扩展,随后晶体面裂纹迅速扩展断裂。LDM 平板 1 试件以 I 型扩展更加明显,即 I 型裂纹长度更长。改变试件型式后,LDM 平板 2 试件在 900℃、580MPa 条件下 I 型裂纹长度迅速减小,裂纹萌生后大部分呈现晶体面裂纹扩展模式[图 6-8(e)];当进一步提高试验温度,试件在 980℃、550MPa 下 I 型裂纹占

主导地位[(图 6-8(f)]。

高温环境下两种裂纹断裂模式如图 6-9 所示。裂纹在不同温度下表现出的断裂模式差异主要与 γ′相和 γ 相强度有关，随温度的升高，位错通过 γ′相的难度越来越大，位错在{100}面上交叉滑移形成 Kear-Wilsdorf 锁的可能性增大[35]。如果温度超过一个临界值，那么位错穿过 γ 相的阻力就足够小，位错很容易绕过 γ′相。当这些高温合金经历循环加载时，位错倾向于在 γ 相中形核，然后被捕获在 γ/γ′界面上[图 6-9(a)][36]。另外，高温下位错迁移率的增加导致黏塑性增加，促进了裂纹尖端均匀、多次滑移，可移动位错的相互作用仅限于最接近Ⅰ型加载的 γ 通道[图 6-9(b)和(c)]；更为重要的是，裂纹尖端前由于氧化或腐蚀消耗了两相的形成元素，进而降低了所需的有效裂纹扩展驱动力，进一步促进了Ⅰ型裂纹路径的开启[37]。

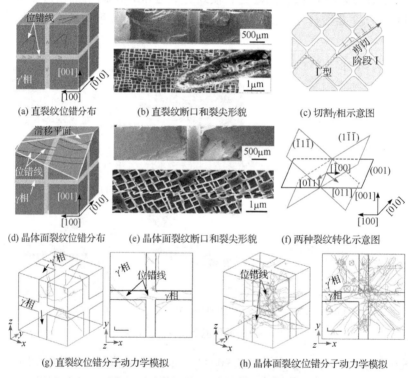

图 6-9　高温环境下两种裂纹断裂模式

当裂纹产生的应力场超过 γ′相的屈服应力时，晶体面裂纹随即产生，位错贯穿 γ′相和 γ 相[图 6-9(d)~(f)]。通过试验观察，两种典型转换后的主滑移面为 $(\bar{1}1\bar{1})[011]$ 和 $(1\bar{1}\bar{1})[0\bar{1}1]$[图 6-9(f)]，当然也不排除其他滑移面的出现。需要注意的是，不同制孔质量会使孔边的应力集中状态和 γ/γ′相强度有明显差异，结构的差异进一步改变平面应力应变状态，这足够影响孔边区域 I 型裂纹长度。为了验证这一现象，建立 γ′相体积分数为 70%的分子动力学模型，在相应实际加载温度分别进行直裂纹[图 6-9(g)]和斜裂纹[图 6-9(h)]阶段的塑性区模拟。势函数由 Purja Pun 等[38]开发，模型采用收缩边界条件，从计算结果可以看出，初始位错大部分在 γ 相中，斜裂纹处位错大量存在于 γ 相和 γ′相中。图 6-9(g)中有部分位错线切入 γ′相，这可能是因为模型未考虑 Al、Mo、Re 等强化元素。这也进一步说明，孔边基体的化学元素差异也能使裂纹扩展模式和萌生寿命发生变化。

6.4.2　应力强度因子的有限元求解

将实际的裂纹扩展晶体面插入有限元模型中，即可计算出斜裂纹面上的 K_{I}、K_{II} 和 K_{III}，进而可以得到 K_{EQ}。考虑实际裂纹扩展形貌和路径，对模型进行如下简化：

(1) 将实际制孔工艺视为标准圆孔，因为有裂纹出现后，不同孔边的应力集中相对于裂尖应力场可以忽略不计，且 SS6 和 SS8 引发的裂尖应力场可以近似相等；

(2) 不考虑孔边非对称扩展，试件前后两面裂纹同时扩展，即裂纹是穿透型裂纹而不是角裂纹或表面裂纹；

(3) 忽略非主要滑移面，不考虑转角进而引发二次裂纹，在此基础上，每个裂纹扩展模型中只出现一个主滑移面。

建立三维几何裂纹扩展模型，加入孔边对称约束 U2=UR1=UR3=0，将孔的半径视为裂纹长的一部分。应力强度因子采用三维围线积分计算，裂纹尖端采用 36 节点、1/4 塌陷的二阶楔形单元(C3D20R)，有限元模型如图 6-10 所示，各滑移系

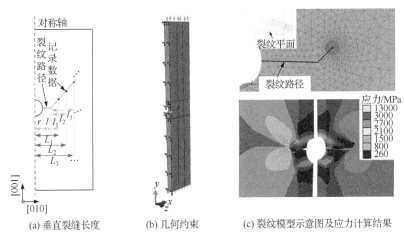

(a) 垂直裂缝长度　　　　　(b) 几何约束　　　　(c) 裂纹模型示意图及应力计算结果

图 6-10　有限元模型示意图及应力计算结果

r 为气膜孔半径；l 为直裂纹长度，l_1、l_2、l_3 为斜裂纹在[010]方向上的投影

对应的滑移平面、单位向量见表6-2。

表 6-2　滑移系(SS)和对应的滑移平面(SP)、单位向量

SS 编号	SP	n^ω	m^ω	z^ω	示意图
1			$\left(\frac{1}{\sqrt{2}},0,\frac{-1}{\sqrt{2}}\right)^{\mathrm{T}}$	$\left(\frac{1}{\sqrt{6}},\frac{-2}{\sqrt{6}},\frac{1}{\sqrt{6}}\right)^{\mathrm{T}}$	
2	(111)	$\left(\frac{1}{\sqrt{3}},\frac{1}{\sqrt{3}},\frac{1}{\sqrt{3}}\right)^{\mathrm{T}}$	$\left(\frac{1}{\sqrt{2}},0,\frac{-1}{\sqrt{2}}\right)^{\mathrm{T}}$	$\left(\frac{-2}{\sqrt{6}},\frac{1}{\sqrt{6}},\frac{1}{\sqrt{6}}\right)^{\mathrm{T}}$	
3			$\left(\frac{1}{\sqrt{2}},\frac{-1}{\sqrt{2}},0\right)^{\mathrm{T}}$	$\left(\frac{1}{\sqrt{6}},\frac{1}{\sqrt{6}},\frac{-2}{\sqrt{6}}\right)^{\mathrm{T}}$	
4			$\left(\frac{1}{\sqrt{2}},0,\frac{-1}{\sqrt{2}}\right)^{\mathrm{T}}$	$\left(\frac{1}{\sqrt{6}},\frac{2}{\sqrt{6}},\frac{1}{\sqrt{6}}\right)^{\mathrm{T}}$	
5	$(\bar{1}1\bar{1})$	$\left(\frac{1}{\sqrt{3}},\frac{-1}{\sqrt{3}},\frac{1}{\sqrt{3}}\right)^{\mathrm{T}}$	$\left(\frac{1}{\sqrt{2}},\frac{1}{\sqrt{2}},0\right)^{\mathrm{T}}$	$\left(\frac{1}{\sqrt{6}},\frac{-1}{\sqrt{6}},\frac{-2}{\sqrt{6}}\right)^{\mathrm{T}}$	
6			$\left(0,\frac{1}{\sqrt{2}},\frac{1}{\sqrt{2}}\right)^{\mathrm{T}}$	$\left(\frac{-2}{\sqrt{6}},\frac{-1}{\sqrt{6}},\frac{1}{\sqrt{6}}\right)^{\mathrm{T}}$	
7			$\left(\frac{1}{\sqrt{2}},\frac{1}{\sqrt{2}},0\right)^{\mathrm{T}}$	$\left(\frac{-1}{\sqrt{6}},\frac{1}{\sqrt{6}},\frac{-2}{\sqrt{6}}\right)^{\mathrm{T}}$	
8	$(1\bar{1}\bar{1})$	$\left(\frac{-1}{\sqrt{3}},\frac{1}{\sqrt{3}},\frac{1}{\sqrt{3}}\right)^{\mathrm{T}}$	$\left(0,\frac{-1}{\sqrt{2}},\frac{1}{\sqrt{2}}\right)^{\mathrm{T}}$	$\left(\frac{2}{\sqrt{6}},\frac{1}{\sqrt{6}},\frac{1}{\sqrt{6}}\right)^{\mathrm{T}}$	
9			$\left(\frac{1}{\sqrt{2}},0,\frac{1}{\sqrt{2}}\right)^{\mathrm{T}}$	$\left(\frac{-1}{\sqrt{6}},\frac{-2}{\sqrt{6}},\frac{1}{\sqrt{6}}\right)^{\mathrm{T}}$	
10			$\left(0,\frac{1}{\sqrt{2}},\frac{1}{\sqrt{2}}\right)^{\mathrm{T}}$	$\left(\frac{2}{\sqrt{6}},\frac{-1}{\sqrt{6}},\frac{1}{\sqrt{6}}\right)^{\mathrm{T}}$	
11	$(\bar{1}\bar{1}1)$	$\left(\frac{-1}{\sqrt{3}},\frac{-1}{\sqrt{3}},\frac{1}{\sqrt{3}}\right)^{\mathrm{T}}$	$\left(\frac{1}{\sqrt{2}},0,\frac{1}{\sqrt{2}}\right)^{\mathrm{T}}$	$\left(\frac{-1}{\sqrt{6}},\frac{2}{\sqrt{6}},\frac{1}{\sqrt{6}}\right)^{\mathrm{T}}$	
12			$\left(\frac{1}{\sqrt{2}},\frac{-1}{\sqrt{2}},0\right)^{\mathrm{T}}$	$\left(\frac{-1}{\sqrt{6}},\frac{-1}{\sqrt{6}},\frac{-2}{\sqrt{6}}\right)^{\mathrm{T}}$	

6.4.3　EIFS 分布的确定

1. 不同温度下长裂纹应力强度因子门槛值

长裂纹应力强度因子门槛值 $\Delta K_{\mathrm{th,l}}$ 作为材料参数，一般与温度密切相关，从式(6-5)、式(6-24)、式(6-30)和式(6-51)~式(6-53)可以看出，常温 $\Delta K_{\mathrm{th,l}}$ 用来计算

光滑试件的 EIFS($a_{0,l}$)，进而由隐函数求得 a_0，高温下的裂纹应力强度因子门槛值 $\Delta K_{th,l}$ 是为了确定不同试件的寿命 N。为了充分利用数据，将常温条件下气膜孔裂纹扩展数据用于计算光滑试件的长裂纹应力强度因子门槛值，需要注意的是，由于试验结果的分散性和孔边影响区大小，一般选用 99.9%存活率下的 $\Delta K_{th,l}$ 作为光滑试件门槛值。气膜孔裂纹扩展重复性试验的结果如图 6-11(a)和(c)所示，图中黑线表示误差带为 30%、存活率为 50%下的指数形式拟合曲线。为了建立基于概率的统计模型，将不同应力条件下裂纹扩展率满足 $10^{-7} \sim 10^{-6}$mm/循环的数据进行拟合。不同失效概率下得到的长裂纹应力强度因子门槛值满足三参数韦布尔概率分布，分别见图 6-11(b)和(d)。根据式(6-49)，可以由最小方差拟合得到三参数韦布

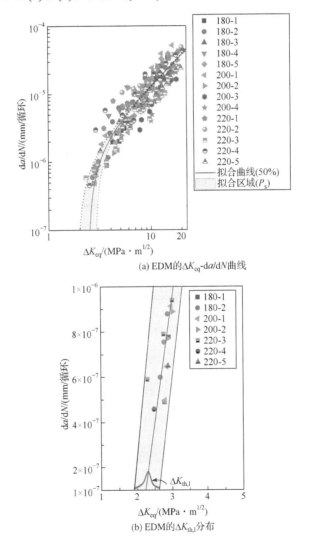

(a) EDM的ΔK_{eq}-da/dN曲线

(b) EDM的$\Delta K_{th,l}$分布

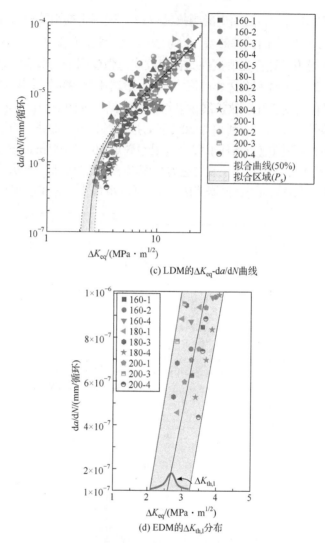

(c) LDM的ΔK_{eq}-da/dN曲线

(d) EDM的$\Delta K_{th,l}$分布

图 6-11　不同制孔工艺气膜孔结构裂纹扩展曲线

尔分布的概率分布参数 α、β 和 γ，如表 6-3 所示。如前所述，在 99%存活率下可以得到常温下光滑试件门槛值约为 $1.93\,\mathrm{MPa\cdot m^{1/2}}$。气膜孔常温下长裂纹应力强度因子门槛值如图 6-12 所示。

表 6-3　EDM 和 LDM 长裂纹应力强度因子门槛值 $\Delta K_{th,l}(P)$ 分布参数值

分布	加工工艺	α	β	γ	拟合优度 R^2
三参数韦布尔	EDM	2.465	0.384	1.916	0.99
	LDM	2.481	0.591	2.084	0.99

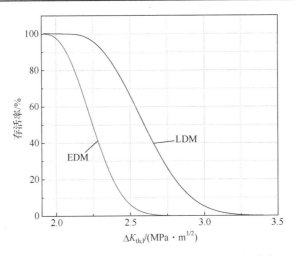

图 6-12　气膜孔常温下长裂纹应力强度因子门槛值

在高温环境下，观测裂纹扩展数据非常不稳定，为确定高温材料的 $\Delta K_{\mathrm{th,l}}(P)$，根据位错与裂纹关系及孔边 DIC 测试结果(图 6-13)，考虑在距离裂尖为 ρ 与位错成 ψ 角的位错平面[图 6-13(a)]，设剪应力 τ 下位错运动速率为 v，基于 Yokobori 模型[39]，推动裂纹扩展的最大力一般为外加力 f_τ 和镜像力 f_{i}，且表面能引起的其他力可忽略。由于在长裂纹应力强度因子门槛值区域表现为 I 型裂纹扩展，这两个力的表达式为裂尖滑移平面上的切应力

$$\begin{cases} f_\tau = \tau_\phi \cdot |\boldsymbol{b}_{\mathrm{e}}| = \dfrac{K_{\mathrm{I}}|\boldsymbol{b}|}{\sqrt{8\pi\rho}}\sin\phi\cos\dfrac{\phi}{2}\cos\psi \\ f_{\mathrm{i}} = -\dfrac{G|\boldsymbol{b}|^2}{4\pi\rho}\dfrac{1}{1-v} \end{cases} \tag{6-54}$$

式中，τ_ϕ 为裂尖滑移平面上的切应力。

假设图 6-13 中满足 $\psi=0°$，$\phi=90°$，对于镍基单晶的 fcc 结构，在反复的疲劳载荷下，裂尖总会有自发的位错产生。裂纹根部开口处裂纹尖端半径等于 $2n|\boldsymbol{b}|$，

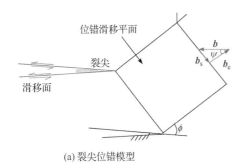

(a) 裂尖位错模型

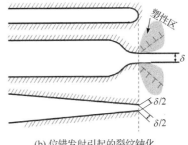

(b) 位错发射引起的裂纹钝化

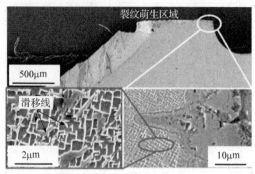

(c) 长裂纹局部位错分布

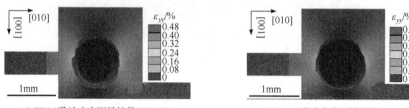

(d) EDM 孔边应变测量结果(300MPa)　　　　　　(e) LDM 孔边应变测量结果(300MPa)

图 6-13　位错与裂纹关系图与孔边原位 DIC 测试

b_s、b_e 为伯氏矢量在位错平面上的两个投影分量

其中 n 为位错数目，b 为伯氏矢量，则裂纹扩展率等于 $\delta/2$，如图 6-13(b)所示。

$$\frac{\mathrm{d}a}{\mathrm{d}N} = \frac{\delta}{2} \approx n|b| \tag{6-55}$$

在初始裂纹扩展阶段，为进一步考虑温度引起的应变硬化，认为 $\mathrm{d}a/\mathrm{d}N \propto \left(\Delta K_{\mathrm{I}}/\sqrt{2\sigma_y}\right)^m$。裂纹尖端滑移线与裂纹扩展方向夹角为 45°，如图 6-13(c)所示。平面应力状态下，裂尖位移为

$$\delta = \frac{(\Delta K_{\mathrm{I}})^2}{4E\sigma_y} \tag{6-56}$$

当温度升高时，单晶材料延展率迅速增加，将屈服强度 σ_y 替换为 $\sigma_{0.2}$(只与温度相关的材料 0.2%延伸率的屈服强度)，由此，式(6-55)可以改写成

$$\frac{\mathrm{d}a}{\mathrm{d}N} = \frac{(\Delta K_{\mathrm{I}})^2}{8E\sigma_{0.2}} \tag{6-57}$$

将裂纹扩展率满足 10^{-7}mm/循环视为 Ⅰ 型 $\Delta K_{\mathrm{th,l}}$，$\sigma_{0.2}$ 为只与温度相关的材料 0.2%延伸率的屈服强度。根据测得的孔边弹性模量 E 可以间接求解出 $\Delta K_{\mathrm{th,l}}$，测量距离孔边 0.1mm 处[40]原位 DIC 应变结果，用有限元法计算出 0.1mm 处的应力

集中系数。图 6-13(d)和(e)为平板 1 的两种制孔工艺试件测试结果。在图 6-14 中展示了不同温度下两种试件考虑测量误差的弹性模量分布情况。不同试件的长裂纹门槛值计算结果如表 6-4 所示。

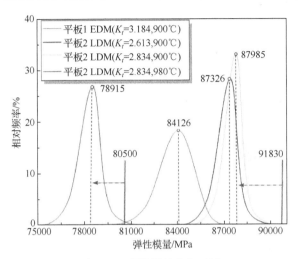

图 6-14　弹性模量分布区间

表 6-4　长裂纹应力强度因子门槛值计算结果

加工工艺	试件形式	温度/℃	$\Delta K_{th,l}$ 分布区间 /(MPa·m$^{1/2}$)	平均 $\Delta K_{th,l}$ /(MPa·m$^{1/2}$)
EDM	平板 1	900	8.031～8.143	8.038
LDM	平板 1	900	8.079～8.461	8.189
	平板 2	900	8.194～8.291	8.220
	平板 2	980	6.549～6.697	6.552

2. 缺口 EIFS 的反推求解

测定在相似几何尺寸上光滑试件常温环境的疲劳源区，以求得光滑试件的EIFS 计算参数(λ 和 a_0)。从图 6-15 中试件断口可以看出，整体的断口呈现清晰的三个断裂范围：位于几何尺寸突变的疲劳源区、裂纹扩展区(有明显的疲劳纹)和瞬断拉裂区(突起的韧性断裂面)。将疲劳源区附近局部放大，测量疲劳源区的椭圆几何尺寸，根据式(6-18)～式(6-20)计算等效圆的半径，随后代入式(6-27)和式(6-30)求得缺口试件的 EIFS，最后将常温下的 EIFS 作为初始输入条件确定不同温度下的 $\Delta K_{eq,eff}$。

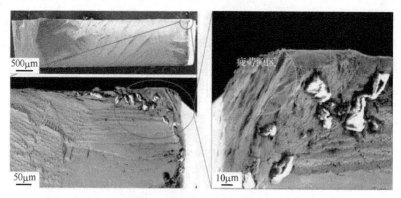

图 6-15 光滑试件断口形态

微裂纹的早期扩展受到材料无裂纹微观结构的强烈影响，相对传统的 S-N 曲线无法考虑数据离散性，引入存活率获得 P-S-N 曲线。为了剥离原始材料加工因素和试件几何尺寸等因素干扰，用升降法开展常温下光滑平板的疲劳极限测试，结果如图 6-16(a)所示。根据 6.2 节的求解思路，获取不同制孔工艺下不同存活率带孔平板的疲劳极限 $\sigma_{notch,e}$。50%存活率下，不带孔平板的疲劳极限 $\Delta\sigma_e$ 为 377.6MPa，在相同测试环境下，在此基础上得到 99.99%存活率、95%置信度下 EDM 气膜孔和 LDM 气膜孔的疲劳极限分别为 55.1MPa 和 47.0MPa；在 50%存活率、95%置信度下，$\Delta\sigma_e$ 分别为 59.2MPa 和 47.6MPa。假定相同应力水平下的疲劳寿命满足正态分布，考虑五个存活率(0.01%、20%、50%、80%和 99.99%)，通过直线拟合得到存活率 P_s 与疲劳极限的关系，可以明显看出存活率与疲劳极限大致满足线性关系，拟合曲线分别为 $y = 65.23574 - 10.52269x$ 和 $y = 51.36795 - 5.06231x$，且 EDM 的极差大于 LDM[图 6-16(b)]。

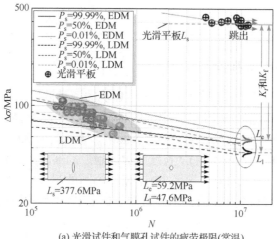

(a) 光滑试件和气膜孔试件的疲劳极限(常温)

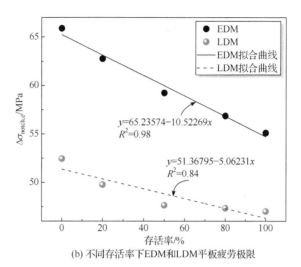

(b) 不同存活率下EDM和LDM平板疲劳极限

图 6-16　疲劳极限的拟合结果

L_e 和 L_s 分别表示 EDM 气膜孔和 LDM 气膜孔的疲劳极限

EIFS 可以通过式(6-30)计算得到，EDM 和 LDM 这两种制孔工艺的 EIFS 差别较大，如图 6-17 所示。在 95%置信度、50%存活率下，EDM 的 EIFS 约为 0.022mm，LDM 的 EIFS 约为 0.047mm。根据满足不同存活率(0%~100%)的测试数据，EDM 的 EIFS 为 0.0188~0.0273mm，LDM 的 EIFS 为 0.0423~0.0530mm，如图 6-17(a)所示。施加某一确定应力，计算的 EIFS 范围将进一步缩小，EDM 和 LDM 的区间变化大致在 0.01mm 以内。需要说明的是，当考虑三种应力水平(应力水平变化

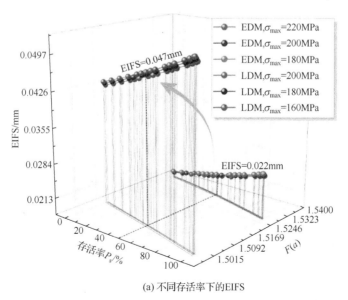

(a) 不同存活率下的EIFS

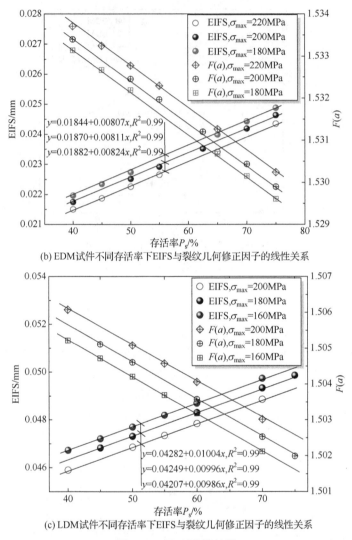

(b) EDM试件不同存活率下EIFS与裂纹几何修正因子的线性关系

(c) LDM试件不同存活率下EIFS与裂纹几何修正因子的线性关系

图 6-17　EIFS 计算结果

超过 20%)时，EIFS 的区间峰值(最大值和最小值)仅扩大了 2%左右，相对于常见的 EIFS 与应力大小密切相关的计算方式[5]，这种变化趋势可以忽略不计。在不同的存活率下，EIFS 与存活率及裂纹几何修正因子之间满足关联性极强的线性关系，且裂纹几何修正因子仅发生微小变化($F(a) \approx 1.53$)，如图 6-17(b)和(c)所示。在确定某一具体的关联函数后，这一计算方法对于工程实际预测 EIFS 的普遍性更具价值。

对比原始的 K-T 图法，长裂纹应力强度因子门槛值对 EIFS 的影响非常大。不同存活率下的 $\Delta K_{th,l}$ 计算出的 EDM 和 LDM 气膜孔 EIFS 区间分别为 0.0422～

0.0795mm 和 0.0762～0.1810mm，50%存活率下 $\Delta K_{th,l}$ 的 EIFS 计算结果分别为 0.0584mm 和 0.1182mm，这大致为修正 K-T 法计算结果的 2.5 倍。值得肯定的是，这一计算方法仍然可以使同种工艺下的 EIFS 基本不受载荷的影响，这相对于文献[6]的计算结果有所提高。在 95%存活率和 95%置信度下，EDM 和 LDM 气膜孔的 EIFS 分别为 0.0490mm 和 0.0706mm，EIFS 区间大小超过了各自 EIFS 的 50%，最优参考裂纹长度分别为 0.200mm 和 0.125mm，这对于试验要求非常高。高温环境下长度小于参考裂纹长度的裂纹捕捉难度很大，数据相对缺乏，这进一步限制了工程的实际应用。满足 95%存活率和 95%置信水平时，EDM 和 LDM 气膜孔的 EIFS 分别为 0.0263mm 和 0.0518mm，根据式(6-46)计算可得 EDM 和 LDM 气膜孔发生长裂纹起裂的临界缺陷长度分别为 0.0463mm 和 0.0688mm，即为允许在构件使用范围(<10^7 次循环)内安全运行的前提条件，这一数据比源于紧固孔确定的 EIFS(0.125mm)[41]更为保守。

3. 表面完整性分析与验证

分别从几何、冶金、力学三个维度对气膜孔边缘表面完整性进行综合评价，试验结果如图 6-18(a)所示。两种制孔工艺之间最明显的区别是几何圆度，LDM 相对 EDM 具有更大的锥度。第 3 章详细介绍了不同再铸层厚度和热影响区大小对制孔质量的直接影响，热影响区的硬度、弹性模量等材料性能参数较基体层明显降低；EDM 制孔孔边的弹性模量比 LDM 大 14%，硬度则比 LDM 小 8.9%。再铸层弹性模量的减小使最大剪应力在一定程度上减小，减小率在 8%以下。此外，再铸层组织极不均匀，呈现无序的多晶特征，含有丰富的松散微孔洞和 MC 碳化物。EDM 再铸层和 LDM 再铸层的外部氧化程度也不同。再铸层之间的气化现象不明显，只有一些易气化的元素消失，并且在这一层晶体中分布着很细的相。铸态层 γ' 相体积分数较小是由于铸态层的原子浓度较低，特别是 Al 原子浓度较低，在与基体的过渡区大量析出，如图 6-18(b)所示。另外，引入再铸层带来的孔边化学元素缺失、孔边多晶再铸层强度变低及层内疏松的微孔洞组织和微裂纹等因素影响，比弹性模量的影响更加严重。除此之外，孔边飞溅物会使得表面粗糙度明显增大，粗糙度会进一步增大孔边的应力集中[42]。由此可看出，孔边再铸层引起的冶金和材料属性的变化将使得 LDM 比 EDM 更加容易产生裂纹。

总的来说，孔边再铸层引起的冶金性能和材料性能的变化，使 LDM 比 EDM 更容易产生裂纹。加工过程引起的残余拉应力显著改变了这一趋势：LDM 的表面残余应力比 EDM 的表面残余应力大(约 1.5 倍)；根据第 3 章的计算结果，在孔边几何作用下，LDM 孔边应力分布比 EDM 的孔边应力分布小。因此，可以得出几何参数的影响小于残余应力的影响，进而小于再铸层的影响。从实际孔萌生的结

平板1	几何参数			再铸层				残余应力	
	圆度(平均)	锥度(平均)/(°)	K_t	E/GPa	硬度/GPa	表面状况		拉伸应力/MPa	影响区域/μm
						粗糙度/μm	微裂纹		
EDM	近圆形,853μm(正面)835μm(反面)	0.79	3.184	107.76	5.93	272.7	周向	145.33	>100(偏大)
LDM	椭圆,894μm(正面)786μm(反面)	3.83	2.613	126.50	5.36	481.2	径向(主),周向	219.32	>100(偏小)
质量	EDM(差)			LDM(差)				EDM(差)	
结论	综合来看,EDM的表面完整性质量高于LDM								

(a) EDM和LDM表面完整性差异

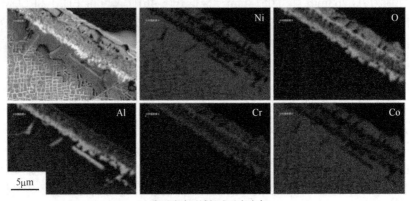

(b) 典型孔边区域组成元素分布

图 6-18　表面完整性评估

果来看,孔边表面粗糙度及制孔过程中孔边再铸层裂纹形态对构件的疲劳寿命起着至关重要的影响。以上定性结论充分证实了 6.4.3 小节计算的 EIFS 相对大小的合理性。

6.4.4　不同温度下疲劳寿命的确定

将相同条件下的裂纹扩展率用统一的函数关系式表示,假定不同制孔工艺的 EIFS 为三参数韦布尔相容分布[40]。相容分布函数 $F_{\mathrm{EIFS}}(x)$ 如式(6-58)所示,其中 $x_{\max}$ 为 EIFS 上限,参数 ℓ 和 υ 均由试验拟合得到。

$$F_{\mathrm{EIFS}}(x) = \exp\left[-\left(\ln\frac{x_{\max}}{x}\Big/\ell\right)^{\upsilon}\right] \tag{6-58}$$

以均秩值 $j/(N_i+1)$ 与 $F_{\mathrm{EIFS}}(x)$ 加权函数的总标准差(TSE)最小为原则,进行参数优化,拟合参数 ℓ 和 υ, l_i 为加权系数($\sum_{i=1}^{M} l_i = 1$), n 为试件数量, $\chi^2_{95\%}(2n)$ 为

卡方分布，EIFS$_{95/95}$ 为 95%置信度和 95%存活率下平板 1 EDM 和 LDM 试件的 EIFS，计算结果见表 6-5。

$$
\begin{cases}
x = \dfrac{x_{max}}{\exp\left\{\varPhi\left[\ln\dfrac{1}{F_{EIFS}(x)}\right]^{\frac{1}{\upsilon}}\right\}} \\[2ex]
EIFS_{95/95} = \dfrac{x_{max}}{\exp\left\{\varPhi_{95\%}\cdot\left[\ln(1/0.95)\right]^{\frac{1}{\upsilon}}\right\}} \\[2ex]
\varPhi_{95\%} = \ell\cdot\left[\chi^2_{95\%}(2n)/(2n)\right]^{-\frac{1}{\upsilon}} \\[2ex]
TSE = \sqrt{\sum\limits_{i=1}^{M}\sum\limits_{j=1}^{M}\left\{\dfrac{j}{N_i+1}-\exp\left[-l_i\left(\ln\dfrac{x_{max}/x}{\ell}\right)^{\upsilon}\right]\right\}^2 \Big/ \sum\limits_{i=1}^{M}N_i}
\end{cases}
\tag{6-59}
$$

表 6-5　两种工艺 EIFS$_{95/95}$ 参数值

试件类型	ℓ	υ	拟合优度 R^2	EIFS$_{95/95}$ /mm
平板 1 EDM	0.21332	1.69434	0.98	0.0263
平板 1 LDM	0.12552	1.63937	0.98	0.0518

仅考虑 EIFS$_{95/95}$，求解常温环境下裂纹扩展率，结果如图 6-19 所示。裂纹尖端的 K_{I} 比 K_{II} 和 K_{II} 大，Ⅱ型和Ⅲ型与Ⅰ型扩展方向相反[图 6-19(a)]。根据观察数据，平板 1 LDM 和 EDM 试件的裂纹扩展率拟合函数见图 6-19(b)和(e)。分别建立裂纹长度与 ΔK_{rss}、ΔK_{rms} 和 ΔK_{eq} (或 $\Delta K_{eq,eff}$，在无氧化时相等)的联系，并用 Paris 公式拟合，如图 6-19(c)～(e)所示。可以明显看出，ΔK_{rss} 和 ΔK_{rms} 均能表征裂纹扩展率，ΔK_{rss} 拟合优度相对较差，这说明已有的理论[43]是可以用来描述裂纹扩展率的。不难发现 ΔK_{eq} 表征得更好，这主要是由于 ΔK_{rss} 的作用使 ΔK_{eq} 整体散点向左压缩，从而减小了 ΔK_{rms} 的散度，并且小裂纹(<0.4mm)相对于长裂纹更为明显[图 6-19(f)]。这一现象进一步说明了裂纹较小时，拉应力的作用小于分切应力作用，简单用 ΔK_{rms} 描述裂纹扩展率是不准确的。总的来说，相对较大的 K_{I} 很大程度地参与到整个裂纹扩展的驱动中，持续拉开裂纹。

高温环境(900℃和980℃)下具有代表性的氧化渗透如图 6-20 所示，小图为孔边多源起裂的裂纹几何轮廓处 Ni、Co、Al、Ta、W、O、Cr 的能谱图。存在两个不同的氧化层，外层富含 Cr，内层富含 Al。两者之间有一层薄但可测量的富 Ta 和 W 的氧化层。此外，SEM 局部放大图提供了 Al 原子扩散形成富 Al 氧化物诱

导的 γ′到 γ 相变的证据。这导致 γ′相消耗区域的形成和氧化层以下 γ′/γ(靠近裂纹面，超过裂纹尖端和近表面区域)微观结构的改变。对外层和内部氧化物参照金属

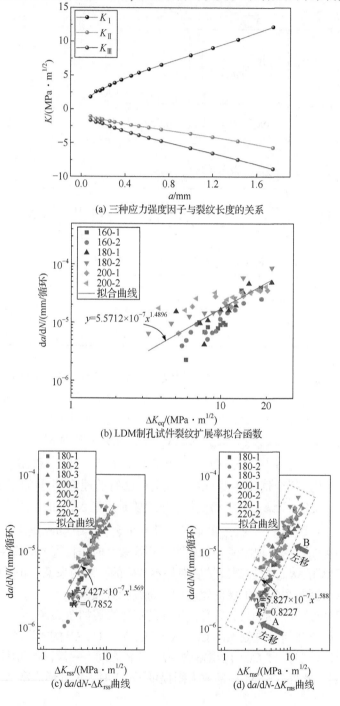

(a) 三种应力强度因子与裂纹长度的关系

(b) LDM制孔试件裂纹扩展率拟合函数

(c) da/dN-ΔK_{rss}曲线　　　　　(d) da/dN-ΔK_{rms}曲线

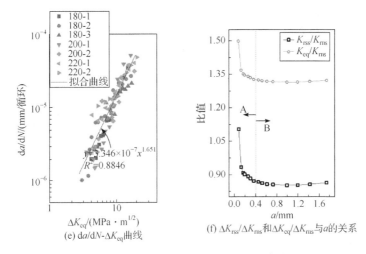

(e) $\mathrm{d}a/\mathrm{d}N$-ΔK_{eq} 曲线

(f) $\Delta K_{rss}/\Delta K_{rns}$ 和 $\Delta K_{eq}/\Delta K_{rns}$ 与 a 的关系

图 6-19　平板 1 常温疲劳下裂纹扩展拟合情况

基体进行 EDS 点分析，确定该氧化物主要由 Al_2O_3 和 Cr_2O_3 组成。另外，裂纹尖端处存在明显的内部氧化物使裂纹闭合，这有力证明了 6.2.2 小节的氧化闭合理论。随后，测量裂尖开口参数，根据式(6-32)~式(6-34)求解 K_i 和 K_{eff}。

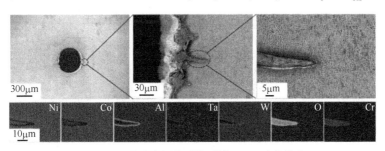

图 6-20　孔边多源起裂与裂尖 EDS 元素分布

将相同表面粗糙度和相同制孔工艺下的 EIFS 视为相同的，温度对塑性区的影响暂且不计[44]，由式(6-30)可以反求出不同温度下两种平板 $\Delta\sigma_e$ 满足不同存活率下的 $\Delta K_{th,eff}$ 和疲劳极限。仅考虑 $EIFS_{95/95}$ 时，在 900℃下，平板 1 EDM 和 LDM 试件的 $\Delta K_{th,eff}$ 分别为 4.748 MPa·m$^{1/2}$ 和 4.923 MPa·m$^{1/2}$，平板 2 LDM 试件在 900℃ 和 980℃ 条件下的 $\Delta K_{th,eff}$ 分别为 4.697 MPa·m$^{1/2}$ 和 5.030 MPa·m$^{1/2}$，孔边裂纹长度均在 1.5mm 以下，以满足线性的裂纹扩展区间。由于 $\Delta K_{eq,eff}$ 直接根据有限元计算得到，无法用具体的函数表达式反映，为了反映 $\Delta K_{eq,eff}$ - $\Delta K_{th,eq}$ 与水平裂纹长度 a 之间的关系，将计算出的结果用三阶函数拟合；随后，对同种工艺下不同应力裂纹扩展数据进行统一，利用 6.2 节建立的裂纹扩展描述模型，令

$\mathrm{EIFS_{notch,mod}} = \mathrm{EIFS_{95/95}}$，在对数坐标下进行指数形式拟合，如图 6-21 所示。

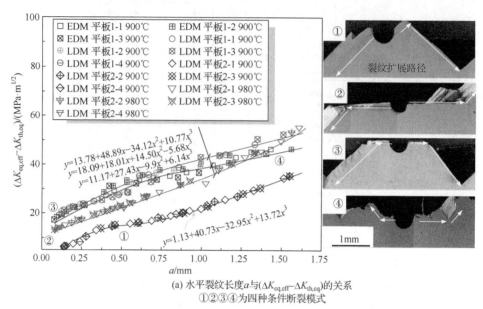

(a) 水平裂纹长度 a 与 $(\Delta K_{\mathrm{eq,eff}} - \Delta K_{\mathrm{th,eq}})$ 的关系
①②③④为四种条件断裂模式

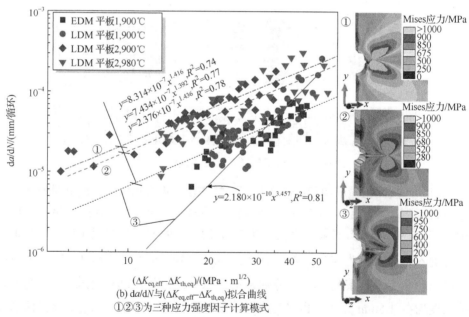

(b) $\mathrm{d}a/\mathrm{d}N$ 与 $(\Delta K_{\mathrm{eq,eff}} - \Delta K_{\mathrm{th,eq}})$ 拟合曲线
①②③为三种应力强度因子计算模式

图 6-21　不同条件的水平裂纹长度和裂纹扩展率与 $(\Delta K_{\mathrm{eq,eff}} - \Delta K_{\mathrm{th,eq}})$ 拟合曲线

从图 6-21(a) 可以明显看出，$\Delta K_{\mathrm{eq,eff}} - \Delta K_{\mathrm{th,eq}}$ 与水平裂纹长度 a 之间的三阶函数关系可以用来描述全部裂纹扩展路径，900℃ 下平板 2 的 LDM 试件分离度相对

于其他三种形式较大，这主要是因为它直接以晶体面裂纹萌生直至断裂，这会造成裂纹初期所需的裂纹驱动力相对更少，换句话说，纯晶体面裂纹萌生所需能量相对 I 型裂纹更少[29]。da/dN 和 $\Delta K_{eq,eff} - \Delta K_{th,eq}$ 之间的指数关系也非常强[图 6-21(b)]，900℃下平板 2 的 LDM 裂纹扩展率与其他三种形式大致位于同一水平，这也进一步说明镍基单晶在不同几何构件型式和温度下的裂纹驱动力有明显区别，相比 Busse 等[43]和 Palmert 等[30]提出的 K_I 和 K_{II} 控制的裂纹驱动力，考虑氧化作用下 K_I、K_{II} 和 K_{III} 共同作用的 $\Delta K_{eq,eff}$ 更能描述裂纹扩展情况，尤其是在小裂纹阶段；此时，K_{III} 占 $\Delta K_{eq,eff}$ 的比例接近 40%，这一结果大体与常温下 K_I 所占比例相当。改变尺寸后，平板 1 和平板 2 有明显的尺寸效应，裂纹扩展不一致。在 980℃和 900℃下，尽管裂纹扩展路径和材料强度发生了显著变化，但裂纹扩展率并没有特别明显的变化，这可能是由于高温氧化对裂纹行为的影响程度在高温情况下的差异不是很大。

在前期研究中，使用晶体滑移理论研究的所有热点法中，弹性各向异性、塑性应变积和分切应力都很高，部分原因是这些材料缺陷处萌生裂纹的概率较大，这在本书的试验中也得到了验证。不可避免的是，疲劳寿命除了受表面完整性、几何尺寸等人为因素干扰，试验机和材料本身的不确定均会导致明显的分散性，即使在相同应力水平下，疲劳寿命也呈现两倍左右的误差，实际裂纹极限长度 a_c 也有着 20%左右的分散性，虽然这个值差别很大，但作为积分上限对预测结果仍不会有较大影响。式(6-54)中的 EIFS 会对裂纹扩展率产生影响，表现为 EIFS 减小，构件的 $\Delta\sigma_e$ 和 $\Delta K_{th,eff}$ 随之增大，这一结论与所有试件的疲劳寿命计算结果相联系。使用不同存活率下 $\Delta\sigma_e$ 与 EIFS 的关系，基于积累的数据构建响应面，如图 6-22 所示。可以看到，当疲劳极限偏大和孔边局部区域 $\Delta K_{th,eff}$ 达到最大值时，疲劳寿命(循环次数)较大。

根据观测各个滑移面和 I 型裂纹组合的等量驱动力，被积函数仍以指数关系表示。虽然大量的研究中有其他类型的描述，但指数关系对于金属材料来说在一定程度上是有效的，且被大多数研究者接受。根据镍基单晶材料各向异性特征，对裂纹驱动力进行细致描述，镍基单晶材料裂纹扩展的指数关系式虽然可以直接用标准试件得到，但对于热影响区局部，这种方法却不容易反映出来。修正 K-T 法和 TTCI 法预测的疲劳寿命如图 6-23 所示。不引入氧化修正效应时，改进的 K-T 法在试验数据与预测结果之间的误差均在 5 倍分散带范围内，且大部分在 4 倍范围内，与 TTCI 法提出的寿命预测结果相比，分散度更小(图中存在明显的上下误差线)、数据更集中。改进后 EIFS 的解充分考虑了结构局部的 $\Delta K_{th,eff}$，进而可以直接与结构整体宏观力学联系起来，这一模式相对于由裂纹扩展数据反推长裂纹 $\Delta K_{th,l}$ 更稳定。还可以进一步得到，过渡应力强度因子门槛值 $\Delta K_{th,change}$ 随着

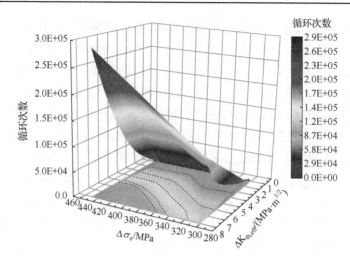

图 6-22　疲劳寿命分布响应面

裂纹长度增加逐渐变化，引入被积函数(裂纹扩展率)后，可以逐渐抵消积分下限直接变化引起的疲劳寿命的剧烈变化。引入氧化修正后，氧化闭合效应作用于裂尖，降低裂纹扩展有效应力强度因子使裂纹扩展率降低，进而增加疲劳寿命，预测结果大幅提高，试验数据与预测结果之间的误差均在 4 倍分散带范围内，绝大部分在 3 倍范围内。

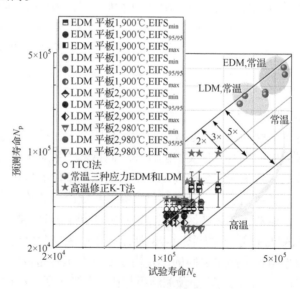

图 6-23　疲劳全寿命预测

　　这一方法建立的常温下 EDM 和 LDM 气膜孔试件的疲劳寿命预测误差带位于2 倍范围以内，一个非常重要的因素是常温环境下裂纹观测结果准确且环境相对高温单一。常温确定的 EIFS 在高温环境下可能会由于环境的变化有所波动，如长时间高温环境作用下发生蠕变作用，使气膜孔孔边应力松弛[45]进而影响裂纹扩展率，引入高温环境后也有可能对原始构件造成损伤耦合等等。尽管如此，通过光滑试件确定 EIFS，进而确定应力集中试件的常温 EIFS，最终预测高温环境疲劳寿命的这一评估体系，为镍基单晶气膜孔表面完整性和疲劳寿命预测提供了一种新思路。

6.5　本章小结

本章在不同温度下对两种不同工艺(EDM 和 LDM)的试件进行了大量镍基单晶气膜孔疲劳试验。考虑到气膜孔的原始表面质量可视为符合概率分布的等效"数学"裂纹长度，先基于应力集中和疲劳敏感性，将光滑 EIFS 与应力集中(气膜孔)试件进行映射；随后在此基础上将常温下确定的气膜孔原始表面质量直接对应于高温下的原始状态，并建立了基于表面完整性量化的疲劳寿命预测框架。本章结论如下。

(1) 镍基单晶气膜孔结构在不同制孔工艺、不同几何尺寸和不同温度下的断裂模式差异较大，主要原因是直裂纹和晶体面裂纹所占比例不同。由晶体面投影产生的 K_{I}、K_{II} 和 K_{III} 耦合的等效应力强度因子 ΔK_{eq} 驱动力能较好地表征裂纹扩展行为。

(2) 结合本征应力强度因子门槛值 $\Delta K_{\mathrm{th,eff}}$、光滑试件疲劳极限对应的 a_0、实际预测的气膜孔试件应力集中系数和裂纹尖端塑性区大小，可以确定含气膜孔结构的镍基单晶各向异性材料的 $\mathrm{EIFS_{mod,notch}}$。该方法可以直接定量地提供各向异性材料不同表面的原始制造疲劳初始损伤值，在满足 50%存活率、95%置信水平下，EDM 的 EIFS 约为 0.022mm，LDM 的 EIFS 约为 0.047mm；在满足 95%存活率、95%置信水平下，EDM 和 LDM 气膜孔的 EIFS 分别为 0.0263mm 和 0.0518mm。

(3) 不同制孔工艺的表面完整性差异较大，主要表现在孔边的几何、冶金和力学性能方面。采用分子动力学和显微组织分析，确定了裂纹的形核和扩展机制，即初始位错大部分在 γ 相中，而斜裂纹处位错大量存在于 γ 相和 γ′相中。此外，通过对表面完整性的综合评估，验证了 $\mathrm{EIFS_{mod,notch}}$ 预测的合理性。

(4) 提出了考虑初始损伤 $\mathrm{EIFS_{mod,notch}}$ 和数据分散性的高温疲劳概率裂纹扩展率，结合断裂力学方法，建立了预测镍基单晶气膜孔疲劳全寿命的新思路。结果表明，常温下疲劳寿命预测误差带位于 2 倍范围以内；在高温环境下，氧化闭合效应作用于裂尖降低裂纹扩展有效应力强度因子 ΔK_{eff}，并通过试验观察到这一现象，疲劳寿命预测结果与试验数据之间的误差全部在 4 倍分散带范围内，且绝大部分在 3 倍范围内。

参 考 文 献

[1] 王荣桥, 胡殿印. 镍基单晶涡轮叶片热机械疲劳理论[M]. 北京: 科学出版社, 2020.

[2] 李磊, 杨子龙, 王佩艳, 等. 燃气轮机涡轮冷却叶片设计及优化[M]. 北京: 科学出版社, 2018.

[3] GALLARDO J M, RODRÍGUEZ J A, HERRERA E J. Failure of gas turbine blades[J]. Wear, 2002, 252(3-4): 264-268.

[4] GUO Z, SONG Z, FAN J, et al. Experimental and analytical investigation on service life of film cooling structure for single crystal turbine blade[J]. International Journal of Fatigue, 2021, 150: 106318.

[5] BOURBITA F, RÉMY L. A combined critical distance and energy density model to predict high temperature fatigue life in notched single crystal superalloy members[J]. International Journal of Fatigue, 2016, 84: 17-27.

[6] LEVKOVITCH V, SIEVERT R, SVENDSEN B. Simulation of deformation and lifetime behavior of a fcc single crystal superalloy at high temperature under low-cycle fatigue loading[J]. International Journal of Fatigue, 2006, 28(12): 1791-1802.

[7] WANG R Z, GUO S J, CHEN H, et al. Multi-axial creep-fatigue life prediction considering history-dependent damage evolution: A new numerical procedure and experimental validation[J]. Journal of the Mechanics and Physics of Solids, 2019, 131: 313-336.

[8] YUE Z F, LU Z Z, ZHENG C Q, et al. Life study of nickel-based single crystal turbine blades: Viscoplastic crystallographic constitutive behavior[J]. Theoretical and Applied Fracture Mechanics, 1996, 24(2): 139-145.

[9] WANG B Z, LIU D S, WEN Z X, et al. Tension/compression asymmetry of [001] single-crystal nickel-based superalloy DD6 during low cycle fatigue[J]. Materials Science and Engineering: A, 2014, 593: 31-37.

[10] KÈRSEY R K, STAROSELSKY A, DUDZINSKI D C, et al. Thermomechanical fatigue crack growth from laser drilled holes in single crystal nickel based superalloy[J]. International Journal of Fatigue, 2013, 55: 183-193.

[11] PAN Y, ZIMMER R, BISCHOFF-BEIERMANN B, et al. Fatigue behaviour of a single crystal nickel superalloy used in heavy-duty gas turbine blade with thin film cooling[C]. Honolulu: International Conference on Fracture, 2001.

[12] MORAR N, ROY R, MEHNEN J, et al. The effect of trepanning speed of laser drilled acute angled cooling holes on the high temperature low cycle corrosion fatigue performance of CMSX-4 at 850℃[J]. International Journal of Fatigue, 2017, 102: 112-120.

[13] 张志金, 张明岐. DD6 单晶带气膜孔平板试件高周疲劳性能研究[J]. 电加工与模具, 2021(1): 60-63.

[14] SALEMI M, WANG H. Fatigue life prediction of pipeline with equivalent initial flaw size using Bayesian inference method[J]. Journal of Infrastructure Preservation and Resilience, 2020, 1(1): 1-15.

[15] MORSE L, KHODAEI Z S, ALIABADI M H. Statistical inference of the equivalent initial flaw size for assembled plate structures with the dual boundary element method[J]. Engineering Fracture Mechanics, 2020, 238: 107271.

[16] MORSE L A. Metamodelling-based reliability and life analysis of engineering structures with the boundary element method[D]. London: Imperial College, 2020.

[17] EL HADDAD M H, TOPPER T H, SMITH K N. Prediction of non-propagating cracks[J]. Engineering Fracture Mechanics, 1979, 11(3): 573-584.

[18] MURAKAMI Y. Metal Fatigue: Effects of Small Defects and Nonmetallic Inclusions[M]. London: Academic Press,

2019.

[19] JERGÉUS H Å. A simple formula for the stress intensity factors of cracks in side notches[J]. International Journal of Fracture, 1978, 14(3): 113-116.

[20] LIU Y, MAHADEVAN S. Fatigue limit prediction of notched components using short crack growth theory and an asymptotic interpolation method[J]. Engineering Fracture Mechanics, 2009, 76(15): 2317-2331.

[21] ANDERSON T L. Fracture Mechanics: Fundamentals and Applications[M]. London: CRC Press, 2017.

[22] DOWLING N E, KATAKAM S, NARAYANASAMY R. Mechanical Behavior of Materials: Engineering Methods for Deformation, Fracture, and Fatigue[M]. Boston: Pearson Press, 2013.

[23] CHAPETTI M D. Fracture mechanics for fatigue design of metallic components and small defect assessment[J]. International Journal of Fatigue, 2022, 154: 106550.

[24] SAPORA A, CORNETTI P, CAMPAGNOLO A, et al. Fatigue limit: Crack and notch sensitivity by finite fracture mechanics[J]. Theoretical and Applied Fracture Mechanics, 2020, 105: 102407.

[25] RABBOLINI S, LUCCARELLI P G, BERETTA S, et al. Near-tip closure and cyclic plasticity in Ni-based single crystals[J]. International Journal of Fatigue, 2016, 89: 53-65.

[26] OKAMOTO R, SUZUKI S, SAKAGUCHI M, et al. Evolution of short-term creep strain field near fatigue crack in single crystal Ni-based superalloy measured by digital image correlation[J]. International Journal of Fatigue, 2022, 162: 106952.

[27] FU D, ZHANG X. Analytical-variational method of solution for stress intensity factors about anisotropic and isotropic finite plates with double cracks emanating from holes[J]. Engineering Fracture Mechanics, 1995, 50(3): 311-324.

[28] ANTOLOVICH S D, LIU S, BAUR R. Low cycle fatigue behavior of René 80 at elevated temperature[J]. Metallurgical Transactions A, 1981, 12(3): 473-481.

[29] NEU R W. Crack paths in single-crystal Ni-base superalloys under isothermal and thermomechanical fatigue[J]. International Journal of Fatigue, 2019, 123: 268-278.

[30] PALMERT F, MOVERARE J, GUSTAFSSON D, et al. Fatigue crack growth behaviour of an alternative single crystal nickel base superalloy[J]. International Journal of Fatigue, 2018, 109: 166-181.

[31] TAN Y, GAO N, REED P. Oxidation induced crack closure in a nickel base superalloy: A novel phenomenon and mechanism assessed via combination of 2D and 3D characterization[J]. Materials Science and Engineering: A, 2022, 861: 144311.

[32] ZIKRY M A. An accurate and stable algorithm for high strain-rate finite strain plasticity[J]. Computers & Structures, 1994, 50(3): 337-350.

[33] EIDEL B. Crystal plasticity finite-element analysis versus experimental results of pyramidal indentation into (001) fcc single crystal[J]. Acta Materialia, 2011, 59(4): 1761-1771.

[34] AIGNER R, PUSTERHOFER S, POMBERGER S, et al. A probabilistic Kitagawa-Takahashi diagram for fatigue strength assessment of cast aluminium alloys[J]. Materials Science and Engineering: A, 2019, 745: 326-334.

[35] KEAR B H. Dislocation configurations in plastically deformed polycrystalline Cu3Au alloys[R]. Philadelphia: Franklin Inst Philadelphia PA Labs for Research and Development, 1961.

[36] OTT M, MUGHRABI H. Dependence of the high-temperature low-cycle fatigue behaviour of the monocrystalline nickel-base superalloys CMSX-4 and CMSX-6 on the γ/γ'-morphology[J]. Materials Science and Engineering: A, 1999, 272(1): 24-30.

[37] TAKAHASHI Y, KOBAYASHI D, KASHIHARA M, et al. Electron-microscopic analyses on high-temperature fatigue crack growth mechanism in a Ni-based single crystal superalloy[J]. Materials Science and Engineering: A, 2020, 793: 139821.

[38] PURJA PUN G P, MISHIN Y. Development of an interatomic potential for the Ni-Al system[J]. Philosophical Magazine, 2009, 89(34-36): 3246-3267.

[39] YOKOBORI JR A T, YOKOBORI T, KURIYAMA T. Life of crack initiation，propagation, and final fracture under high-temperature creep, fatigue, and creep-fatigue multiplication conditions[M]// SOLOMON H D, HALFORD G R, KAISAND L R, et al. Low Cycle Fatigue. West Conshohocken: ASTM International, 1988.

[40] ZERBST U, MADIA M, VORMWALD M, et al. Fatigue strength and fracture mechanics: A general perspective[J]. Engineering Fracture Mechanics, 2018, 198: 2-23.

[41] MANNING S D, YANG J N. USAF durability design handbook[Z]. 2nd ed. Air Force Flight Dynamics Laboratory, 1984.

[42] ZHANG Z, ZHANG M. Effect of different drilling techniques on high-cycle fatigue behavior of nickel-based single-crystal superalloy with film cooling hole[J]. High Temperature Materials and Processes, 2021, 40(1): 121-130.

[43] BUSSE C, PALMERT F, SJÖDIN B, et al. Evaluation of the crystallographic fatigue crack growth rate in a single-crystal nickel-base superalloy[J]. International Journal of Fatigue, 2019, 127: 259-267.

[44] MARCHAL N, FLOURIOT S, FOREST S, et al. Crack-tip stress-strain fields in single crystal nickel-base superalloys at high temperature under cyclic loading[J]. Computational Materials Science, 2006, 37(1-2): 42-50.

[45] CHAN K S. Mechanistic modeling of cyclic softening and slip localization in Ni-based superalloys[J]. Metallurgical and Materials Transactions A, 2021, 52(5): 1759-1776.

第7章 不同倾角气膜孔结构疲劳寿命预测

7.1 引　言

大量文献表明，在叶片整体形貌确定的情况下，气膜孔冷却技术的研究主要针对优化孔的几何形状以提升气膜冷却效率。Lin 团队[1-2]对吹气比等影响发散冷却方案的因素进行了一系列研究，获得了大量关于绝热冷却效率的试验数据，评估了多孔型、孔倾角和孔偏转角对射流壁冷却效果影响。全栋梁等[3]和 Sweeney 等[4]对双壁冷却设计进行了详细的二维平面温度稳态测量，得到了不同孔角和孔间距下的整体冷却效果。相对于直孔，复合角气膜孔含有两个倾角，如图 7-1 所示。径向倾角(α)定义为射击矢量与其在 x-z 平面上投影之间的夹角，旋转角(β)定义为流向方向与射击矢量在 x-z 平面上投影之间的夹角。在复合角度定向系统中，冷却剂以展向动量注入，可以提供更均匀的气膜覆盖，以表现出更大的传热系数。

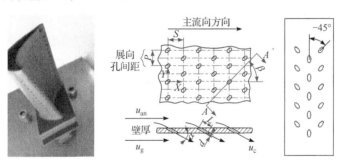

图 7-1　真实涡轮叶片与复合气膜孔排布[3, 5]

u_{an}、u_g、u_c 为气流速度

高压叶片前端沿轴向延伸 20%左右的叶片前缘处，直接受到高温燃气的冲击，是热载荷最大的区域，叶片表面曲率大、压强梯度大，为了增强气膜射流的横向出流动量以形成更为有效的气膜覆盖层，往往采用复合倾角的气膜孔结构。Liu 等[6]比较了气膜孔展向方向倾角 α 对冷却效率的影响，同一吹风比下，α 较小的气膜射流能更好地附着在壁面上，在孔出口处有更好的冷却效果。刘友宏等[7]研究气膜孔倾角对层板隔热屏的影响后指出，气膜孔倾角 α 越小，气膜冷却表面在流动方向的综合冷却效果分布越均匀，随着气膜孔倾角的增大，相同截面处的综合冷却效果减小；15°倾角模型的平均综合冷却效果比 10°倾角模型降低 2.8%，但

在分布均匀性上优于 10°倾角模型。Schmidt 等[8]使用单排倾斜孔测量薄膜冷却效果，注入高密度低温冷却空气，在高动量通量比的情况下，旋转角 β 为 60°时，复合角度定向前扩孔效果显著提高。

相比于冷却效率，关于气膜孔倾角强度性能的报道相对较少。张冬旭等[9]研究指出，气膜孔倾角 α 对疲劳性能影响显著，疲劳寿命长短依次为 90°>30°>45°，且 45°倾角气膜孔孔边裂纹数明显多于其他两种情况，并通过晶体塑性理论验证了试验结果。梁建伟等[10]对不同倾角 α(45°、60°、75°和 90°)气膜孔的镍基单晶试件蠕变损伤发展进行了数值模拟，当倾角为 90°和 75°时，裂纹扩展方向为 $\theta=\pm54°$，当倾角为 45°时，裂纹扩展方向为 $\theta=\pm46°$，倾角为 60°的气膜孔蠕变破坏寿命最长。Rau[11]开展了不同孔倾角及排布方向的干涉实验研究，结果表明，最大弹性及弹塑性的应力和应变集中因子都会随着孔倾角的增加而增加。上述文献中没有详细描述孔倾角对高温疲劳寿命的影响规律，也没有考虑制孔工艺的差异(形状、几何结构及制孔工艺参数功率、路径等)。需要注意的是，研究倾角影响时仅从形状改变方面进行有限元分析，将使预测结果变得非常保守，在此基础上预测考虑初始损伤状态的疲劳寿命更无从谈起。

本章主要根据第 6 章已建立的 EIFS 分布求解理论，首先假定不同倾角的气膜孔 EIFS 统一，通过三相流仿真得到不同倾角孔边温度场和应力场，验证这一假定；随后，开展大量高温环境下的疲劳裂纹扩展试验，将不同倾角气膜孔 EIFS 视为统一值，疲劳寿命的差异主要表现在几何因素引起的裂纹扩展率差异；最终，基于 M 积分路径求解对称裂纹 J 积分，获取气膜孔疲劳裂纹扩展率，并预测疲劳全寿命。

7.2　材料与试验

7.2.1　材料与试件

简化实际叶片的孔型特征，采用飞秒激光工艺制取气膜孔，探究气膜孔平板模拟件的疲劳寿命特征。试件的毛坯采用中国航发北京航空材料研究院提供的经过标准热处理的 DD6 [001]取向单晶毛坯平板，一次取向[001]偏差为 6.4°。为了尽可能保证试件材料的一致性，将全部试件在一件毛坯中加工。涡轮叶片在高温燃气下的服役工况见图 7-2(a)，观测实际涡轮叶片，发现叶片前缘处的气膜孔绝大多数呈现不同径向倾角 α 和旋转角 β 的组合。为了简化孔的实际排布而着眼于强度分析，简化实际气膜孔空间位置，将旋转角 β 视为 0；根据径向角测量统计结果，大部分 α 分布在 30°~90°，小于 45°的气膜孔冷却效能虽然大但强度极差，因此这里不考虑 α 在 45°以下的气膜孔，其几何位置如图 7-2(b)所示。制孔工艺参数相同，采用的典型工艺关键参数见表 7-1，实际制孔几何形貌如图 7.2(c)所示。需要注意的是，斜孔的制造相对 90°孔定位复杂，需要反复调试以保证气膜孔几何中心位于试件标距段中间。将优化好的气膜孔分别加工到光滑平板上，气膜孔直径均为 0.5mm，试件几何尺寸见图 7-2(d)。

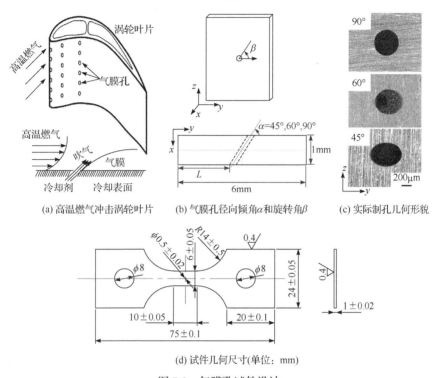

(a) 高温燃气冲击涡轮叶片　　　(b) 气膜孔径向倾角α和旋转角β　　　(c) 实际制孔几何形貌

(d) 试件几何尺寸(单位：mm)

图 7-2　气膜孔试件设计

表 7-1　激光制孔工艺关键参数

工艺参数	数值	工艺视图
平均功率	12W	
光斑半径	12μm	
激光波长	1030nm	
脉冲持续时间	220fs	0.5mm
激光重复频率	100kHz	
螺旋扫描速度	2500r/min	
吹气压力	0.7MPa	

7.2.2　试验步骤与断裂试件

从前几章的分析结果可知，温度对于裂纹萌生与扩展的影响非常大，一般950℃以上的疲劳试验表现为Ⅰ型裂纹扩展。根据这一结论，为了简化试验条件，选用涡轮叶片典型温度980℃开展疲劳试验，应力比R为0.1，频率为5Hz，详细的测试方案和有效数据如表7-2所示。在高温环境下，需要反复擦洗高温炉与长焦距显微镜之间的红蓝光玻璃滤光片，以保证较高的清晰度，试验装置如图7-3所示。

表 7-2　气膜孔结构疲劳裂纹扩展试验方案

径向倾角 $\alpha/(°)$	σ_{max}/MPa	试验温度/℃	应力比 R	频率/Hz	计划试件数量	有效试件数量
90	560				7	6
60	530	980	0.1	5	7	6
45	500				7	6

图 7-3　高温裂纹扩展试验装置和加载试件

7.3　飞秒脉冲激光三维螺旋制孔数值仿真

7.3.1　三维螺旋制孔过程固-液-气三相统一模型

金属在飞秒激光的作用下吸收激光热量、温度升高，逐渐发生固-液-气三相之间的转化，这涉及多种物理现象。常规描述激光与材料之间的相互作用过程普遍用到了双温方程，能够较为准确地描述激光作用下的能量传递过程。在持续脉冲作用下，双温方程或水平集模型在不同脉宽的制孔工艺中已经进行了系统的研究，如厦门大学董一巍、西安交通大学梅雪松和北京理工大学姜澜等课题组[12-14]。已有的二维/三维的双温方程或"两相流"水平集(level-set)，在描述螺旋制孔时存在参数确定复杂、计算效率低、精度差等问题，这对三维螺旋制孔过程的数值分析造成很大阻碍。水平集方法基于相变理论体系，能精准捕捉自由运动界面，而且无须复杂繁琐的界面重构，能综合分析温度场和应力场，因此在分析制孔过程温度场和应力场中非常方便。由于常规的水平集一般仅考虑"两相流"，无法充分解释实际三相转化与共存的情况，因此本章基于张廷忠[15]提出的控制方程，提出了修正的三维水平集三相统一方程模型。

1. 固/液界面追踪模型

在金属材料与激光的接触过程中，首先会发生熔化，材料此时同时存在三相物质，固相、液相、固/液共存。由于固相、液相之间的物理热性差别不明显，采用常见的热焓-孔隙法[16]来模拟熔化或凝固过程，将多孔性定义为液相的体积分数，材料凝固时损耗的能量通过达西摩擦阻力 F_{Darcy} 实现：

$$F_{Darcy} = -Ku \tag{7-1}$$

$$K = \frac{A(1-g_1)^2}{g_1^3 + B} \tag{7-2}$$

式中，K 为固/液共存中的渗透系数，一般与液体体积分数 g_1、常数 A (取 10^6)和 B (取 10^{-3})有关；u 为速度；液体体积分数 g_1 可表示为

$$g_1 = \begin{cases} 0, & T < T_s \\ \dfrac{T - T_s}{T - T_1}, & T_s \leqslant T_1 \\ 1, & T > T_1 \end{cases} \tag{7-3}$$

式中，T_s 和 T_1 分别为材料的固相线温度和液相线温度。

为了满足能量守恒，合理显示熔融区域的温度高低和面积大小，需要考虑熔化或凝固潜热，其表达式为

$$C_p = c_m + L_m \cdot \exp\left(-\frac{(T - T_m)^2}{\Delta T_m^2}\right) \bigg/ \sqrt{\pi \Delta T_m^2} \tag{7-4}$$

式中，c_m、L_m 分别为固液共存区材料比热容、相变过程中的熔融潜热；T_m 为熔点，其表达式为 $(T_s + T_1)/2$；ΔT_m 为熔化/凝固相变发生的温度区间。

2. 液/气界面追踪模型与质量守恒方程

在制孔过程中，当出现小孔时，金属蒸气与熔融液体接触形成液/气接触面，

液/气界面直接形成气态，此时材料热物性发生急剧变化，交界面处的表面张力、马兰戈尼(Marangoni)力和反冲压力发生突变。利用水平集方法在控制方程中增加源项，处理界面的速度不连续性、作用力突变和质量相互传递等物理过程，考虑气化等相变过程，式(7-4)可以重新写为

$$C_p = c_m + L_m \cdot \exp\left[-\frac{(T-T_m)^2}{\Delta T_m^{\ 2}}\right]\bigg/\sqrt{\pi \Delta T_m^{\ 2}} + L_v \cdot \exp\left[-\frac{(T-T_v)^2}{\Delta T_v^{\ 2}}\right]\bigg/\sqrt{\pi \Delta T_v^{\ 2}} \quad (7\text{-}5)$$

式中，L_v 为相变过程中的气化潜热；T_v 为沸点，不考虑未达到沸点的蒸发；ΔT_v 为气化发生的温度区间。

引入函数 $\delta(\phi)$，以保证气化仅仅发生在液/气界面附近的薄薄一层内[17]，在质量守恒方程中添加最右侧源项：

$$\frac{\partial \phi}{\partial t} + \pmb{u}_{\text{int}} \cdot \Delta \phi = \gamma\kappa\left(\varepsilon|\Delta\phi| - \phi(1-\phi)\cdot\frac{\nabla\phi}{|\nabla\phi|}\right) + m\delta(\phi)\left(\frac{\phi}{\rho_v} - \frac{1-\phi}{\rho_l}\right) \quad (7\text{-}6)$$

$$m = (1-\chi)\sqrt{\frac{M}{2\pi k_b T}}P_0 \exp\left[\frac{L_v}{k_b}\left(\frac{1}{T_v} - \frac{1}{T}\right)\right] \quad (7\text{-}7)$$

$$\delta(\phi) = 6\left|\phi(1-\phi)\right|\left|\nabla\phi\right| \quad (7\text{-}8)$$

式中，$\pmb{u}_{\text{int}}$ 为液/气界面速度；m 为蒸发率；γ、ε、κ 分别表示函数的初始化、边界层的厚度和交界面的曲率；M、k_b、χ 分别为金属试件材料的原子质量、玻尔兹曼常数、凝结系数；P_0 为标准大气压；ρ_v 和 ρ_l 分别为金属蒸气密度和液态金属密度；函数 ϕ 为描述液/气界面的运动变量，气体区为 1，液体区为 0，液/气界面从 0 到 1 过渡。

3. 液/气界面力与动量守恒方程

分别将表面力 $\pmb{F}_r$(反冲压力)、表面张力 $\pmb{F}_s$、表面张力系数随温度变化引起的马兰戈尼切应力 $\pmb{F}_m$ 和流体静压力 $\pmb{F}_y$ 转化为体积力，并将其作为动量方程的源项，即

$$\begin{cases} \pmb{F}_r = P_r\delta(\phi)\pmb{n} \\ \pmb{F}_s = \sigma\kappa\delta(\phi)\pmb{n} \\ \pmb{F}_m = -\dfrac{\delta\sigma}{\delta T}\dfrac{\delta T}{\delta \pmb{x}}\delta(\phi) \\ \pmb{F}_y = P_y\delta(\phi) = \rho g y\delta(\phi) \end{cases} \quad (7\text{-}9)$$

式中，P_r 和 $\pmb{n}$ 分别为反冲压力和液/气界面曲面法向量；σ 为表面张力系数；$\pmb{x}$ 为温度变化矢量方向；P_y 为流体静压力；ρ 为密度；g 为重力加速度；T 为温度；

y 为深度。

此时，液/气界面力作用下的动量守恒方程为

$$\rho\left[\frac{\partial \boldsymbol{u}}{\partial t}+(\boldsymbol{u}\cdot\nabla)\boldsymbol{u}\right]=\nabla\cdot\left[-P\boldsymbol{I}+\mu(\nabla\boldsymbol{u}+(\nabla\boldsymbol{u})^{\mathrm{T}})\right]-\rho\left[1-\beta(T-T_1)\right]\boldsymbol{g}$$
$$+\boldsymbol{F}_{\mathrm{r}}+\boldsymbol{F}_{\mathrm{s}}+\boldsymbol{F}_{\mathrm{m}}+\boldsymbol{F}_{\mathrm{y}}+\boldsymbol{F}_{\mathrm{Darcy}} \tag{7-10}$$

式中，$\boldsymbol{I}$ 为单位矩阵；P 为压强；$\boldsymbol{g}$ 为重力加速度矢量。

4. 热源模型与能量守恒方程

将激光光源视为高斯分布，其能量在空间上具体的函数表达式为

$$I(x)=\frac{2p_0}{\pi r_{\mathrm{b}}^2}\exp\left\{-\frac{2\left[(x-x_1)^2+(z-z_1)^2\right]}{r_0^2}\right\}\delta(\phi) \tag{7-11}$$

式中，p_0 为激光峰值功率，W；r_{b} 为激光光斑半径，mm；(x_1,z_1) 为激光初始接触材料的 x-z 平面，且作用于该点。

由于激光在三维空间表现为多个螺旋线逐步向下，如图 7-4 所示。沿厚度方向螺旋线之间的间隔为 0.01mm，平面上螺旋轨迹满足相邻圆圈间距相等的阿基米德螺旋方程，其在笛卡尔坐标系中表达式如式(7-12)所示，其中 a、b 均为几何常数，进给位移 z 为光源下移进给速度 v_{s} 和时间 t 的乘积，联立式(7-11)和式(7-12)可以得到空间分布光源。

$$\begin{cases}x=(a+b\cdot\theta)\cos\theta\\y=(a+b\cdot\theta)\sin\theta\\z=v_{\mathrm{s}}\cdot t\end{cases} \tag{7-12}$$

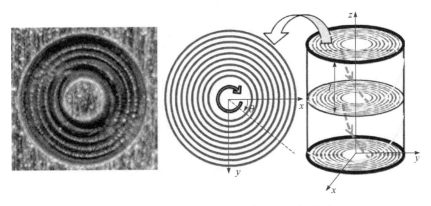

图 7-4　飞秒脉冲激光制孔螺旋轨迹示意图[18]

需要进一步注意的是，函数 $\delta(\phi)$ 也可以保证激光脉冲能量能始终作用于小

孔自由表面。考虑自由表面蒸发、对流和辐射导致的热量损失，引入能量损失函数[15]：

$$Q_{\text{loss}} = \left[mL_{\text{v}} + h_{\text{c}}(T - T_0) + \varepsilon_0 k_{\text{b}}(T^4 - T_0^4) \right] \delta(\phi) \tag{7-13}$$

式中，h_{c} 为材料表面对流传热系数；ε_0 为材料表面发射率。此时，能量守恒方程可重写为

$$pC_{\text{p}} \left(\frac{\partial T}{\partial t} + \boldsymbol{u} \cdot \nabla T \right) = \nabla \cdot (k \nabla T) + \alpha I(x) g(t) - Q_{\text{loss}} \tag{7-14}$$

仿真模拟采用的材料热物性参数如表 7-3 所示。

表 7-3　仿真模拟采用的材料热物性参数[19]

属性	符号	数值	属性	符号	数值
熔点	T_{m}	1623.15	热膨胀系数	β	$(11\sim21)\times10^{-6}$
沸点	T_{v}	3073.15	大气压强	P_0	1.01×10^5
熔融潜热	L_{m}	3.56×10^5	表面张力系数	σ	1.57×10^{-3}
气化潜热	L_{v}	5.75×10^5	重力加速度	g	9.80
固相线温度	T_{s}	1513.15	对流传热系数	h_{c}	30
液相线温度	T_{l}	1613.15	材料表面发射率	ε_0	0.22
金属蒸气密度	ρ_{v}	0.01	导热系数	k	$30\sim40$
液态金属密度	ρ_{l}	8290	材料吸收率	α	0.24
材料原子质量	M	0.19	动力学黏度	μ	1.20×10^{-4}
玻尔兹曼常数	k_{b}	1.38×10^{-23}	固液共存区材料比热容	c_{m}	515

注：涉及密度的参数均在 1200℃下测定，单位为统一国际单位制(K、kg、m、s、mol 等)。

7.3.2　制孔过程热弹性应力模型

根据三相流体动力学模型获得制孔材料的温度场，将温度载荷转化为力载荷施加到材料上，进行热应力求解。仅考虑镍基单晶各向异性弹性阶段，将丁智平等[20]建立的单晶弹性本构方程简化为

$$\mathrm{d}\boldsymbol{\sigma} = \boldsymbol{D}_{\text{e}} \mathrm{d}\boldsymbol{\varepsilon} \tag{7-15}$$

式中，$\boldsymbol{D}_{\text{e}}$ 为弹性刚度矩阵，其常温下矩阵分量 D_{ij} 的具体表达式见附录 A1。

假设仅考虑线性热膨胀，温度场变化引起的热应变为

$$\begin{cases} \varepsilon_{xT} = \varepsilon_{yT} = \varepsilon_{zT} = \beta \cdot \Delta T \\ \gamma_{xyT} = \gamma_{yzT} = \gamma_{zxT} = 0 \end{cases} \tag{7-16}$$

其增量形式为

$$\mathrm{d}\{\varepsilon\}_T = C\begin{bmatrix} 1 & 1 & 1 & 0 & 0 & 0 \end{bmatrix}^{\mathrm{T}} \mathrm{d}T = C\{\delta\}\mathrm{d}T \tag{7-17}$$

式中，C 为线膨胀系数；$\mathrm{d}T$ 为温度变化增量。

由温度变化引起单元热载荷进而产生的整个结构热载荷为

$$\{R\}_T = \sum \int_V \boldsymbol{B}^{\mathrm{T}} \boldsymbol{D}_{\mathrm{e}} \alpha \cdot \Delta T \{\delta\} \mathrm{d}V \tag{7-18}$$

式中，$\{R\}_T$ 为结构热载荷；$\boldsymbol{B}$ 为单元几何矩阵。

根据虚功原理，可以得到如下方程迭代：

$$\boldsymbol{K}\{\Delta u\} = \{\Delta Q\} + \{R\}_T \tag{7-19}$$

式中，$\boldsymbol{K}$ 为整体刚度矩阵；$\{\Delta u\}$ 为整体位移增量列向量；$\{\Delta Q\}$ 为整体载荷增量列向量。

根据每步迭代可以得到不同温度场下的应力分布情况。选取不同温度下 DD6 材料测试热膨胀系数[21]和弹性常数[22]，将其用多项式拟合以便插值连续温度函数，分别如图 7-5 和附录表 A-1 所示。

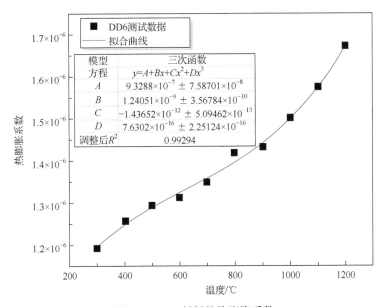

图 7-5　DD6 材料的热膨胀系数

7.4　考虑裂纹几何的镍基单晶裂纹扩展驱动力

7.4.1　应力强度因子的求解

经典断裂力学的里程碑是用应力强度因子 K 来表征裂尖的奇异性,当裂尖塑性区大小变得不能忽略时,为了直接表示裂尖复杂的应力场,常用与路径无关的积分计算,其中以 J 积分、M 积分、L 积分(计算裂纹旋转)最为常见[23]。基于贝蒂(Betti)互等定律和简化共轭积分,J 积分二维形式为

$$J = \int_\Gamma \left(W\mathrm{d}y - T_i \frac{\partial u_i}{\partial x} \right) \mathrm{d}s \tag{7-20}$$

式中,W 为应变能密度,J/m³,取值为 $\sigma_{ij}\varepsilon_{ij}/2$;$T_i$ 为张力矢量分量,MPa,取值为 $\sigma_{ij}n_j$;u_i 为位移矢量的分量,m;Γ 为积分路径;$\mathrm{d}s$ 为沿 Γ 的长度增量,如图 7-6 裂纹尖端周围的任意轮廓所示。

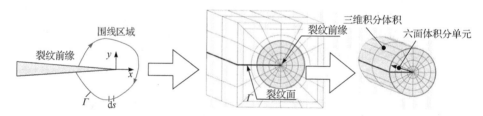

图 7-6　二维到三维 J 积分示意图

在线弹性条件下,J 积分等于混合模式裂纹扩展过程中的能量释放率 G,可以表示为

$$J = \alpha(K_{\mathrm{I}}^2 + K_{\mathrm{II}}^2) \tag{7-21}$$

利用线性叠加的适用性,可以将任意两种应力状态叠加得到第三种应力状态:

$$K_{\mathrm{I}}^{(0)} = K_{\mathrm{I}}^{(1)} + K_{\mathrm{I}}^{(2)}, \quad K_{\mathrm{II}}^{(0)} = K_{\mathrm{II}}^{(1)} + K_{\mathrm{II}}^{(2)} \tag{7-22}$$

将式(7-21)和式(7-22)进行叠加,可得到

$$J^{(0)} = \alpha\left[\left(K_{\mathrm{I}}^{(1)} + K_{\mathrm{I}}^{(2)} \right)^2 + \left(K_{\mathrm{II}}^{(1)} + K_{\mathrm{II}}^{(2)} \right)^2 \right] \tag{7-23}$$

展开这些项并将其与式(7-22)进行比较,得到

$$J^{(0)} = \underbrace{\alpha\left(K_{\mathrm{I}}^{(1)2} + K_{\mathrm{II}}^{(1)2} \right)}_{J_1} + \underbrace{\alpha\left(K_{\mathrm{I}}^{(2)2} + K_{\mathrm{II}}^{(2)2} \right)}_{J_2} + \underbrace{2\alpha\left(K_{\mathrm{I}}^{(1)} K_{\mathrm{I}}^{(2)} + K_{\mathrm{II}}^{(1)} K_{\mathrm{II}}^{(2)} \right)}_{M^{(1,2)}} \tag{7-24}$$

其中，M 积分是最后一项，定义为

$$M^{(1,2)} = 2\alpha \left(K_{\text{I}}^{(1)} K_{\text{I}}^{(2)} + K_{\text{II}}^{(1)} K_{\text{II}}^{(2)} \right)$$
$$= \int_{\Gamma} \left[W^{(1,2)} \mathrm{d}y - \left(T_i^{(1)} \frac{\partial u_i^{(2)}}{\partial x} + T_i^{(2)} \frac{\partial u_i^{(1)}}{\partial x} \right) \mathrm{d}s \right] \tag{7-25}$$

Yau 等[24]开发了 M 积分方法，该方法利用叠加原理与 J 积分方法相结合，可以将应力强度因子分离为单个模态。围线 J 积分可以重写为等效面积(三维体积 V)积分 J^*，在有限元计算中更加精确和稳定，如式(7-26)所示：

$$\begin{cases} J^* = \int_V \left(\sigma_{ij} \frac{\partial u_i}{\partial x_1} - W \delta_{1j} \right) \frac{\partial q}{\partial x_j} \mathrm{d}v \\ G = \frac{(1-v^2) K_{\text{I}}}{E} + \frac{(1-v^2) K_{\text{II}}}{E} + \frac{(1-v) K_{\text{III}}}{E} \end{cases} \tag{7-26}$$

式中，q 为在裂纹尖端为 1 在积分域边界为 0 的一个函数；δ_{1j} 为克罗内克 δ 函数；E、v 分别为材料的弹性模量、泊松比；G 为能量释放率，N/m。

J 积分往往给出一个数值，不能很好区分三种能量释放率。考虑虚拟裂纹扩展，由三维 J 积分函数表达式将 M 积分法推广到三维问题，令三种应力强度因子为

$$\begin{cases} K_{\text{I}} = K_{\text{I}}^{(1)} + K_{\text{I}}^{(2)} \\ K_{\text{II}} = K_{\text{II}}^{(1)} + K_{\text{II}}^{(2)} \\ K_{\text{III}} = K_{\text{III}}^{(1)} + K_{\text{III}}^{(2)} \end{cases} \tag{7-27}$$

根据有限元分析或 Hoenig 裂尖应力场渐进解[25]第一项导出的三个辅助解，可以得到三种类型应力强度因子分别为

$$\begin{cases} K_{\text{I}}^{(2a)} = 1, K_{\text{II}}^{(2a)} = 0, K_{\text{III}}^{(2a)} = 0 \\ K_{\text{I}}^{(2b)} = 0, K_{\text{II}}^{(2b)} = 1, K_{\text{III}}^{(2b)} = 0 \\ K_{\text{I}}^{(2c)} = 0, K_{\text{II}}^{(2c)} = 0, K_{\text{III}}^{(2c)} = 1 \end{cases} \tag{7-28}$$

将式(7-28)代入三维应变能密度表达式中，可以得到不同的 $M^{(1,2a)}$、$M^{(1,2b)}$、$M^{(1,2c)}$[25]，表达式为

$$\begin{cases} M^{(1,2\alpha)} = \frac{1}{A_x} \int_V \left(\sigma_{ij}^{(1)} \frac{\partial u_i^{(2\alpha)}}{\partial x_1} + \sigma_{ij}^{(2\alpha)} \frac{\partial u_i^{(1)}}{\partial x_1} - W^{(1,2\alpha)} \right) \frac{\partial q_1^{(2\alpha)}}{\partial x_j} \mathrm{d}V \\ A_x = \int_0^{L_N} \kappa_x^{(N)}(z) \mathrm{d}z \end{cases} \tag{7-29}$$

$$W^{(1,2x)} = \alpha_{ij}^{(1)} \varepsilon_{ij}^{(2\alpha)} = \alpha_{ij}^{(2\alpha)} \varepsilon_{ij}^{(1)} \tag{7-30}$$

式中，$W^{(1,2x)}$ 为三维交互应变能密度，J/m^3；L_N 为单位裂纹前缘长度，m；$\kappa_x^{(N)}(z)$ 为与裂纹前缘正交的虚拟裂纹扩展量；α_{ij} 为应力/应变坐标系；ε_{ij} 为裂纹尖端位移分量。

　　将有限元计算得到的应力场、应变场和位移场的值代入式(7-28)，连同每个辅助解计算出 $M^{(1,2\alpha)}$ 的三个值，使用这些值可得 K_{I}、K_{II}、K_{III}。具体的单晶材料各向异性参数和三维 M 积分理论详细表达式可参见美国国家航空航天局(NASA)报告[26]。

　　关于常规 M 积分的物理意义和用途已做了广泛的研究，一般可以解释为一个或多个缺陷的自相似展开有关的能量释放率[27]。根据 Knowles 等[28]的推导，沿封闭积分路径对相应的材料构型应力 M_j 进行积分，可以很容易地得到守恒 M 积分公式，即沿包含所有缺陷(或裂纹)的封闭路径计算距离裂纹尖端相当远的轮廓积分，可以直接得到 M 积分值。因此，对于复杂缺陷和荷载条件，可稳定获得 M 积分数值，且不需要对裂纹尖端附近的应力奇异性进行特殊处理[29]。M 积分法适用于计算直线裂纹的混合模态应力强度因子，也适用于任意弯曲相互作用裂纹生长过程中应力强度因子的分离，弥补了 J 积分受裂纹形态限制的不足。除此之外，其应用不仅对奇异裂纹问题有效，而且适用于各种奇异性不明显的缺陷类型，如位错、塑性变形、夹杂/孔洞、应变核等[30]，因此能有效用于断裂力学和损伤力学。根据原始 M 积分公式，对于含夹杂的光滑试件(图 7-7)，式(7-29)可重写为

$$M^{(1,2\alpha)} = \oint_S \left(W x_j \delta_{ij} - \sigma_{jk} u_{k,i} x_i - \frac{1}{2} \sigma_{jk} u_k \right) n_j \mathrm{d}A$$

$$= \oint_{S_1} \left(W x_j \delta_{ij} - \sigma_{jk} u_{k,i} x_i - \frac{1}{2} \sigma_{jk} u_k \right) n_j \mathrm{d}A_1 \tag{7-31}$$

当积分曲面 S 位于线弹性区域内时，M 积分的值具有明显的路径无关性。即使积

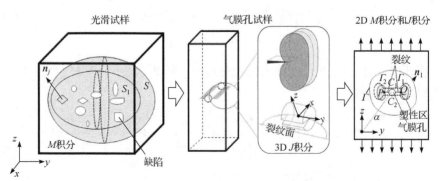

图 7-7　气膜孔三维 M 积分示意图

分路径不完全围绕塑性区，也可以得到路径无关的 M 积分[31]。

　　在循环载荷作用下，气膜孔处发生材料弹塑性损伤形成塑性区，并伴随着微裂纹的萌生直到宏观裂纹扩展阶段，最终突然断裂。已有研究表明[32]，在 M 积分计算中，当积分路径为封闭曲线，所有缺陷被包围时，M 积分可以表征加载条件、材料性能和缺陷形态对损伤程度的影响。在这种情况下，损伤区域主要是机体内部固有缺陷和远程加载引起的塑性区，对于单边裂纹可以用三维 J 积分得到。假设实际弹塑性材料中多重缺陷引起的损伤面积与理想弹性材料中单个圆形缺口和裂纹总长度的 M 积分值相等，无论弹塑性材料类型和缺陷结构如何，孔边各种类型缺陷引起的损伤程度可以用弹性材料中等效圆形缺口和孔边裂纹长来量化。此时，根据几何关系，考虑二维结构时(这里为了表述方便，三维和二维近似)，二维 J 积分的围线长度可以写成 $C = C_1 + C_2 + \Gamma_1 + \Gamma_2$，则

$$M^{(1,2\alpha)} = \alpha_1 \left(J_1^P - J_1^Q \right) + \alpha_2 \left(J_2^P - J_2^Q \right)$$
$$+ \frac{l}{2} \left(J_1^P + J_1^Q \right) + \alpha_2 \int_{C_1+C_2} W n_2 \mathrm{d}s \qquad (7\text{-}32)$$

式中，P 和 Q 分别为孔边裂纹左端和右端编号；J_1^P 和 J_2^P 分别裂纹 P 端 J_1 型和 J_2 型积分大小，Q 端类似；l 为近似裂纹平行度长度(PQ 之间的距离)；$\alpha(\alpha_1, \alpha_2)$ 为 P、Q 两点在参考坐标系中的位置。

　　从式(7-32)可以观察到，尽管 J_1 和 J_2 积分保持不变，但 α 的位置对积分的结果有显著影响。假定位置向量为 $\alpha(0,0)$，即坐标系原点 O 与裂纹中心重合，前两项均为 0。从图 7-7 积分路径可以看出，C_1 和 C_2 恰好长度相同、方向相反(需要注意的是，该结论未考虑裂纹不对称扩展)，则式(7-32)的最后一项也为 0。此时，式(7-32)可以简化为

$$M^{(1,2\alpha)} = l J_1^P = l J_1^Q \qquad (7\text{-}33)$$

　　需要进一步理解的是，J 积分的守恒性只有在应用全量理论和单调加载情况下才能成立，因此 J 积分理论不能用来分析疲劳载荷下裂纹的扩展与失稳，但是通过 M 积分可以有效避免这一问题，式(7-33)中 $M^{(1,2\alpha)}$ 仅涉及准静态下的 J_1。另外，当裂纹没穿透孔边时，J 积分仅考虑裂纹源区附近的积分区域。

7.4.2　单晶复合型裂纹扩展准则

　　根据第 5 章和第 6 章的研究可知，单晶材料在高温环境中的裂纹扩展主要表现为混合扩展模式。张广平等[33]研究发现，镍基单晶材料在复合载荷下，单晶体的疲劳裂纹总是沿着具有最大切应力的滑移面开裂。本书作者团队相关研究[34]指出：单晶体在临界温度以下的断裂形式主要以剪切型的脆性断裂为主；超过临界

温度后，断裂形式将逐步转化为微孔洞聚集型的韧性断裂。单晶材料的裂纹扩展准则非常复杂，也没有统一的描述模型，常见的准则主要有最大周向应力(MTS)、最大切应变、最大应变能(密度)、能量释放率等。这些准则衡量材料抵抗裂纹扩展的能力在本质上没有根本区别，一般在工程上使用时非常接近。因此，本章采用常见的最大周向应力准则来表征材料在980℃下表现出的"韧性断裂"特征。

对于各向同性材料，根据 $\sigma_{y'y'}$ 与裂纹倾角之间的关系，将计算得到的混合模态应力强度因子应用于最大周向应力裂纹扩展准则中，确定沿裂纹前缘的所有节点在垂直于裂纹前缘平面上的等效应力强度因子和裂纹偏转角。从 $\sigma_{y'y'}$ 表达式可以看出，尽管 K_{III} 参与裂纹扩展，但裂纹扩展角一般不受影响。将 $\sigma_{y'y'}$ 对 θ 求一阶导，可以得到

$$\frac{\partial \sigma_{y'y'}}{\partial \theta} = \frac{-3}{4\sqrt{2\pi}} \cos\frac{\theta}{2} \left[K_{\text{I}} \sin\theta + K_{\text{II}}(3\cos\theta - 1) \right] \tag{7-34}$$

继续对式(7-34)求二阶导数并令其为零，则裂纹偏转角 φ_0 表示为[35]

$$\varphi_0 = \arccos \frac{3K_{\text{II}}^2 + K_{\text{I}}\sqrt{K_{\text{I}}^2 + 8K_{\text{II}}^2}}{K_{\text{I}}^2 + 9K_{\text{II}}^2} \tag{7-35}$$

同理，镍基单晶裂纹尖端的三维应力场可以由第 5 章表达式得到，将其换成极坐标形式，根据 Saouma 等[36]提出的各向异性材料周向应力准则，裂纹扩展角 φ_γ 判断式为

$$\max \left\{ \frac{K_{\text{I}}\text{Re}\left(\frac{s_1 t_1 - s_2 t_2}{s_1 - s_2}\right) + K_{\text{II}}\text{Re}\left(\frac{t_1 - t_2}{s_1 - s_2}\right)}{K_{\text{IC}}^1 \cos^2 \varphi_\gamma + K_{\text{IC}}^2 \sin^2 \varphi_\gamma} \right\} \tag{7-36}$$

$$t_1 = (s_2 \sin\varphi_\gamma + \cos\varphi_\gamma)^{3/2}, \quad t_2 = (s_1 \sin\varphi_\gamma + \cos\varphi_\gamma)^{3/2} \tag{7-37}$$

式中，K_{IC} 的上标 1、2 表示两个主轴方向；s_1 和 s_2 为式(7-38)的两个解[37]：

$$S_{11}s^4 - 2S_{16}s^3 + (2S_{12} + S_{66})s^2 - 2S_{26}s + S_{22} = 0 \tag{7-38}$$

式中，S_{ij} 为单晶材料应力应变柔度矩阵参数。

此时，两种断裂准则下的等效应力强度因子可表示为

$$K_{\text{eq}} = \sqrt{(K_{\text{I}})^2 + \lambda_1 (K_{\text{II}})^2 + \lambda_2 (K_{\text{III}})^2} \tag{7-39}$$

式中，λ_1 和 λ_2 分别为 K_{II} 和 K_{III} 裂纹修正因子。对于镍基单晶而言，根据第 5 章的推导可以得出 $\lambda_1 = 1$，$\lambda_2 = 1$。同时，也可以通过数值计算得到 I 型 J 积分。

7.4.3　孔边应力强度因子求解模型

根据试验疲劳载荷,采用热点法求得不同倾角气膜孔处的最大应力集中点(或最大分切应力点),采用与第 2 章相同的率相关单晶塑性本构模型,参数选取参见相关工作[38-39]。根据众多的试验数据,裂纹萌生点一般位于内孔壁处,具体的节点单元位置根据仿真结果确定。将椭圆中心与孔中心重合,并保证椭圆切入材料基体的几何中心与最大应力集中点大致吻合,裂纹倾角尽可能与断口形貌保留的裂纹扩展方向一致,孔边插入初始裂纹如图 7-8 所示。

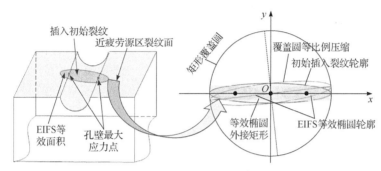

图 7-8　孔边插入初始裂纹几何示意图

将两个相同椭圆放置在以 O 点为中心的坐标轴上,椭圆的长、短半轴长分别为 a、b,两椭圆的中心距离为 c,则椭圆方程分别为

$$\frac{(x-c/2)^2}{a^2}+\frac{y^2}{b^2}=1 \tag{7-40}$$

$$\frac{(x+c/2)^2}{a^2}+\frac{y^2}{b^2}=1 \tag{7-41}$$

这两个椭圆外接矩形的四条边分别为 $x=\pm(c/2+a)$,$y=\pm b$;此时,能覆盖整个矩形的最小外接圆直径为矩形的对角线长度,半径 r 可表示为

$$r=\frac{\sqrt{(c+2a)^2+(2b)^2}}{2} \tag{7-42}$$

设两个椭圆最小外接椭圆的方程为

$$\frac{(x-x_0)^2}{A^2}+\frac{(y-y_0)^2}{B^2}=1 \tag{7-43}$$

很显然,(x_0,y_0) 位于矩形的中心处,即 $(x_0,y_0)=(0,0)$。外接圆与矩形长宽等比例压缩,直到与两椭圆进行相切,此时有

$$\begin{cases} A = r \\ B = \dfrac{r}{\sqrt{1+\left(\dfrac{c}{a}\right)^2}} \end{cases} \tag{7-44}$$

随后观测试件断口，确定 90°倾角气膜孔试件裂纹源区的形状尺寸比例，根据常温下确定的圆孔 EIFS，第 6 章的式(6-20)中应力强度因子等效反算出椭圆形长短轴。采用基于断裂力学方法的大型通用有限元软件 ABAQUS 和 FRANC 3D 软件交互使用这一数值模拟方法，FRANC 3D 软件能采用自适应网格重新划分技术，时刻保证裂纹尖端周围高质量的网格，裂纹尖端使用奇异的楔形单元或退化的六面体单元(弹塑性材料)，对试验模型进行自动裂纹扩展，并使用 M 积分计算输出应力强度因子 K_I、K_{II}、K_{III} 和 J_1^P(或 J_1^Q)。对于载荷复杂的情况，ABAQUS 和 FRANC 3D 反复导入导出会信息丢失，一般可以通过 ABAQUS 写入 INP 文件后经过 FRANC 3D 插入裂纹，再在 ABAQUS 运行 Job，提取 ODB 文件和位移 DTP 文件数据，导入 FRANC 3D 计算。需要理解的是，对于结构不复杂、载荷规律的模型而言，传统的计算方法也能满足要求。其运行的流程和建立的几何模型见如图 7-9。

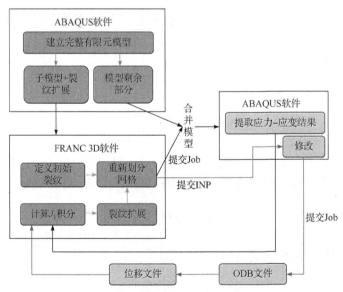

图 7-9　ABAQUS 和 FRANC 3D 联合求解思路

由于镍基单晶材料在三个材料主轴方向上的弹性性质相等，可简化表示为正交各向异性，其弹性应力-应变关系用矩阵的形式可以表示为第 2 章镍基单晶的弹性本构关系。根据表 7-3 中的试验参数，常温(约 25℃)下弹性模量 E、剪切模量 G

和泊松比 ν 分别为 131500MPa、155070MPa 和 0.344；980℃下三者的测试值分别为 80500MPa、85600MPa 和 0.39。由此，可以求得各刚度矩阵参数，见表 7-4。

表 7-4 不同温度下的刚度矩阵参数

温度	D1111	D1122	D2222	D1133	D2233	D3333	D1212	D1313	D2323
25℃	205719	107877	205719	107877	107877	205719	155070	155070	155070
980℃	160578	102665	160578	102665	102665	160578	85600	85600	85600

7.5 气膜孔结构疲劳失效机理与断裂模型

7.5.1 不同倾角孔边温度场与应力场

气膜孔以固定旋转速度在近似二维平面上旋转[图 7-10(a)]至直径 0.5mm，所需的时间为 0.444s，沿厚度方向单层进给量为 0.01mm，则 90°、60° 和 45° 气膜孔的制造时间分别为 44.4s、51.3s 和 62.8s。单点脉冲的能量满足三维高斯分布，其二维投影如图 7-10(b)所示。

一般而言，孔边再铸层由高温熔融液体黏结在孔壁上凝固结晶而成，其物理机制一般与制孔过程中温度场密切相关。其产生的热膨胀和热软化对热应力的产生至关重要，热应力与蓬松的再铸层中微裂纹产生、数量和长度大小都息息相关。为了研究同种工艺下不同倾角引起的烧蚀损伤差异，用建立的三维水平集流体动力学模型和热弹性应力模型进行数值仿真，结果如图 7-11 和图 7-12 所示。激光作用时间对孔边实际温度场分布有明显的差异，由于激光作用时间短，孔壁周围产生了不均匀的温度梯度，越靠近孔壁温度梯度越大，如图 7-11 所示。由于镍基

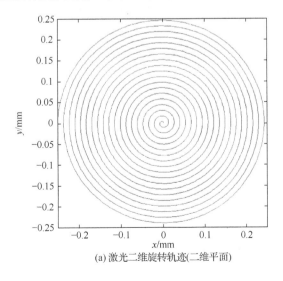

(a) 激光二维旋转轨迹(二维平面)

(b) 激光单点脉冲高斯能量分布

图 7-10 飞秒激光制孔图

单晶的熔点是 1350℃，在高能激光反复作用下，孔壁附近出现了明显的热熔融区 (图 7-11 中孔边区域)。当温度趋于一致时，孔壁黏附熔融液体逐渐冷却成再铸层，但实际制孔过程中，这一区域会被辅助吹气排出，因此吹气好坏是也是形成再铸层的关键因素。90°、60°和 45°倾角气膜孔刚打穿材料厚度时，温度场分布趋势(1000℃影响区范围约为 20μm)大致相同，最高温度分别为 3550℃、3719℃和 3732℃，不同倾角极差为 182℃(约 5%)；气膜孔制孔完成时，温度场分布趋势

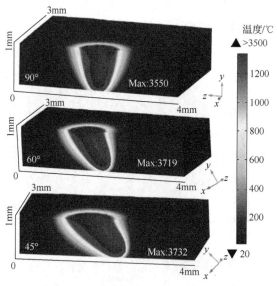

(a) 脉冲激光刚好穿透底面时刻温度场分布

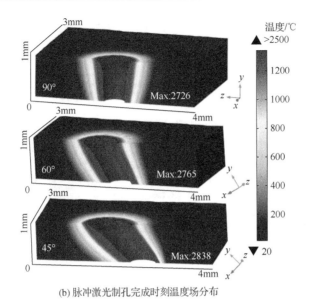

(b) 脉冲激光制孔完成时刻温度场分布

图 7-11　激光制造不同倾角气膜孔温度场分布

(1000℃影响区范围约为 40μm)也大致相同，最高温度分别为 2726℃、2765℃和 2838℃，不同倾角极差降为 112℃(约 4%)。这可能是因为试件被击穿后，短时的热冲击对孔壁作用比脉冲中心直接作用材料的影响弱，这一现象在图 7-11(b)中可以清晰看出。

　　温度梯度的存在及不均匀性容易使材料发生热膨胀不均匀，诱发热应力产生裂纹，孔边的应力场分布和晶体形貌如图 7-12 所示。为了定量反映不同倾角制孔差异，选定同一位置处(脉冲激光刚好穿透底面)的瞬态温度应力场进行比较，激光打孔过程的 Mises 应力分布云图如图 7-12(a)所示。由于小孔内部气化及孔壁液态金属丧失塑性，其应力近似为 0(图中未显示)，孔底端区域的应力梯度大于孔上端，不同倾角的应力梯度和大小表现出不同的差异。90°倾角气膜孔的应力分布呈现孔几何中心对称，最大拉应力为 298MPa；60°和 45°倾角气膜孔应力梯度在孔右侧表现更为明显，基本不呈现孔几何中心对称，最大拉应力分别为 300MPa 和 286MPa；不同倾角的瞬态应力极差为 14MPa(约 4.7%)。需要理解的是，这里的温度场和应力场差异虽然均有小于 5%的差异，但这仅仅是瞬态的，随着激光停止，差异进一步缩小，在进行疲劳试验时这一差异近乎可以忽略不计(第 3 章)。孔边附近 EBSD 晶体取向[图 7-12(b)]说明不同倾角对孔边缘的晶体取向没有影响，只是在内壁上存在孔边冷却过程的少许多晶残留。以上是为了解释不同倾角制孔产生的几何与晶体差异、难测量的温度场与应力场差异，有效证明了"直孔 EIFS 用于不同倾角气膜孔中"这个初始假定。

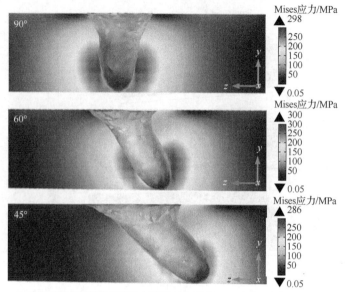

(a) 脉冲激光刚好穿透底面时不同倾角气膜孔Mises应力场分布

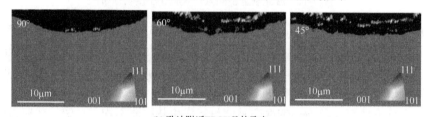

(b) 孔边附近EBSD晶体取向

图 7-12　激光制造不同倾角气膜孔应力场分布和孔边晶体形貌

7.5.2　裂纹扩展路径与断口形貌

　　用长焦距显微镜原位观测不同倾角的裂纹扩展萌生和断裂路径，如图 7-13 所示。总体而言，裂纹扩展路径大致呈现单一主裂纹垂直于应力加载方向，主裂纹的长度在 1.2mm 左右，气膜孔孔边均表现出多源起裂裂纹特征，且孔两侧不会同时起裂。三种倾角气膜孔呈现细节差异，具体表现：90°倾角试件萌生裂纹数量少于 60°倾角和 45°倾角气膜孔，在疲劳载荷作用下，90°倾角圆形气膜孔相对另两种有明显的几何拉伸变形，拉伸变形方向为试件施加载荷方向，少部分试件在小裂纹扩展阶段有分叉、合并、再扩展现象；一般当两侧裂纹同时出现时，裂纹随即快速稳定扩展并呈现加速趋势，试件在不降载的情况下裂尖应力迅速增加，在较短的循环将试件拉裂；但不同的是，90°倾角试件在气膜孔两侧同时出现裂纹时，剩余的疲劳寿命约为疲劳全寿命的 20%，60°和 90°倾角仅为 10%以下。

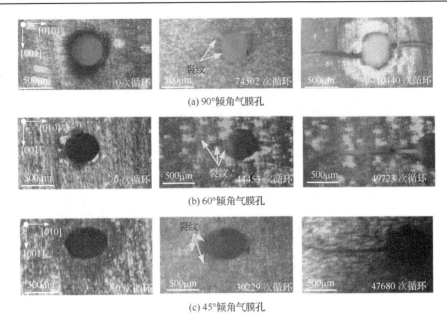

(a) 90°倾角气膜孔

(b) 60°倾角气膜孔

(c) 45°倾角气膜孔

图 7-13　原位观测裂纹萌生与扩展

采用 SEM 观察不同倾角试件孔断裂后周围的裂纹与微观结构，如图 7-14～图 7-16 所示。循环应力作用下，疲劳主裂纹均起源于气膜孔孔壁，沿垂直于名义加载应力方向、类似椭圆平面形式向材料厚度方向扩展至穿透材料。从观测表面来看，裂纹沿孔边一定长度平行裂纹扩展，随即改变裂纹扩展方向，呈现 Z 字形

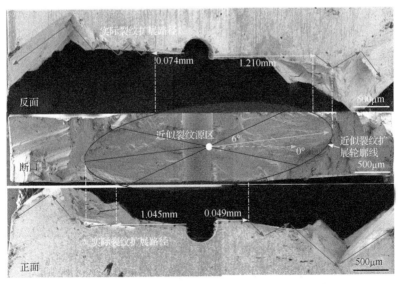

图 7-14　90°倾角气膜孔典型裂纹扩展路径和断口映射图

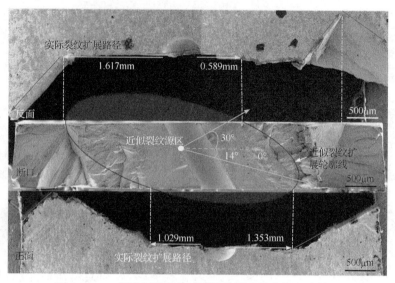

图 7-15　60°倾角气膜孔典型裂纹扩展路径和断口映射图

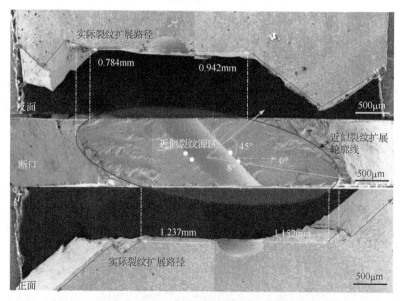

图 7-16　45°倾角气膜孔典型裂纹扩展路径和断口映射图

扩展直至试件断裂。由于高温氧化作用，实际的裂纹源区形貌被完全覆盖，无法从断口处观察到裂纹的萌生情况，这里的裂纹起源仅通过断裂平面椭圆平面几何中心近似确定，仅能从偶尔观测到的放射棱线捕捉反推猜测。从图 7-14～图 7-16可以看出，尽管裂纹的扩展平面几何形式差异不大，但平面扩展角度却有明显差异：以孔轮廓的法线为旋转轴原点，90°倾角孔的裂纹扩展平面夹角为逆时针旋转

6°，60°倾角孔的裂纹扩展平面夹角为顺时针旋转 44°，45°倾角孔的裂纹扩展平面夹角为顺时针旋转 53°。

如前所述，实际加载过程中的气膜孔变形和近似裂纹源区位置可以由图 7-17 的观测结果验证。从图中可以看出，90°倾角气膜孔的孔边几何变形较为明显，裂纹萌生位置与其他倾角不同，一般位于原始孔几何半径顺/逆时针旋转 10°以内[图 7-17(a)]；60°和 45°倾角裂纹萌生位置可以视为在最小横截面附近，残留的孔壁萌生小裂纹均在孔内壁处形核和扩展[图 7-17(b)和(c)]。

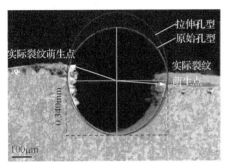

(a) 90°倾角

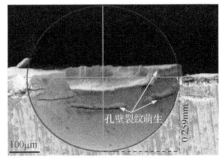

(b) 60°倾角

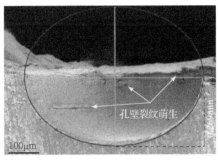

(c) 45°倾角

图 7-17 断裂后气膜孔几何特征变化和孔壁裂纹萌生

7.5.3 气膜孔结构断裂特性

为了研究不同倾角气膜孔的孔边多源裂纹形核与分切应力分布，仅考虑在相同应力条件(σ_{max} 为 560MPa，$R=0.1$，$T=980℃$，$f=5$Hz)下加载，得到的有限元计算结果如图 7-18 所示。疲劳稳定时，90°、60°和 45°气膜孔倾角的八面体最大分切应力分别为 336.2MPa、377.2MPa 和 479.7MPa。为便于识别椭圆孔孔边分切应力的分布趋势，将孔边应力分布状态以垂直于拉伸应力的最小截面为旋转轴起点(0°)，由于气膜孔内部的最大应力位置与仅考虑试件表面的最大应力位置一样，气膜孔孔边的分切应力随着孔边角度变化趋势如图 7-18 所示。分别计算出孔周八

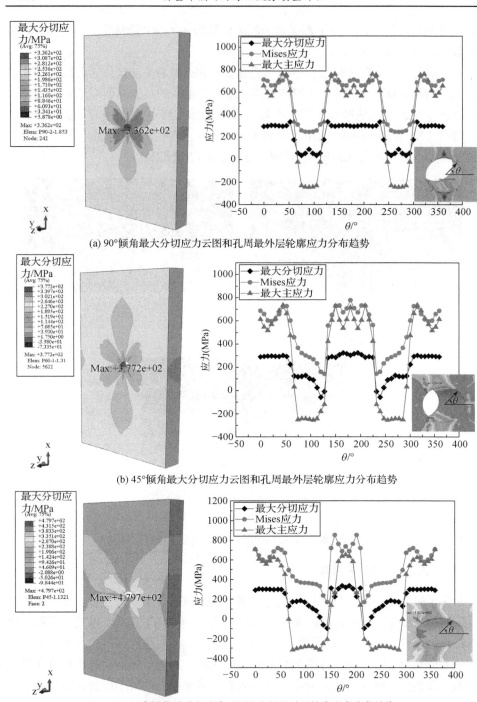

(a) 90°倾角最大分切应力云图和孔周最外层轮廓应力分布趋势

(b) 45°倾角最大分切应力云图和孔周最外层轮廓应力分布趋势

(c) 45°倾角最大分切应力云图和孔周最外层轮廓应力分布趋势

图 7-18　不同倾角孔边应力分布情况

稳定循环 1/4 周期，最大加载应力均为 560MPa

面体最大分切应力、Mises 应力和最大主应力，结果表明，三种孔型和三种应力均关于 180°(或其倍数)对称，且三种应力的变化趋势大致相同，只有最大分切应力在对称轴附近呈现不一样的趋势。具体表现：90°孔边分切应力的最大值位于孔边 52.5°、127.5°、232.5°和 307.5°，60°孔边分切应力的最大值位于孔边 165.3°和 194.7°，45°孔边分切应力的最大值位于孔边 172.8°和 187.2°。对比裂纹扩展的 SEM 照片，发现最大分切应力的萌生位置能很好地表征裂纹起裂。

　　孔边裂尖处存在与 180°(或其倍数)对称的一对分切应力(如第 3 章所述)，这是最大分切应力分布的对称性[图 7-19(a)]。材料两相在[001]取向上均匀排列，且基体 γ 相大致与几何[010]和[001]取向平行，980℃下 DD6 材料两相屈服强度差异 4～5 倍，且不同温度下有明显差别[图 7-19(b)]，这将导致位错和塑性损伤率先在 γ 相中形核成裂纹。从 SEM 照片可以看出，尽管氧化掩盖了部分裂纹扩展路径上的切割基体相，但从两相的扭转和排布可以看出，小裂纹阶段就是直接切割 γ 相。需要注意的是，实际情况下裂尖应力复杂，且材料两相并不是总是理想化地排列在材料中。因此，大应力区域切割部分 γ′相，引起位错跳跃，随后再切割 γ 相，进而改变裂纹扩展路径，使其不会永远在一条笔直线上。

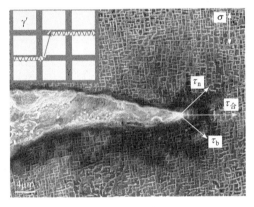

(a) 切割两相示意图

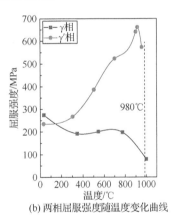

(b) 两相屈服强度随温度变化曲线

图 7-19　孔边直裂纹扩展机理

　　与八面体剪应力分布对应，有限元模型的疲劳损伤集中在孔壁应力最大处。分别保持应力幅值和实际加载名义应力(560MPa)不变，不同倾角气膜孔每个循环的疲劳损伤如图 7-20 所示。在第一个循环中，模型由于应力突变产生了大数量级的疲劳损伤。为了进一步精准判断实际裂纹起裂点，随着疲劳循环的持续，每个循环产生的最大疲劳损伤逐渐减小并趋于稳定。对比三种不同倾角气膜孔的疲劳损伤可以看出，气膜孔倾角越大，疲劳行为稳定后的每个疲劳循环中产生的损伤越小，45°表现出最大的疲劳损伤[图 7-20(a)]。从疲劳损伤累积的角度，也可以解释为什么倾角越大的试件疲劳寿命越长，以及减小应力后疲劳寿命显著增加的现象。进一步从孔壁最大损伤部位[图 7-20(b)]可以看出，45°和 60°倾角气膜孔的最大疲劳损伤往往偏向于气膜孔入口(或出口)处，图 7-17 也能大致反映这一点，这将使得气膜孔内壁切应力增大，加速裂纹萌生。

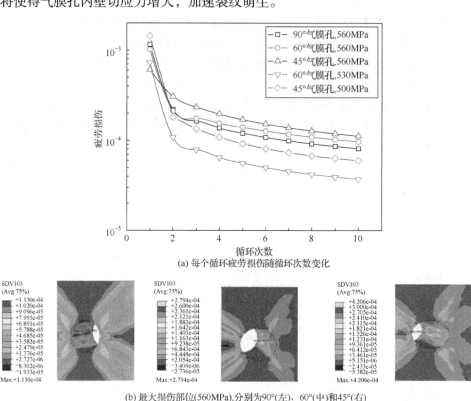

(a) 每个循环疲劳损伤随循环次数变化

(b) 最大损伤部位(560MPa),分别为90°(左)、60°(中)和45°(右)

图 7-20　不同倾角试件疲劳损伤和最大损伤部位

7.5.4　裂纹扩展率与疲劳寿命预测

根据应力强度因子等效思路，将常温下确定的 $EIFS_{95/95}$(0.0518mm)等量为一定长宽比的椭圆形裂纹。采用图 7-8 的裂纹插入方法，结合图 7-16 断口和图 7-20 中的最大损伤部位，将 EIFS 等效的椭圆裂纹的 FRANC 3D 插入方案，如图 7-21 所示。需要进一步理解的是，实际气膜孔结构存在应力和材料不均匀性，导致裂纹萌生处和有限元仿真结果之间有少许差异，且有限元模型往往会得到几何对称的应力集中点，即不会单独存在。为了将问题简单化，假设断口部位仅存在两点应力集，这两点之间的连线与[100]方向夹角为 θ(或称为椭圆倾斜角度)，椭圆形裂纹扩展轮廓保持与初始插入裂纹轮廓一致[图 7-21(a)]。孔边插入二维 EIFS 圆的等效初始插入裂纹轮廓如图 7-21(b)所示，椭圆等效轮廓的短长轴(长度分别

为 b、a)长度之比 η 为 0.483，且 $b = EIFS \cdot \sqrt{\eta}$。

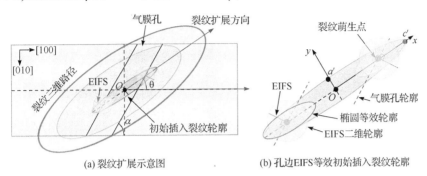

(a) 裂纹扩展示意图　　　　(b) 孔边 EIFS 等效初始插入裂纹轮廓

图 7-21　FRANC 3D 裂纹插入示意图

根据图 7-8 初始插入 EIFS 的二维轮廓裂纹，结合 7.5.2 小节观察到的裂纹扩展角和 7.5.3 小节的最大分切应力方向，可以确定初始椭圆裂纹面倾角 θ，以及两个等效椭圆的中心距离 c 等参数；随即求出初始插入裂纹的长短半轴长($A=|Oc'|$ 和 $B=|Oa'|$)。不同倾角确定的三维模型插入裂纹扩展参数如表 7-5 所示。

表 7-5　三维模型插入裂纹扩展参数

倾角/(°)	最大损伤节点	观测夹角/(°)	计算夹角/(°)	椭圆等效轮廓长轴长度 a/mm	椭圆等效轮廓短轴长度 b/mm	两椭圆距离 c/mm	初始裂纹轮廓长轴长度 A/mm	初始裂纹轮廓短轴长度 B/mm
90	6716	6	0			0.500	0.327	0.118
60	6625	14	23.41	0.075	0.036	0.839	0.496	0.142
45	5967	8	17.75			1.092	0.622	0.158

将有限元软件 ABAQUS v6.14 与裂纹扩展工具 FRANC 3D v7.5.5 配对，所有的模拟都是在 3D 环境中进行。两个初始有限元模型分别划分为全局域和局部域，在构造裂纹前区域的网格需要特别注意，裂纹前沿被一环 15 节点的楔形单元(适当的节点移动到四分之一点位置)和两环 20 节点的块状单元环绕。裂尖三圈单位设置如图 7-22(a)所示，所有靠近裂纹前沿的单元都具有直边，有效地用分段的直

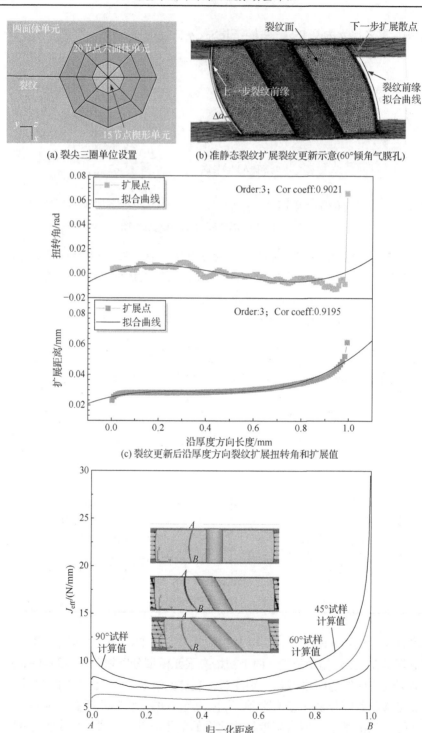

(a) 裂尖三圈单位设置

(b) 准静态裂纹扩展裂纹更新示意(60°倾角气膜孔)

(c) 裂纹更新后沿厚度方向裂纹扩展扭转角和扩展值

(d) 沿不同厚度方向J_{eff}分布情况

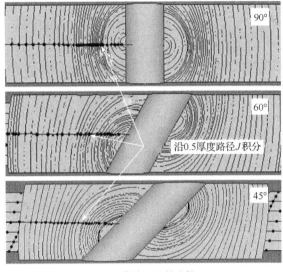

(e) 不同倾角J_{eff}计算路径

图 7-22　裂纹扩展参数计算

线段逼近弯曲的裂纹前沿。如果采用曲线几何元素，那么使用直裂纹前段就不需要考虑 M 积分中出现的附加项。M 积分的积分域为单元的前两个环，权重函数(虚拟裂纹扩展)为二次型，以单元边节点为中心。这种设置已经被证明可以产生精确的 J 积分值，参见相关文献[26]。

　　由于本小节中没有使用裂纹扩展规律，因此使用了 FRANC 3D 中的准静态裂纹扩展选项，插入的椭圆裂纹如图 7-22(b)所示。指定裂纹长度扩展量 Δa，根据 7.4 节推导的裂纹扩展准则和应力强度因子求解模型，可以得到由大量散点组成的裂纹前缘，使用沿裂纹前沿的应力强度因子的三阶多项式拟合程序来完成，以近似下一个扩展裂纹前沿的形状。利用此程序，计算了沿裂纹的各向异性裂纹扩展参数。对于不同倾角试件，将裂纹长度[图 7-22(d)中 A 点到 B 点]进行归一化处理，得到归一化距离与有效 J_{eff} 之间的对应关系。从图 7-22(d)可以看出，沿厚度不同位置处的 J_{eff} 差别很大，这主要是靠近自由表面处边界条件差异造成网格奇异性，越靠近 A 点和 B 点波动性越大，但位于 0.4~0.6 的 J_{eff} 比较稳定，一般可以反映结构断裂特征。由于裂纹具有几何对称性，因此本章选取孔边一侧 0.5 倍厚度位置内的路径计算不同倾角的 J_{eff}，如图 7-22(e)所示。

　　不同倾角气膜孔结构裂纹扩展情况如图 7-23 所示。为了建立观测裂纹长度 a 裂纹与计算 ΔJ_{eff} 之间的关系，首先指定裂纹长度的零点为试件表面孔边缘处，这也是实际裂纹观测的起点，根据 Newton-Raphson 插值绘制不同观测裂纹长度 a-J_{eff} 曲线，如图 7-23(a)所示。由此，考虑应力比 R，采用指数函数绘制不同倾角 da/dN-ΔJ_{eff} 曲线，如图 7-23(b)～(d)所示。可以看出，拟合曲线可以很好地表征两者之间的相关性，即使裂纹长度小于 0.1mm，也没有金属材料经常表现出明显的 da/dN 曲线"上翘"现象。

根据第 6 章的激光制孔 EIFS 计算结果，引入不同保证率下的 EIFS$_{\text{min}}$、EIFS$_{95/95}$、

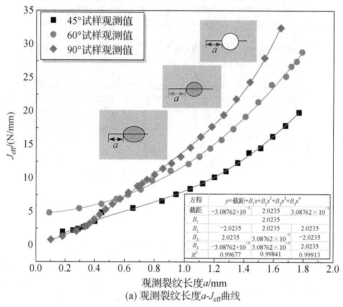

(a) 观测裂纹长度a-J_{eff}曲线

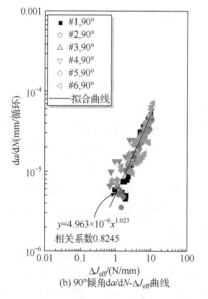

(b) 90°倾角da/dN-ΔJ_{eff}曲线

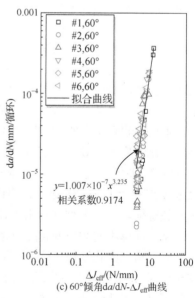

(c) 60°倾角da/dN-ΔJ_{eff}曲线

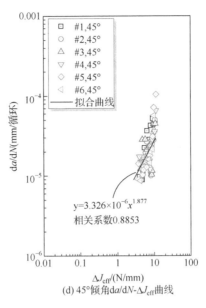

(d) 45°倾角 da/dN-ΔJ_{eff}曲线

图 7-23　不同倾角气膜孔结构裂纹扩展示意图

$EIFS_{max}$，分别为 0.0423mm、0.0518mm、0.0530mm。需要理解的是，上述的计算结果都是基于 $EIFS_{95/95}$ 求得，如果引入 $EIFS_{min}$ 和 $EIFS_{max}$，虽然对初始"等量"裂纹附近的裂纹长 J 积分计算造成影响，但随着裂纹扩展模式固定及裂纹长度增加，这种影响将变得逐渐可以忽略，因此，在进行寿命求解时仍然采用上述裂纹扩展率。通过计算，$EIFS_{min}$ 和 $EIFS_{max}$ 之间的寿命误差只有在 5000 循环以内可以忽略不计。对比国内外常见的基于损伤力学的寿命模型，如图 7-24 所示，可以看出使用 EIFS 模型的断裂力学模型疲劳寿命比损伤力学模型预测误差小，疲劳寿命大部分位于 2 倍分散带内，全部位于 3 倍分散带内；而损伤力学模型则位于 5~10 倍分散带内，有少数位于 15 倍分散带内。这主要是由于气膜孔附近受力处于复杂应力状态，从而产生多轴低周疲劳损伤，具体表现在三个方面：一是损伤力学的局部甚至某个单元的大应力损伤会使预测结果变得激进，尽管有一些工程方法预测缺口件的多轴疲劳寿命，但其精度无法保证；二是材料在高温环境疲劳载荷下应力集中部位存在应力松弛现象，这同样使得损伤的预测变得复杂；三是材料的本征物理属性可能不能完全反映试验材料真实信息，大部分线损伤累积准则的适用性也不高。EIFS 方法则完全避开了这些因素，在宏观裂纹面前，这些因素则显得次要，决定性因素则是裂纹扩展的准确描述，这些已经在本章中做了系统阐述。尽管距离真实的裂纹扩展驱动有所差异，但结合晶体损伤-宏观裂纹，这一方法途径可以近似描述。

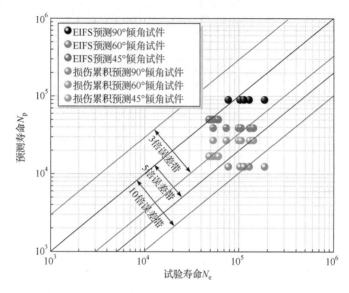

图 7-24　不同倾角气膜孔试件疲劳全寿命预测

7.6　本 章 小 结

本章在第 6 章的研究基础上对实际叶片上存在的不同倾角气膜孔进行 980℃疲劳试验，将气膜孔不同倾角的"烧蚀"视为确定的初始损伤，对镍基单晶材料的裂纹扩展驱动力进行描述，结合断裂力学对疲劳全寿命进行预测。本章的结论如下。

(1) 建立的镍基单晶飞秒激光三维螺旋制孔固-液-气三相统一模型能弥补传统两相流忽略的实际三相转化与共存的情况，获取了激光打孔孔型演化、温度场差异；对不同倾角小孔形成过程的熔融液体过程和孔边再铸层检测、孔边几何形貌进行分析，表明相同制孔工艺对不同倾角的孔壁损伤差异不大，验证了直孔 EIFS 应用于斜孔的合理性。

(2) 提出了考虑裂纹几何的镍基单晶气膜孔结构裂纹扩展驱动力，采用各向异性材料周向应力准则，得到单晶材料裂纹扩展角 φ_γ 判断式和混合模式(K_I、K_{II}、K_{III})下裂纹增长驱动因子 K_{eq}，并根据三维 M 积分求解裂尖对称 J 积分。

(3) 对不同试验条件下的气膜孔试件断口进行分析，获取裂纹扩展路径和形貌，采用晶体滑移理论分析不同气膜孔结构的孔边最大分切应力和损伤量，最大分切应力和损伤量可以确定热点法及裂纹扩展的萌生；90°孔边分切应力的最大点位于孔边 52.5°、127.5°、232.5°和 307.5°位置，60°孔边分切应力的最大点位于孔边 165.3°和 194.7°位置，45°孔边分切应力的最大点位于孔边 172.8°和 187.2°位置。

(4) 根据应力强度因子等效思路，将常温下确定的 EIFS$_{95/95}$ 等量为一定长宽比的椭圆形裂纹，插入不同倾角气膜孔结构实现裂纹扩展，90°、60°和 45°倾角气膜孔的裂纹扩展方向与水平线夹角分别为 6°、23.41°和 17.75°。

(5) 考虑高温氧化行为的 $\mathrm{d}a/\mathrm{d}N\text{-}\Delta J_{\mathrm{eff}}$ 曲线可以很好地描述裂纹扩展行为，基于 EIFS 的断裂力学的疲劳寿命预测模型预测结果位于 3 倍分散带内，优于传统晶体塑性损伤力学预测模型，这为叶片实际制孔和叶片孔疲劳寿命预测提供了一套新思路。

参 考 文 献

[1] LIN Y, SONG B, LI B, et al. Investigation of film cooling effectiveness of full-coverage inclined multihole walls with different hole arrangements[C]. ASME Turbo Expo 2003, Collocated with the 2003 International Joint Power Generation Conference, 2003.

[2] ZHANG C, LIN Y, XU Q, et al. Cooling effectiveness of effusion walls with deflection hole angles measured by infrared imaging[J]. Applied Thermal Engineering, 2009, 29(5-6): 966-972.

[3] 全栋梁, 李江海, 刘高文, 等. 应用红外技术进行层板冷却特性的研究[J]. 西北工业大学学报, 2004, 22(5): 5.

[4] SWEENEY P C, RHODES J F. An infrared technique for evaluating turbine airfoil cooling designs[J]. Journal of Turbomachinery, 2000, 122(1): 170-177.

[5] GAO W, YUE Z, LI L, et al. Numerical simulation on film cooling with compound angle of blade leading edge model for gas turbine[J]. International Journal of Heat and Mass Transfer, 2017, 115: 839-855.

[6] LIU C, ZHU H, ZHANG X, et al. Experimental investigation on the leading edge film cooling of cylindrical and laid-back holes with different radial angles[J]. International Journal of Heat and Mass Transfer, 2014, 71: 615-625.

[7] 刘友宏, 任浩亮. 气膜孔倾角对层板隔热屏冷却性能影响[J]. 推进技术, 2016, 37(2): 281-288.

[8] SCHMIDT D L, SEN B, BOGARD D G. Film cooling with compound angle holes: Adiabatic effectiveness[J]. American Society of Mechanical Engineers, 1996, 118(4): 807-813.

[9] 张冬旭, 何金洋, 温志勋, 等. 气膜孔倾角角度对单晶高温合金疲劳性能的影响[J]. 推进技术, 2021, 42(1): 192-199.

[10] 梁建伟, 温志勋, 岳珠峰. 倾角对含气膜孔镍基单晶试件的蠕变损伤影响的数值模拟[J]. 稀有金属材料与工程, 2015, 44(11): 2656-2660.

[11] RAU C A. Elastic-plastic strain concentrations produced by various skew holes in a flat plate under uniaxial tension[J]. Experimental Mechanics, 1971, 11(3): 133-141.

[12] 董一巍, 吴宗璞, 李效基, 等. 叶片气膜孔加工与测量技术的现状及发展趋势[J]. 航空制造技术, 2018, 61(13): 16-25.

[13] 梅雪松, 赵万芹, 王文君, 等. 脉冲激光加工技术[M]. 北京: 科学出版社, 2023.

[14] GUO B, SUN J, LU Y F, et al. Ultrafast dynamics observation during femtosecond laser-material interaction[J]. International Journal of Extreme Manufacturing, 2019, 1(3): 032004.

[15] 张廷忠. 毫秒激光打孔过程熔融喷溅、重铸层和微裂纹形成机理研究[D]. 南京: 南京理工大学, 2017.

[16] VOLLER V R, PRAKASH C. A fixed grid numerical modelling methodology for convection-diffusion mushy region phase-change problems[J]. International Journal of Heat and Mass Transfer, 1987, 30(8): 1709-1719.

[17] 秦渊. 毫秒激光与金属材料相互作用中的热学和力学效应研究[D]. 南京: 南京理工大学, 2012.

[18] LI M, WEN Z, WANG P, et al. Femtosecond laser high-quality drilling of FCHs in nickel-based single superalloy for turbine blades with a two-step helical drilling method[J]. Journal of Materials Processing Technology, 2023, 312: 117827.

[19] Mat Web. 在线材料信息资源[DB/OL]. https://www.matweb.com/.

[20] 丁智平, 陈吉平. 镍基单晶合金热弹塑性应力–应变场数值模拟[J]. 湖南工业大学学报, 2007, 21(6): 31-35.

[21] LI Z, XIONG J, XU Q, et al. Deformation and recrystallization of single crystal nickel-based superalloys during investment casting[J]. Journal of Materials Processing Technology, 2015, 217: 1-12.

[22] 王荣桥, 胡殿印. 镍基单晶涡轮叶片热机械疲劳理论[M]. 北京: 科学出版社, 2020.

[23] CHEN Y H. On the contribution of discontinuities in a near-tip stress field to the J-integral[J]. International Journal of Engineering Science, 1996, 34(7): 819-829.

[24] YAU J F, WANG S S. An analysis of interface cracks between dissimilar isotropic materials using conservation integrals in elasticity[J]. Engineering Fracture Mechanics, 1984, 20(3): 423-432.

[25] BANKS-SILLS L, WAWRZYNEK P A, CARTER B, et al. Methods for calculating stress intensity factors in anisotropic materials: Part II.Arbitrary geometry[J]. Engineering Fracture Mechanics, 2007, 74(8): 1293-1307.

[26] WARZYNEK P A, CARTER B J, BANKS-SILLS L. The M-integral for computing stress intensity factors in generally anisotropic materials[R]. USA: NASA, 2005.

[27] HOU J, LV J, RICOEUR A, et al. The M-integral in fracture and damage mechanics: A review of developments and applications[J]. Engineering Fracture Mechanics, 2022, 273: 108741.

[28] KNOWLES J K, STERNBERG E. On a class of conservation laws in linearized and finite elastostatics[R]. Pasadena: California Inst of Tech Pasadena DIV of Engineering and Applied Science, 1971.

[29] KIENZLER R, KORDISCH H. Calculation of J_1 and J_2 using the L and M integrals[J]. International Journal of Fracture, 1990, 43: 213-225.

[30] AGIASOFITOU E, LAZAR M. Micromechanics of dislocations in solids: J-, M-, and L-integrals and their fundamental relations[J]. International Journal of Engineering Science, 2017, 114: 16-40.

[31] YU N Y, LI Q. Failure theory via the concept of material configurational forces associated with the M-integral[J]. International Journal of Solids and Structures, 2013, 50(25-26): 4320-4332.

[32] ZHANG Z, LV J, LI X, et al. A fatigue model based on M-integral in notched elastic-plastic material[J]. International Journal of Solids and Structures, 2021, 232(5):111203.

[33] 张广平, 王中光. 晶体取向和载荷模式对 Ni_3Al 合金单晶体疲劳行为的影响[J]. 金属学报, 1997, 33(10): 101-103.

[34] 温志勋, 岳珠峰, 朱振涛. 镍基单晶合金紧凑拉伸试样高温断裂特性的实验研究[J]. 材料工程, 2007, 35(12): 15-20.

[35] MAKINO T, KATO T, HIRAKAWA K. The effect of slip ratio on the rolling contact fatigue property of railway wheel steel [J]. International Journal of Fatigue, 2012, 36(1): 68-79.

[36] SAOUMA V E, AYARI M L, LEAVELL D A. Mixed mode crack propagation in homogeneous anisotropic solids[J]. Engineering Fracture Mechanics, 1987, 27(2): 171-184.

[37] MELLO A W, NICOLAS A, SANGID M D. Fatigue strain mapping via digital image correlation for Ni-based superalloys: The role of thermal activation on cube slip[J]. Materials Science and Engineering: A, 2017, 695: 332-341.

[38] 陈龙. 镍基单晶气膜孔结构疲劳性能研究[D]. 西安: 西安建筑科技大学, 2014.

[39] 李振威. 镍基单晶冷却叶片气膜孔裂纹形核机理与寿命预测研究[D]. 西安: 西北工业大学, 2021.

第8章　考虑制造初始状态镍基单晶涡轮叶片可靠性分析

8.1　引　　言

镍基单晶涡轮冷却叶片的设计大部分基于确定性条件，使叶片设计满足服役条件下的强度和寿命要求，但实际叶片的材料性能存在一定分散性，无法与设计使用的材料参数完全一致，导致叶片常常不能达到预期的强度和寿命。镍基单晶涡轮冷却叶片从生产加工到服役的各个环节中，都存在着影响其最终强度与寿命的因素，如叶片铸造中存在晶体取向偏差、气膜孔加工带来的孔的几何参数偏差、服役工况下的载荷存在分散性等，以上因素都可认为是服从概率分布的随机变量。镍基单晶涡轮冷却叶片设计过程中，只有考虑了随机变量概率分布对叶片强度和寿命的影响，确定叶片强度寿命的可靠性，才能有效避免叶片发生故障，保障发动机的安全。

欧美发达国家关于涡轮叶片可靠性的分析少有公开。艾书民等[1]研究了稳态温度场下某型发动机涡轮叶片的可靠性，发现材料弹性模量的分散性有较大的影响。李磊等[2]考虑了材料性能、叶片壁厚、温度和载荷的不确定性，采用多学科耦合设计优化方法研究了涡轮叶片叶身的温度、强度和寿命，提高了叶片可靠性。杜鹏飞等[3]研究了晶体取向的概率描述模型和单晶叶片蠕变寿命的可靠性。谢非[4]研究了航空发动机高压涡轮叶片多失效模式下的概率寿命预测，考虑了叶片材料密度、弹性模量、疲劳参数及考察点稳态温度的不确定性，分析了叶片蠕变疲劳寿命的可靠性及灵敏度。赵爽[5]以涡轮叶片的疲劳寿命为研究对象，考虑了转速、燃气温度和冷气温度的随机性，采用响应面法建立涡轮叶片结构疲劳损伤的响应面，结合改进一次二阶矩法计算涡轮叶片的失效概率。

从上述研究结果可以发现，镍基单晶涡轮冷却叶片的强度寿命研究鲜有考虑气膜孔结构初始状态。由于制造水平限制，实际冷却叶片的气膜孔几何尺寸往往与设计尺寸有一定的偏差。除了孔的几何特征，单晶冷却叶片的晶体取向偏差、材料属性也具有一定的分散性，在服役过程中，冷却叶片还受到随机载荷的作用。这些随机性因素对单晶冷却叶片强度寿命影响非常大。只有充分考虑这些制造初始状态随机不确定性因素对镍基单晶冷却叶片强度与寿命的影响，并建立镍基单晶叶片的可靠性分析模型,才能够真正保证镍基单晶冷却叶片的安全。

在之前研究内容的基础上,本章开展以下研究:①基于实测数据,研究实际镍基单晶涡轮冷却叶片的气膜孔几何参数、晶体取向、材料参数和载荷随机因素的概率分布特征;②考虑气膜孔几何参数因素对叶片可靠性的影响,研究镍基单晶涡轮冷却叶片的参数化建模;③研究气膜孔几何参数、晶体取向、材料参数和载荷随机因素概率分布对镍基单晶涡轮冷却叶片强度寿命的影响,并计算各个随机因素下镍基单晶涡轮冷却叶片强度寿命的可靠度;④建立镍基单晶涡轮冷却叶片强度寿命响应面模型,根据响应面模型,对镍基单晶涡轮冷却叶片强度寿命进行可靠性分析;⑤根据强度寿命响应面模型,对各个随机因素进行可靠性灵敏度分析。

8.2　镍基单晶涡轮叶片随机变量概率分布特征

8.2.1　气膜孔几何参数概率分布特征

为了解气膜孔几何参数的概率分布特征,本章采用镍基单晶高温合金 DD6 材料加工大量气膜孔试件,测定并统计气膜孔的几何参数,以获得具有代表性的气膜孔几何参数概率分布规律,如图 8-1 所示。首先,用线切割机将镍基单晶 DD6 材料切割成尺寸为长 8mm×宽 8mm×厚 1.5mm 方片形试件[图 8-1(a)],厚度方向为材料[001]方向,共计加工 15 件。然后,将试件用电液束打孔,打孔方向垂直于

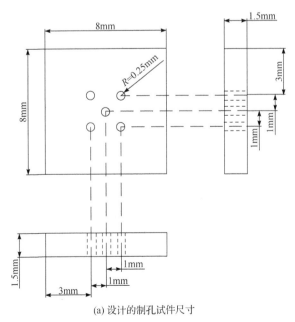

(a) 设计的制孔试件尺寸

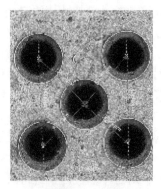
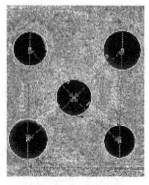

(b) 整体气膜孔形貌(进口)　　　　　　　(c) 整体气膜孔形貌(出口)

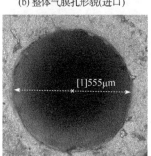
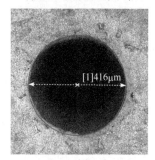

[1]555μm　　　　　　　　　　[1]416μm

(d) 局部气膜孔形貌(进口)　　　　　　　(e) 局部气膜孔形貌(出口)

图 8-1　典型电液束制孔几何特征

试件表面，每件试件打孔 5 个使其呈三角形排布，气膜孔加工直径为 0.5mm。气膜孔的孔径测量利用超景深显微镜，采用三点测量方式减少误差，通过在气膜孔表面选取等距的三个节点生成贴合孔壁的圆，测量圆的直径得到气膜孔孔径的测量值，典型电液束制孔进出口形貌如图 8-1(b)～(e)所示。

电液束制孔工艺加工试件的孔径统计结果及其概率分布特征分别如表 8-1 和图 8-2 所示，用于分析孔的几何特征。①气膜孔入口直径最大为 688μm，最小为 502μm；出口直径最大为 419μm，最小为 341μm；入口直径最大值比最小值大 37%，出口直径最大值比最小值大 23%。②加工的 15 件试件中，气膜孔入口直径平均值最大为 593.6μm，最小为 512.6μm；出口直径平均值最大为 396.4μm，最小为 353.4μm；入口直径平均值最大值比最小值大 15.8%，出口直径平均值最大值比最小值大 12.2%。③11 号试件的 5 号孔存在加工缺陷，气膜孔未完全穿透试件，因此第 11 号试件的标准差不具备参考性。去除 11 号试件的数据后，气膜孔入口直径标准差最大为 12.1μm，最小为 4.3μm；出口直径标准差最大为 33.3μm，最小为 1.51μm；气膜孔入口直径平均值为 547.8μm，出口直径平均值为 377.5μm。气膜孔直径的设计值为 0.5mm，即 500μm，入口直径比设计值大了约 10%，而出口直径比设计值小了约 25%。

表 8-1　电液束制孔工艺下气膜孔入口和出口直径分析

试件编号	孔编号	入口直径/μm	平均值/μm	标准差/μm	出口直径/μm	平均值/μm	标准差/μm
1	1	555			416		
	2	551			351		
	3	547	553.2	4.266	379	379	33.30916
	4	558			341		
	5	555			408		
2	1	538			342		
	2	542			362		
	3	546	540.6	5.727	366	353.4	10.28591
	4	532			346		
	5	545			351		
3	1	523			380		
	2	525			375		
	3	544	530.6	8.562	371	379.8	11.7771
	4	534			400		
	5	527			373		
⋮	⋮	⋮	⋮	⋮	⋮	⋮	⋮
11	1	542			419		
	2	502			349		
	3	572	563.4	74.778	401	387.5	29.99444
	4	688			381		
	5	513(缺陷孔)			33(缺陷孔)		
⋮	⋮	⋮	⋮	⋮	⋮	⋮	⋮
15	1	584			374		
	2	586			381		
	3	580	574.6	12.1573	377	374.8	5.118594
	4	561			375		
	5	562			367		

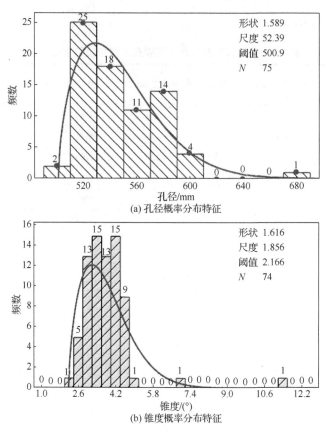

(a) 孔径概率分布特征

(b) 锥度概率分布特征

图 8-2　电液束制孔的孔径与锥度概率分布特征

电液束制孔的孔径服从三参数韦布尔分布，概率密度函数为

$$f(x) = \frac{1.589}{52.39}\left(\frac{x-500.9}{52.39}\right)^{0.589} e^{-\left(\frac{x-500.9}{52.39}\right)^{1.589}} \tag{8-1}$$

电液束制孔的锥度也服从三参数韦布尔分布，概率密度函数为

$$g(x) = \frac{1.616}{1.856}\left(\frac{x-2.166}{1.856}\right)^{0.616} e^{-\left(\frac{x-2.166}{1.856}\right)^{1.616}} \tag{8-2}$$

8.2.2　晶体取向概率分布特征

　　晶体取向对镍基单晶材料力学性能有重要影响，即镍基单晶力学性能的取向相关性与取向敏感性。取向相关性是指在相同的应力水平下，不同取向的镍基单晶材料力学性能存在差异，其蠕变、疲劳寿命相差可能数倍至数十倍；取向敏感性是指当材料取向存在较小的偏差时，其力学性能会发生较大变化。镍基单晶材

料铸造过程中，一般控制主取向的偏差在 15°内，而二次取向不做控制。镍基单晶涡轮冷却叶片以[001]方向作为主取向，通过对镍基单晶合金棒材[001]方向的取向偏差分布规律统计，了解镍基单晶涡轮冷却叶片晶体取向的概率分布特征，加工试件的轴向圆棒和测量方向晶向偏差分别见图 8-3 和表 8-2。

图 8-3 镍基单晶合金[001]轴向圆棒

表 8-2 镍基单晶[001]方向晶向偏差

序号	取向	试件编号	晶向偏差/(°)	长度/mm
1	001	T1E1903-7	5.8	174
2	001	T1E1903-9	2.9	167
3	001	T1E1905-14	3.1	167
4	001	T1E1905-21	7.8	166
5	001	T1E1906-7	3.0	169
6	001	T1E1906-24	6.5	167
7	001	T1E1907-7	5.3	168
8	001	T1E1907-19	8.3	167
9	001	T1E1913-4	7.0	171
10	001	T1E1913-9	1.2	173
11	001	T1E1914-8	6.0	170
12	001	T1E1914-11	4.9	170
13	001	T1E1915-9	8.5	170
14	001	T1E1915-10	8.8	170
15	001	T1E1916-7	7.2	171
⋮	⋮	⋮	⋮	⋮
167	001	T3E1920-10	10.0	157
168	001	T3E1920-11	5.9	161

续表

序号	取向	试件编号	晶向偏差/(°)	长度/mm
169	001	T3E1917-4	4.4	161
170	001	T3E1917-5	13.8	162
171	001	T3E1917-6	14.6	162
172	001	T3E1917-11	4.6	161
173	001	T3E1917-12	5.8	161

由表 8-2 中的统计数据拟合，发现镍基单晶[001]方向的晶向偏差分布符合三参数韦布尔分布，如图 8-4 所示。

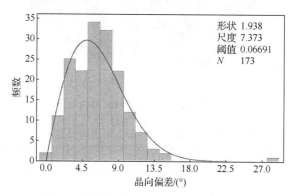

图 8-4　镍基单晶[001]方向晶向偏差分布

镍基单晶[001]晶向偏差的概率密度函数为

$$f(x) = \frac{1.938}{7.373}\left(\frac{x-0.06691}{7.373}\right)^{0.938} e^{-\left(\frac{x-0.06691}{7.373}\right)^{1.938}} \tag{8-3}$$

8.2.3　材料参数概率分布特征

镍基单晶材料的力学性能受到合金元素、微观缺陷等因素影响，同批材料在同一温度下的力学性能参数，如弹性模量、泊松比等也是随机变量。可认为 DD6 材料的弹性模量满足变异系数为 0.03 的正态分布。不同温度下 DD6 材料的弹性常数见附录 A1。760℃下材料弹性模量概率密度函数为

$$f(x) = \frac{1}{\sqrt{2\pi}\times 3.165} e^{-\frac{(x-105.5)^2}{20.034}}, \quad x \geqslant 0 \tag{8-4}$$

850℃的材料弹性模量概率密度函数为

$$f(x) = \frac{1}{\sqrt{2\pi} \times 2.94} e^{\frac{(x-98)^2}{17.287}}, \quad x \geqslant 0 \qquad (8\text{-}5)$$

8.2.4　载荷概率分布特征

镍基单晶涡轮冷却叶片的服役载荷同样存在分散性。同一工况下，镍基单晶涡轮冷却叶片转速时刻变化并非恒定值，导致叶片受到随机载荷的作用。通过对发动机载荷谱进行统计[6]，发现叶片转速服从三参数的韦布尔分布。据此，假定本章镍基单晶涡轮冷却叶片的转速分布也服从三参数韦布尔分布，其分布参数如图 8-5 所示。

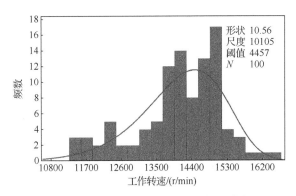

图 8-5　镍基单晶涡轮冷却叶片转速分布

镍基单晶涡轮冷却叶片转速的概率密度函数为

$$f(x) = \frac{10.56}{10105} \left(\frac{x - 4457}{10105} \right)^{9.56} e^{-\left(\frac{x-4457}{10105} \right)^{10.56}} \qquad (8\text{-}6)$$

8.3　镍基单晶涡轮叶片可靠性分析

8.3.1　可靠性分析步骤

1. 涡轮叶片参数化建模

涡轮叶片几何模型建立步骤：连接不同高度截面上的吸力面和压力面型线，生成叶片截面型线；不同高度上的型线绕截面质心旋转了一定的角度，截面的积叠线为质心连线；通过曲线组生成叶身实体，如图 8-6(a)所示；缘板设计考虑到叶根的型线和强度，绘制草图，旋转得到缘板实体，如图 8-6(b)所示；伸根为缘板和榫齿的过渡区，应综合考虑减少应力集中，如图 8-6(c)所示；榫齿采用枞树形结构，建立草图，拉伸得到榫齿实体，如图 8-6(d)所示；将上述结构通过布尔求和，得到涡轮叶片实心模型，如图 8-7 所示。

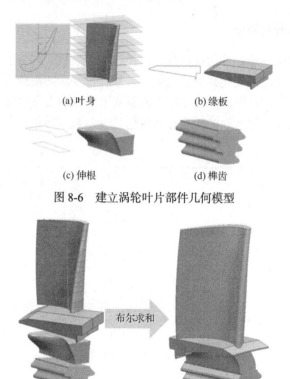

(a)叶身　　　　　　　　　　(b)缘板

(c)伸根　　　　　　　　　　(d)榫齿

图 8-6　建立涡轮叶片部件几何模型

布尔求和

图 8-7　涡轮叶片实心模型

　　镍基单晶涡轮冷却叶片可靠性分析需要大量计算数据支持，因此本章编写了镍基单晶涡轮冷却叶片强度寿命自动分析程序，获得批量计算数据。程序实现了读取变量参数，批量修改叶片的几何模型、晶体取向、弹性模量及载荷特征，自动提交计算并提取输出数据，分析镍基单晶涡轮冷却叶片的强度寿命。

　　镍基单晶涡轮冷却叶片的几何模型复杂，要实现批量修改，就要在建模时考虑到参数化问题。镍基单晶涡轮冷却叶片的前缘气膜孔往往是强度寿命最低的区域。根据第 3 章内容可以发现，气膜孔几何参数对孔边的应力分布有显著影响。因此，参数化建模中主要关心的是镍基单晶涡轮冷却叶片气膜孔区域，如图 8-8 所示，不必考虑叶片整体模型其余部分几何模型的修改，只需要拿出子模型，对子模型的气膜孔结构参数化建模。

　　在 NX UG 中建模时，要建立尺寸表达式，之后在绘制草图、建立特征时通过对尺寸表达式赋值，即可完成参数化建模过程，如图 8-9 和图 8-10 所示。

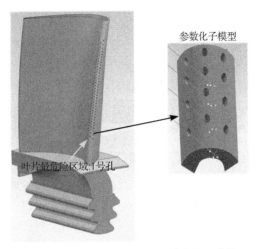

图 8-8　镍基单晶涡轮冷却叶片参数化建模

	↑ 名称	公式	值	单位		量纲		类型	
1	∨ 默认组								
2				mm	▼	长度	▼	数字	▼
3	l1h1sd	6.2	6.2 mm	mm	▼	长度		数字	
4	l1h1zd	0	0 °	°	▼	角度		数字	
5	l1h1zj	0.43	0.43 mm	mm	▼	长度		数字	
6	l1h2sd	6.2	6.2 mm	mm	▼	长度		数字	
7	l1h2zd	0	0 °	°	▼	角度		数字	
8	l1h2zj	0.43	0.43 mm	mm	▼	长度		数字	
9	l1h3sd	6.2	6.2 mm	mm	▼	长度		数字	

图 8-9　建立尺寸参数表达式

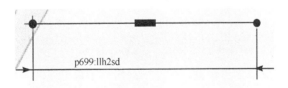

图 8-10　几何特征的参数化赋值

　　参数化建模完成后，通过修改对应参数值，可实时更新几何模型，如图 8-11 所示。

　　有多种方式批量修改已建立的参数化模型，如基于 UG Open 的二次开发、录制操作宏命令、建立部件族等。此处采用建立部件族的方式，部件族不仅可以批量修改模型参数，还可以批量导出，如图 8-12 所示。

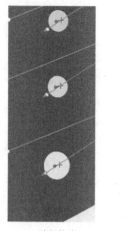

(a) 孔径修改　　　　　　　　　　　　　　(b) 锥度修改

图 8-11　修改参数化模型几何特征

DB_PART_NO	OS_PART_NAME	l1h1rd	l1h1zj	l1h2rd	l1h2zj	l1h3zd	l1h3zj
1	submodel-1	2.471164	0.7317	2.471164	0.7317	2.471164	0.7317
2	submodel-2	3.922348	0.909324	3.922348	0.909324	3.922348	0.909324
3	submodel-3	4.625592	0.995609	4.625592	0.995609	4.625592	0.995609
4	submodel-4	3.648447	0.875759	3.648447	0.875759	3.648447	0.875759
5	submodel-5	3.813983	0.896042	3.813983	0.896042	3.813983	0.896042
6	submodel-6	3.177862	0.818137	3.177862	0.818137	3.177862	0.818137
7	submodel-7	2.831057	0.775706	2.831057	0.775706	2.831057	0.775706
8	submodel-8	2.652501	0.75387	2.652501	0.75387	2.652501	0.75387
9	submodel-9	3.347416	0.838892	3.347416	0.838892	3.347416	0.838892
10	submodel-10	6.355046	1.20859	6.355046	1.20859	6.355046	1.20859
11	submodel-11	3.720345	0.884568	3.720345	0.884568	3.720345	0.884568
12	submodel-12	2.792299	0.770965	2.792299	0.770965	2.792299	0.770965
13	submodel-13	2.377895	0.7203	2.377895	0.7203	2.377895	0.7203
14	submodel-14	3.585729	0.868076	3.585729	0.868076	3.585729	0.868076
15	submodel-15	4.202871	0.943725	4.202871	0.943725	4.202871	0.943725
16	submodel-16	3.742304	0.887258	3.742304	0.887258	3.742304	0.887258
17	submodel-17	3.507354	0.858476	3.507354	0.858476	3.507354	0.858476
18	submodel-18	2.213694	0.700233	2.213694	0.700233	2.213694	0.700233
19	submodel-19	4.907666	1.030265	4.907666	1.030265	4.907666	1.030265
20	submodel-20	2.97676	0.793529	2.97676	0.793529	2.97676	0.793529
21	submodel-21	3.386345	0.843658	3.386345	0.843658	3.386345	0.843658
22	submodel-22	4.828157	1.020494	4.828157	1.020494	4.828157	1.020494
23	submodel-23	3.177663	0.818113	3.177663	0.818113	3.177663	0.818113
24	submodel-24	2.584917	0.745606	2.584917	0.745606	2.584917	0.745606

设置部件族参数　　　　　　　　　　　　　　　　导出参数化部件

图 8-12　建立部件族批量修改参数化模型

　　建模时,对所有孔的孔径和锥度进行参数化处理,将 UG prt 文件转为 Parasolid 文件, 见图 8-13。受限于工作量, 计算中只研究了最危险的 1 号孔。由于 1 号孔是叶片强度寿命最低的孔,研究 1 号孔的几何参数变化对叶片强度寿命的影响具有代表意义。

　　部件族生成的 prt 文件无法直接由有限元软件读取,不适用于叶片强度寿命分析。通过 ug_inspect 的 extract 命令,编写脚本将 prt 文件批量转化为 Parasolid 二进制文件 x_b, x_b 文件适用于叶片强度寿命的分析流程。

　　对于整个涡轮冷却叶片,可以通过相同的方式建立整个叶片的参数化模型,以分析其他几何参数的可靠性问题。

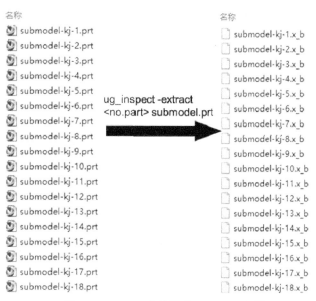

图 8-13　UG prt 文件转为 Parasolid 文件

2. 分析流程

镍基单晶涡轮冷却叶片强度寿命可靠性分析基本流程如下：

(1) 根据镍基单晶涡轮冷却叶片随机变量统计数据的概率分布特征，随机抽样生成计算样本，根据样本修改镍基单晶涡轮冷却叶片几何模型、晶体取向、材料常数及转速；

(2) 运行有限元分析脚本，由修改后的镍基单晶涡轮冷却叶片几何模型、晶体取向、材料常数及转速自动生成输入文件，并提交计算；

(3) 运行后处理脚本，从计算结果输出文件中批量提取数据，进行强度寿命分析。

镍基单晶涡轮冷却叶片强度寿命可靠性分析基本流程如图 8-14 所示。

图 8-14　镍基单晶涡轮冷却叶片强度寿命可靠性分析基本流程

在这里需要说明的一点是，有限元软件 ABAQUS 计算的是单元积分点上的应力分量值，在程序后处理中，为使云图显示光滑，软件将多个积分点的应力值插值到同一节点，并按一定算法平均得到云图上的节点应力值。编写二次开发脚本，从直接结果输出文件中提取的应力值是单元积分点的值，两者存在一定差异。为与前文计算结果具有可比性，此处对提取出的积分点应力值乘以系数 1.15。

8.3.2 涡轮叶片气膜孔几何参数偏差可靠性分析

1. 锥度可靠性分析

根据气膜孔锥度概率密度函数，采用 Monte Carlo 法随机抽取 500 个锥度样本，计算叶片寿命分布规律。抽取的 500 个随机锥度分布规律与统计数据分布相同，为三参数韦布尔分布，如图 8-15 所示。

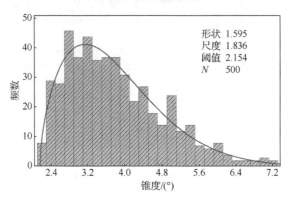

图 8-15　1 号气膜孔随机锥度分布

通过计算 500 个随机孔锥度样本值可以发现，最大寿命为 10113.9h，最小寿命仅为 0.5h。孔锥度对叶片寿命的影响同样很复杂，随机孔锥度下叶片寿命分布区间很大。与孔径的影响规律相反，孔锥度增加，会减小叶片内表面气膜孔出口孔径，加剧内壁孔边危险点的应力集中现象，造成叶片寿命减小。

对 500 个随机孔锥度下的寿命计算结果进行统计分析，发现随机孔锥度下叶片寿命符合三参数韦布尔分布。随机锥度下镍基单晶涡轮冷却叶片寿命分布和叶片失效概率分布分别如图 8-16 和图 8-17 所示。

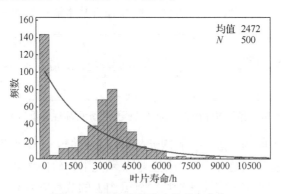

图 8-16　随机锥度下叶片寿命分布

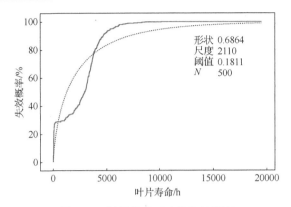

图 8-17　随机锥度下叶片失效概率

从图 8-16 和图 8-17 中可以看到,大量叶片寿命集中在 0h 附近,这是由于随机孔锥度样本值来自电液束制孔的锥度分布规律,相对而言分散性较大,最大孔锥度为 7.2°。当孔的锥度较大时,气膜孔出口孔径减小,孔边最大应力迅速上升,严重影响了叶片整体寿命,因此叶片最小寿命仅为 0.5h。如图 8-18 所示,当锥度为 5.84°时,气膜孔出口半径仅为原始半径的 40%,面积为原始面积的 16%,最大 Mises 应力为原始应力的 153%。

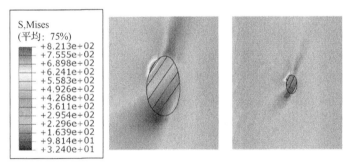

图 8-18　不同锥度下 1 号孔危险点应力对比(单位:MPa)

一般而言,当叶片气膜孔锥度过大时,该孔是不合格的,需要重新加工,避免锥度造成孔边集中应力过大,进而导致叶片破坏的情况发生。因此,统计中可以剔除锥度大于 5°的不合理数据,并重新统计,发现镍基单晶涡轮冷却叶片寿命服从三参数韦布尔分布,如图 8-19 所示。

随机孔径下镍基单晶涡轮冷却叶片寿命概率密度函数为

$$f(t) = \frac{2.371}{3377} \left(\frac{t - 452.3}{3377} \right)^{1.371} \mathrm{e}^{-\left(\frac{t - 452.3}{3377} \right)^{2.371}} \tag{8-7}$$

对概率密度函数积分,得到寿命分布函数为

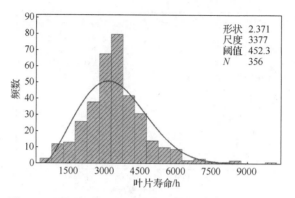

图 8-19　随机锥度下的叶片寿命分布(剔除不合理数据)

$$F(t) = 1 - \mathrm{e}^{-\left(\frac{t-452.3}{3377}\right)^{2.371}} \tag{8-8}$$

此时，随机锥度下镍基单晶涡轮冷却叶片失效概率如图 8-20 所示，计算出的可靠度满足式(8-9)。

$$P(t) = 1 - F(t) = \mathrm{e}^{-\left(\frac{t-452.3}{3377}\right)^{2.371}} \tag{8-9}$$

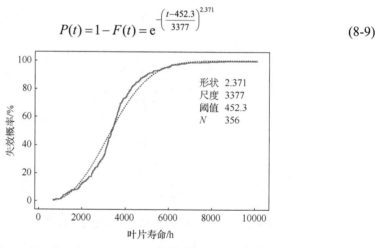

图 8-20　随机锥度下叶片失效概率(剔除不合理数据)

在该锥度的概率分布下，如果叶片设计小时寿命为 800h，则镍基单晶涡轮冷却叶片的可靠度为 99.54%。如果叶片设计小时寿命为 1500h，则镍基单晶涡轮冷却叶片的可靠度为 93.96%。

2. 孔径可靠性分析

根据镍基单晶涡轮冷却叶片气膜孔的孔径概率分布规律，采用 Monte Carlo 法随机选取 500 个 1 号孔的孔径值，研究镍基单晶涡轮冷却叶片孔径的可靠性问题。

　　统计选取的 500 个孔径值的分布规律，发现与实测数据分布规律相同，服从三参数韦布尔分布，如图 8-21 所示。

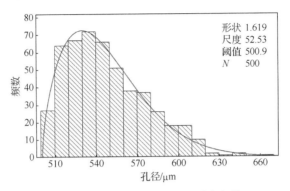

图 8-21　1 号气膜孔随机孔径分布规律

　　由随机孔径参数生成子模型的部件族，转化为 Parasolid 文件，并提交计算分析。通过 500 个随机孔径样本值的计算，可以发现，镍基单晶涡轮冷却叶片最大寿命为 32830.5h，最小寿命为 10409.9h。将孔径与对应寿命绘制成散点图，如图 8-22 所示。

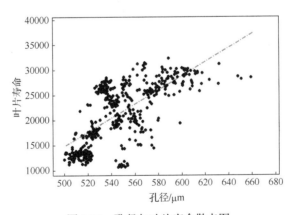

图 8-22　孔径与叶片寿命散点图

　　从图 8-22 可以看到，孔径变化对叶片寿命的影响是复杂的，随机孔径下叶片寿命分布区间很大。通过线性拟合可以发现，孔径与寿命之间近似呈现了孔径越大、寿命越长的规律。

　　对 1 号孔危险点位置(图 8-23)进行识别，不同孔径下 1 号孔危险点应力对比如图 8-24 所示。孔径为 0.5mm 时，最大 Mises 应力 821.3MPa；孔径为 0.55mm 时，最大应力为 752.5MPa。可以发现，由于前缘曲率影响，气膜孔的孔径增大，缓解了孔边危险点的应力集中现象，孔边最大 Mises 应力减小，因此寿命有所增加。

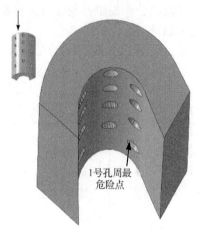

图 8-23　1 号孔危险点位置

图 8-24　不同孔径下 1 号孔危险点应力对比(单位：MPa)

对 500 个随机孔径下寿命计算结果进行统计分析，发现随机孔径下叶片寿命符合三参数韦布尔分布。随机孔径下镍基单晶涡轮冷却叶片寿命分布如图 8-25 所示。

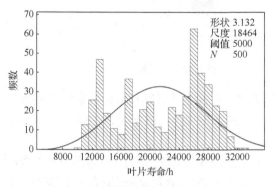

图 8-25　随机孔径下叶片寿命分布

从图 8-25 可以看出，前缘气膜孔的孔径变化对寿命带来的影响是复杂的，这与前缘曲率、叶片厚度、气膜孔倾角等都有关系。孔径增大一定程度上缓解了孔边应力集中现象，延长了叶片寿命，但当孔径过大时，气膜孔之间应力干涉现象将越来越强烈，相邻孔之间出现的应力干涉条带，使孔边应力迅速增加，严重影响叶片强度寿命。

通过随机孔径下镍基单晶涡轮冷却叶片寿命分布，拟合寿命分布概率密度函数：

$$f(t) = \frac{3.132}{18464}\left(\frac{t-5000}{18464}\right)^{2.132} e^{-\left(\frac{t-5000}{18464}\right)^{3.132}} \tag{8-10}$$

对寿命分布概率密度函数积分，得到叶片寿命分布函数为

$$F(t) = 1 - e^{-\left(\frac{t-5000}{18464}\right)^{3.132}} \tag{8-11}$$

进而得到随机孔径下叶片失效概率如图 8-26 所示。

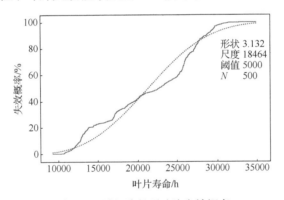

图 8-26　随机孔径下叶片失效概率

在此孔径分布下，叶片强度寿命可靠度为

$$P(t) = 1 - F(t) = e^{-\left(\frac{t-5000}{18464}\right)^{3.132}} \tag{8-12}$$

若叶片设计小时寿命为 6500h，则镍基单晶涡轮冷却叶片设计寿命的可靠度为 99.96%。

8.3.3　涡轮叶片晶体取向偏差可靠性分析

镍基单晶材料的[001]取向也称为控制取向，偏差一般控制在 15°内；二次取向不做控制随机分布。两种晶体取向都会对镍基单晶涡轮冷却叶片的强度寿命产生影响，一般而言，主取向的影响相对更大，本小节研究主取向偏差的可靠

性问题。

　　根据镍基单晶涡轮冷却叶片晶体取向概率特征,随机选取 500 个取向偏差值,并统计其分布规律。随机选取的取向偏差与统计数据分布规律相同,服从三参数韦布尔分布, 如图 8-27 所示。

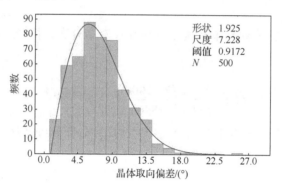

图 8-27　镍基单晶[001]方向晶体取向偏差分布

　　提交计算分析并提取计算结果,对 500 个随机取向下寿命计算结果进行统计分析,最大寿命为 14353.2h,最小寿命为 4229h。发现随机取向下叶片寿命符合三参数韦布尔分布, 如图 8-28 所示。

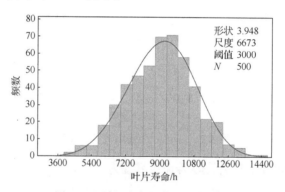

图 8-28　随机取向下叶片寿命分布

　　随机取向下镍基单晶涡轮冷却叶片寿命概率密度函数为

$$f(t)=\frac{3.948}{6673}\left(\frac{t-3000}{6673}\right)^{2.948}\mathrm{e}^{-\left(\frac{t-3000}{6673}\right)^{3.948}} \tag{8-13}$$

对概率密度函数积分, 得到寿命分布函数为

$$F(t)=1-\mathrm{e}^{-\left(\frac{t-3000}{6673}\right)^{3.948}} \tag{8-14}$$

随机晶体取向下，叶片寿命失效概率如图 8-29 所示。

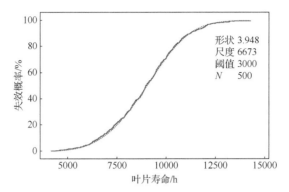

图 8-29　随机晶体取向下叶片失效概率

可靠度为

$$P(t) = 1 - F(t) = e^{-\left(\frac{t-3000}{6673}\right)^{3.948}} \tag{8-15}$$

如果叶片设计小时寿命为 5000h，则镍基单晶涡轮冷却叶片的可靠度为 99.14%；如果叶片设计小时寿命为 6500h，则镍基单晶涡轮冷却叶片的可靠度为 92.47%。

8.3.4　涡轮叶片材料参数可靠性分析

根据镍基单晶涡轮冷却叶片力学性能参数的概率分布，随机抽取给定温度下镍基单晶材料的 200 个弹性模量值，抽取的随机数据符合正态分布规律，与弹性模量概率分布中假设值相同，如图 8-30 所示。

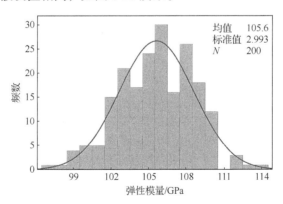

图 8-30　760℃下镍基单晶随机弹性模量分布

对 200 个随机弹性模量下寿命计算结果进行统计分析，发现随机弹性模量下叶片寿命符合三参数韦布尔分布。最大寿命为 7796.5h，最小寿命为 4977h，如图 8-31 所示。

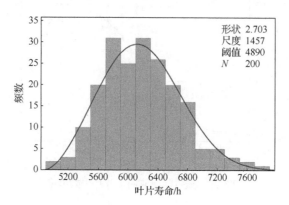

图 8-31　随机弹性模量下叶片寿命分布

随机弹性模量下镍基单晶涡轮冷却叶片寿命概率密度函数为

$$f(t) = \frac{2.703}{1457}\left(\frac{t-4890}{1457}\right)^{1.703} e^{-\left(\frac{t-4890}{1457}\right)^{2.703}} \tag{8-16}$$

对概率密度函数积分，得到寿命分布函数为

$$F(t) = 1 - e^{-\left(\frac{t-4890}{1457}\right)^{2.703}} \tag{8-17}$$

随机弹性模量下，叶片失效概率如图 8-32 所示。

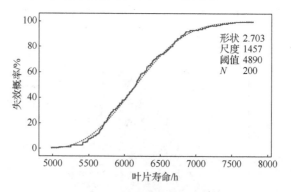

图 8-32　随机弹性模量下叶片失效概率

可靠度为

$$P(t) = 1 - F(t) = e^{-\left(\frac{t-4890}{1457}\right)^{2.703}} \tag{8-18}$$

　　如果叶片设计小时寿命为 5000h，则镍基单晶涡轮冷却叶片的可靠度为 99.91%；如果叶片设计小时寿命为 5500h，则镍基单晶涡轮冷却叶片的可靠度为 90.93%。

8.3.5　涡轮叶片载荷可靠性分析

　　根据镍基单晶涡轮冷却叶片转速概率分布特征，随机取 1002 个叶片转速，发现抽取的随机转速分布规律符合转速统计规律，如图 8-33 所示。

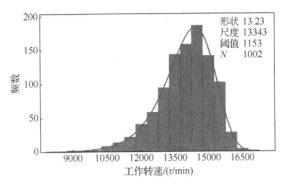

图 8-33　随机叶片转速分布

　　提交计算分析，通过 1002 个随机转速下样本值的计算，对寿命计算结果进行统计分析，发现随机转速下叶片寿命符合三参数韦布尔分布。最大寿命为 8598.7h，最小寿命为 6195h，如图 8-34 所示。

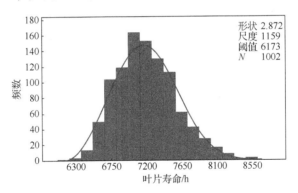

图 8-34　随机转速下叶片寿命分布

随机孔径下镍基单晶涡轮冷却叶片寿命概率密度函数为

$$f(t)=\frac{2.872}{1159}\left(\frac{t-6173}{1159}\right)^{1.872}\mathrm{e}^{-\left(\frac{t-6173}{1159}\right)^{2.872}} \tag{8-19}$$

对概率密度函数积分，得到寿命分布函数为

$$F(t) = 1 - e^{-\left(\frac{t-6173}{1159}\right)^{2.872}} \qquad (8\text{-}20)$$

随机转速下，叶片寿命失效概率如图 8-35 所示。

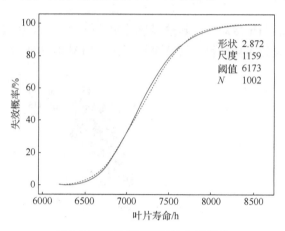

形状 2.872
尺度 1159
阈值 6173
N　1002

图 8-35　随机转速下叶片失效概率

可靠度为

$$P(t) = 1 - F(t) = e^{-\left(\frac{t-6173}{1159}\right)^{2.872}} \qquad (8\text{-}21)$$

如果叶片设计小时寿命为 6300h，则镍基单晶涡轮冷却叶片的可靠度为99.83%；如果叶片设计小时寿命为 6500h，则镍基单晶涡轮冷却叶片的可靠度为97.39%。

8.3.6　基于近似模型的涡轮叶片可靠性分析

1. 仿真设计方案

要在设计空间内建立局部或全局近似模型，必须拥有一定数量的已知样本信息。可靠性分析过程中，需要在设计空间内一定范围内选取一定数量的样本点，再通过仿真设计方案建立样本数据库[7]。

试验设计方法包括中心复合法、正交数组法、拉丁超立方抽样法等。试验设计目的是以最小的代价获得尽可能多而且可靠的关于变量和响应之间的认识，以便快速准确地建立初始近似模型。本小节采用中心复合法进行方案设计。

中心复合设计是响应曲面设计的一种，是在 2 水平全因子和部分试验设计的基础上发展出来的一种试验设计方法。对 2 水平试验增加一个零点和两个轴向点，从而对响应和因素间的非线性关系进行评估。由于中心复合设计在考察相等因素数的情况下试验的次数要比正交设计多，因此得到的非线性拟合模型的预测性通常也要比正交设计好。

考虑气膜孔几何参数、晶体取向、材料参数和载荷的随机性对镍基单晶涡轮冷却叶片强度寿命的影响，采用近似模型建立叶片寿命与随机因素之间的关系。采用二阶响应面模型建立近似模型。首先，采用中心复合法进行试验设计，设计变量见表 8-3。其中，A 为 1 号气膜孔的孔径；B 为 1 号气膜孔锥度；C 为叶片[001]方向晶体取向偏差；D 为 760℃下 DD6 材料弹性模量；E 为叶片转速。根据设计变量修改模型提交计算，计算结果见表 8-4。

表 8-3　中心复合法试验设计变量

分析次数	A	B	C	D	E
1	581.7	4.6915	24.3669	105.443	12873.05
2	581.7	4.6915	7.45	105.443	3637.724
3	581.7	4.6915	−9.4669	105.443	12873.05
4	581.7	4.6915	−9.4669	105.443	12873.05
5	581.7	4.6915	7.45	105.443	12873.05
6	581.7	4.6915	7.45	105.443	12873.05
7	581.7	4.6915	7.45	105.443	12873.05
8	581.7	4.6915	7.45	105.443	22108.38
9	581.7	10.655	7.45	105.443	12873.05
10	581.7	4.6915	24.3669	105.443	12873.05
11	771.6898	4.6915	7.45	105.443	12873.05
12	581.7	4.6915	7.45	105.443	12873.05
13	581.7	10.655	7.45	105.443	12873.05
14	581.7	−1.272	7.45	105.443	12873.05
15	581.7	4.6915	7.45	105.443	12873.05
16	581.7	4.6915	7.45	105.443	12873.05
17	581.7	4.6915	7.45	105.443	12873.05
18	581.7	4.6915	24.3669	105.443	12873.05
19	581.7	4.6915	7.45	105.443	3637.724
20	581.7	4.6915	7.45	105.443	12873.05
21	581.7	4.6915	7.45	105.443	12873.05
22	581.7	−1.272	7.45	105.443	12873.05
23	581.7	10.655	7.45	105.443	12873.05
24	581.7	−1.272	7.45	105.443	12873.05
25	581.7	4.6915	7.45	86.09149	12873.05
⋮	⋮	⋮	⋮	⋮	⋮
538	581.7	4.6915	7.45	105.443	12873.05

分析次数	A	B	C	D	E
539	581.7	4.6915	7.45	105.443	12873.05
540	662	2.171	14.6	113.622	16776.4

表 8-4　计算结果

序号	计算结果	序号	计算结果	序号	计算结果
1	5.00E+01	31	5.00E+01	61	4.97E+03
2	5.07E+03	32	3.15E+03	62	4.97E+03
3	5.39E+02	33	5.07E+03	63	5.39E+02
4	5.39E+02	34	4.97E+03	64	1.39E+04
5	4.97E+03	35	8.14E+03	65	5.00E+01
6	4.97E+03	36	1.35E+04	66	6.03E+02
7	4.97E+03	37	4.74E+03	67	6.03E+02
8	4.74E+03	38	4.97E+03	68	4.97E+03
9	1.35E+04	39	3.15E+03	69	5.00E+01
10	5.00E+01	40	4.93E+03	70	4.97E+03
11	4.93E+03	41	5.07E+03	71	4.93E+03
12	4.97E+03	42	6.03E+02	72	6.03E+02
13	1.35E+04	43	4.97E+03	73	4.93E+03
14	1.39E+04	44	4.97E+03	74	5.00E+01
15	4.97E+03	45	1.39E+04	75	5.39E+02
16	4.97E+03	46	4.74E+03	76	1.39E+04
17	4.97E+03	47	8.14E+03	77	4.97E+03
18	5.00E+01	48	8.14E+03	78	8.14E+03
19	5.07E+03	49	4.97E+03	79	5.39E+02
20	4.97E+03	50	4.97E+03	80	4.97E+03
21	4.97E+03	51	1.39E+04	81	1.35E+04
22	1.39E+04	52	4.74E+03	82	3.15E+03
23	1.35E+04	53	4.93E+03	83	3.15E+03
24	1.39E+04	54	4.74E+03	……	……
25	8.14E+03	55	4.74E+03	535	4.97E+03
26	3.15E+03	56	3.15E+03	536	2.46E+02
27	1.35E+04	57	1.35E+04	537	4.97E+03
28	3.15E+03	58	5.07E+03	538	4.97E+03
29	4.97E+03	59	4.97E+03	539	4.97E+03
30	4.97E+03	60	5.07E+03	540	2.21E+02

2. 响应面代理模型

响应面模型主要是利用低阶多项式对变量的响应进行近似，这是复杂工程系统设计优化中应用比较广泛的一种近似模型。由于响应面模型只需要计算多项式的值，节省了直接计算的时间，因此它的计算代价很小。响应面模型的精度取决于构造模型所用设计点的选择与个数、设计空间的大小及响应函数的阶数。

二阶响应面模型：

$$f(X) = a_0 + \sum_{i=1}^{n} a_i x_i + \sum_{i=1}^{n} a_{ii} x_i^2 + \sum_{i=1,j>i}^{n} a_{ij} x_i x_j \tag{8-22}$$

式中，$X = (x_1, x_2, \cdots, x_n)^{\mathrm{T}}$；$n$ 为设计变量个数；a_0 为常数项待定系数；a_i 为一次项待定系数；a_{ii} 为二次项待定系数；a_{ij} 为交叉项待定系数。

根据试验设计的计算结果，将镍基单晶涡轮叶片小时寿命取对数，采用二阶响应面模型进行拟合，拟和得到镍基单晶涡轮叶片对数寿命的响应面方程为

$$\begin{aligned} f(\log t) =\ & -15.555 + 0.021785X_1 + 0.0985X_2 - 0.1201X_3 \\ & + 0.22685X_4 + 1.43\times10^{-4}X_5 - 1.8\times10^{-5}X_1^2 \\ & - 0.005475X_2^2 - 0.00404X_3^2 - 0.001049X_4^2 \\ & - 3.515\times10^{-4}X_1X_2 + 6.95\times10^{-5}X_1X_3 - 3\times10^{-6}X_1X_4 \\ & + 0.009105X_2X_3 - 1.3\times10^{-4}X_2X_4 + 0.000752X_3X_4 \end{aligned} \tag{8-23}$$

其中，X_1 为 1 号孔的孔径；X_2 为 1 号孔锥度；X_3 为晶体取向偏差；X_4 为弹性模量；X_5 为叶片的转速。

镍基单晶涡轮叶片寿命的响应面方程为

$$F(t) = 10^{f(\log t)} \tag{8-24}$$

根据镍基单晶涡轮叶片对数寿命的响应面方程，分别绘制 1 号气膜孔孔径与锥度、晶体取向偏差与弹性模量关于叶片对数寿命的响应面，如图 8-36、图 8-37 所示。

从图 8-36 中可以看到，随着气膜孔锥度增大，叶片对数寿命降低。孔径增大时，叶片对数寿命呈现先增后减的趋势。当气膜孔锥度为 0°、孔径为 580μm 时，叶片对数寿命最大。当孔径大于 640μm，锥度为 7°时，叶片对数寿命最小。从图 8-37 可以看到，随着晶体取向偏差增大，叶片对数寿命降低。弹性模量增大时，叶片对数寿命逐渐增大。当晶体取向偏差为 0°、弹性模量为 105.5GPa 时，叶片对数寿命最大。当晶体取向偏差为 15°、弹性模量为 96.9GPa 时，叶片对数寿命最小。

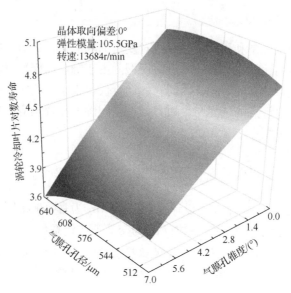

图 8-36　1 号气膜孔孔径与锥度关于叶片对数寿命的响应面

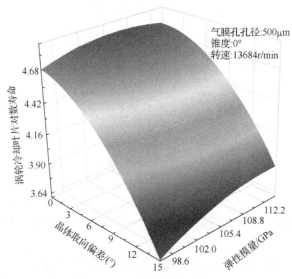

图 8-37　1 号气膜孔晶体取向偏差与弹性模量关于叶片对数寿命的响应面

3. 涡轮叶片寿命可靠性分析

基于镍基单晶涡轮冷却叶片寿命响应面模型,研究叶片强度寿命的可靠性。本小节直接采用 Monte Carlo 法研究镍基单晶涡轮冷却叶片强度寿命。根据镍基单晶涡轮冷却叶片气膜孔几何参数、晶体取向、材料参数和载荷的分布规律,采用 Monte Carlo 法对每个随机因素进行计算,共抽 100000 组,得到 100000 个随机的叶片强度寿命。

对 100000 个叶片寿命进行统计分析，发现叶片寿命服从三参数韦布尔分布，镍基单晶涡轮冷却叶片寿命分布如图 8-38 所示，镍基单晶涡轮冷却叶片寿命的失效概率如图 8-39 所示。

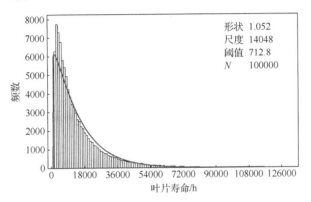

图 8-38 镍基单晶涡轮冷却叶片寿命分布

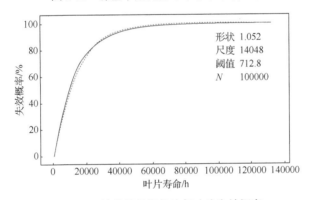

图 8-39 镍基单晶涡轮冷却叶片失效概率

为了更好地研究叶片寿命的分布规律，对得到的叶片寿命取对数。统计发现，叶片的对数寿命服从三参数韦布尔分布。镍基单晶涡轮冷却叶片对数寿命分布如图 8-40 所示，镍基单晶涡轮冷却叶片对数寿命的失效概率如图 8-41 所示。

镍基单晶涡轮冷却叶片对数寿命概率密度函数为

$$f(\log t) = \frac{3.213}{1.287}\left(\frac{\log t - 2.832}{1.287}\right)^{2.213} \mathrm{e}^{-\left(\frac{\log t - 2.832}{1.287}\right)^{3.213}} \tag{8-25}$$

对概率密度函数积分，得到对数寿命分布函数为

$$F(t) = 1 - \mathrm{e}^{-\left(\frac{t - 2.832}{1.287}\right)^{3.213}} \tag{8-26}$$

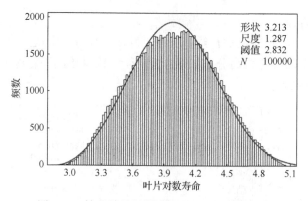

图 8-40 镍基单晶涡轮冷却叶片对数寿命分布

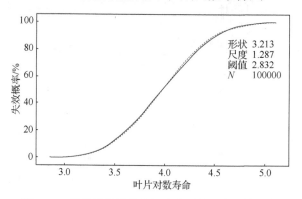

图 8-41 镍基单晶涡轮冷却叶片对数寿命失效概率

可靠度为

$$P(t) = 1 - F(t) = \mathrm{e}^{-\left(\frac{t-2.832}{1.287}\right)^{3.213}} \tag{8-27}$$

若叶片设计小时寿命为 1000h，则镍基单晶涡轮冷却叶片设计寿命的可靠度为 98.34%。

8.4 镍基单晶涡轮叶片可靠性灵敏度分析

为了研究各个因素对镍基单晶涡轮冷却叶片强度寿命的影响，需要对各个因素进行灵敏度分析。根据镍基单晶冷却叶片对数寿命响应面模型，分别对各个因素求偏导，得到各个因素的敏度函数：

$$
\begin{aligned}
f(\log t) = &-15.555 + 0.021785 X_1 + 0.0985 X_2 - 0.1201 X_3 + 0.22685 X_4 \\
&+ 1.43 \times 10^{-4} X_5 - 1.8 \times 10^{-5} X_1^2 - 0.005475 X_2^2 - 0.00404 X_3^2
\end{aligned}
$$

$$-0.001049X_4^2 - 3.515 \times 10^{-4}X_1X_2 + 6.95 \times 10^{-5}X_1X_3$$
$$-3 \times 10^{-6}X_1X_4 + 0.009105X_2X_3 - 1.3 \times 10^{-4}X_2X_4$$
$$+0.000752X_3X_4 \tag{8-28}$$

对 X_1、X_2、X_3、X_4 和 X_5 求偏导，得

$$\frac{\partial f(\log t)}{\partial X_1} = 0.021785 - 3.6 \times 10^{-5}X_1 - 3.515 \times 10^{-4}X_2$$
$$+6.95 \times 10^{-5}X_3 - 3 \times 10^{-6}X_4 \tag{8-29}$$

$$\frac{\partial f(\log t)}{\partial X_2} = 0.0985 - 0.01095X_2 - 3.515 \times 10^{-4}X_1$$
$$+0.009105X_3 - 1.3 \times 10^{-4}X_4 \tag{8-30}$$

$$\frac{\partial f(\log t)}{\partial X_3} = -0.1201 - 0.00808X_3 + 6.95 \times 10^{-5}X_1$$
$$+0.009105X_2 + 0.000752X_4 \tag{8-31}$$

$$\frac{\partial f(\log t)}{\partial X_4} = 0.22685 - 0.002098X_4 - 3 \times 10^{-6}X_1$$
$$-1.3 \times 10^{-4}X_2 + 0.000752X_3 \tag{8-32}$$

$$\frac{\partial f(\log t)}{\partial X_5} = 1.43 \times 10^{-4} \tag{8-33}$$

式(8-29)~式(8-33)即为 5 个因素对镍基单晶涡轮冷却叶片强度寿命的灵敏度。当 1 号气膜孔的孔径为 520μm、锥度为 2°、晶体取向偏差为 5°、弹性模量为 100GPa、转速为 13500r/min 时，镍基单晶涡轮冷却叶片对数寿命的孔径灵敏度为 0.00241，锥度灵敏度为–0.0737，晶体取向灵敏度为–0.03095，弹性模量灵敏度为 0.019，转速灵敏度为 1.43×10^{-4}。

为研究各个因素对镍基单晶涡轮冷却叶片强度寿命的影响，对上述五个因素进行重要性测度[8]。当气膜孔锥度为 2°、晶体取向偏差为 5°、弹性模量为 100GPa、转速为 13500r/min 时，根据孔径的概率分布随机取 10000 个孔径值，计算 10000 个随机孔径下的叶片对数寿命，统计分析 10000 个对数寿命，得到标准差为 0.0425。同理，10000 个随机孔锥度下，叶片对数寿命标准差为 0.1472；10000 个随机晶体取向下，叶片对数寿命标准差为 0.2322；10000 个随机弹性模量下，叶片对数寿命标准差为 0.0229；10000 个随机转速下，叶片对数寿命标准差为 0.3225。可以得到，叶片寿命影响因素按重要性排序依次为转速、晶体取向、气膜孔锥度、孔径和弹性模量。

8.5　本章小结

本章基于镍基单晶涡轮冷却叶片强度寿命确定性分析方法，研究了气膜孔孔径、锥度、晶体取向、材料参数和载荷随机因素的概率分布特征，分别研究了这些因素对于叶片寿命的影响；采用中心复合法试验设计得到镍基单晶涡轮冷却叶片强度寿命的二阶响应面模型，并进行了叶片的可靠性分析和可靠性灵敏度分析。

(1) 镍基单晶涡轮冷却叶片生产、加工及服役的各个环节中，都存在着影响其最终强度与寿命的随机因素，如叶片铸造中存在晶体取向偏差、气膜孔加工带来的孔的几何参数偏差、材料力学性能的分散性、服役载荷的分散性等。经统计，气膜孔的几何参数，孔径与锥度服从三参数韦布尔分布，晶体取向偏差服从三参数韦布尔分布，材料弹性模量服从正态分布，叶片转速服从三参数韦布尔分布。

(2) 介绍了镍基单晶涡轮冷却叶片可靠性分析流程，完成了镍基单晶涡轮冷却叶片参数化建模，并编写了镍基单晶涡轮冷却叶片强度寿命自动分析程序。自动分析程序实现了读取变量参数，批量修改叶片的几何模型、晶体取向、弹性模量及载荷特征，自动提交计算并提取输出数据，分析镍基单晶涡轮冷却叶片的强度寿命。

(3) 采用 Monte Carlo 法研究了气膜孔的孔径和锥度、晶体取向、弹性模量与叶片转速的概率分布对镍基单晶涡轮冷却叶片强度寿命的影响，并计算各个随机因素下镍基单晶涡轮冷却叶片强度寿命的可靠度，研究发现，各个随机因素下镍基单晶涡轮冷却叶片强度寿命均服从三参数韦布尔分布。

(4) 采用中心复合法进行试验设计，基于设计变量值分析叶片强度寿命，得到冷却叶片强度寿命的二阶响应面模型。根据响应面模型，采用 Monte Carlo 法对镍基单晶涡轮冷却叶片强度寿命进行可靠性分析。分析表明镍基单晶涡轮冷却叶片强度寿命服从三参数韦布尔正态分布，其可靠度为

$$P(t) = 1 - F(t) = e^{-\left(\frac{t-2.832}{1.287}\right)^{3.213}}$$

(5) 镍基单晶涡轮冷却叶片强度寿命可靠性灵敏度分析表明，气膜孔锥度和孔径、晶体取向偏差是衡量镍基单晶涡轮冷却叶片质量的主要指标。在镍基单晶涡轮冷却叶片的制造加工中，叶片的气膜孔锥度与晶体取向偏差要尽可能接近 0°，孔径要尽可能接近设计值。

参 考 文 献

[1] 艾书民, 王克明, 翟学, 等. 稳态温度场作用下涡轮叶片的可靠性分析[J]. 沈阳: 沈阳航空航天大学学报, 2012, 29(2): 28-32.

[2] 李磊, 杨子龙, 王佩艳, 等. 燃气轮机涡轮冷却叶片设计及优化[M]. 北京: 科学出版社, 2018.

[3] 杜鹏飞, 张娟, 李祚军, 等. 基于晶体取向的镍基单晶叶片可靠性研究[J]. 科学技术与工程, 2012, 12(15): 3577-3581.

[4] 谢非. 多失效模式下的涡轮叶片疲劳寿命预测与灵敏度分析[D]. 成都: 电子科技大学, 2020.

[5] 赵爽. 航空发动机涡轮叶片疲劳可靠性分析[D]. 哈尔滨: 哈尔滨工程大学, 2019.

[6] 张宝诚. 航空发动机试验和测试技术[M]. 北京: 北京航空航天大学出版社, 2005.

[7] 吕震宙, 宋述芳, 李洪双, 等. 结构机构可靠性及可靠性灵敏度分析[M]. 北京: 科学出版社, 2009.

[8] 吕震宙, 李璐祎, 宋述芳, 等. 不确定性结构系统的重要性分析理论与求解方法[M]. 北京: 科学出版社, 2015.

附录 A 晶体取向与裂纹扩展

A1 欧拉角定义晶体取向与弹性常数

镍基高温合金的单晶具有很强的各向异性，这意味着观察到的性能与取向有关，需要用张量代数来数学表述弹性性质及其与晶体取向的关系。试件或部件在空间中的方向通常由标准正交基(或全局轴)定义：

$$e_i = \{e_1, e_2, e_3\} \tag{A-1}$$

式中，$e_i \cdot e_j = \delta_{ij}$(克罗内克符号)。

晶体轴 $m_i = \{m_1, m_2, m_3\}$ 形成另一个标准正交基，通常附属于晶体学方向 $m_1 = [100]$，$m_2 = [010]$，$m_3 = [001]$。旋转张量 Q 提供了以下联系：

$$m_i = Q \cdot e_i, \qquad Q_{ij} = e_i \cdot m_j \tag{A-2}$$

使用欧拉角是表征两个轴系相对方向的常用方法，它们可能与 Q 分解为三个基本旋转有关，即围绕坐标系或其变换轴的旋转(图 A-1)。注意，可以选择不同的旋转轴，这将产生角度的不同定义。在学者 Bunge 之后，将旋转轴描述为 ZXZ，

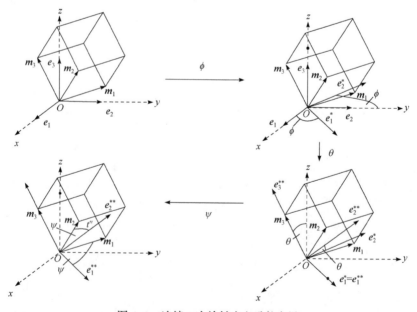

图 A-1 连续 3 次旋转定义欧拉角[1]

它是织构分析中最常用的。第一个变换 $\boldsymbol{Q}_1$ 是绕 $\boldsymbol{e}_3 = Z$ 轴旋转角度 ϕ，使得 $\{\boldsymbol{e}_i\} \to \{\boldsymbol{e}_i^*\}$，即 $\boldsymbol{e}_i^* = \boldsymbol{Q}_1 \cdot \boldsymbol{e}_i$。此时，有

$$\begin{cases} \boldsymbol{e}_1 \to \boldsymbol{e}_1^* = \cos\phi\boldsymbol{e}_1 + \sin\phi\boldsymbol{e}_2 \\ \boldsymbol{e}_2 \to \boldsymbol{e}_2^* = -\sin\phi\boldsymbol{e}_1 + \cos\phi\boldsymbol{e}_2 \\ \boldsymbol{e}_3 \to \boldsymbol{e}_3^* = \boldsymbol{e}_3 \end{cases} \tag{A-3}$$

第二个变换 $\boldsymbol{Q}_2$ 是绕新轴 $\boldsymbol{e}_1^*$ 的旋转角 θ，使得 $\{\boldsymbol{e}_i^*\} \to \{\boldsymbol{e}_i^{**}\}$，即 $\boldsymbol{e}_i^{**} = \boldsymbol{Q}_2 \cdot \boldsymbol{e}_i^*$，其中

$$\begin{cases} \boldsymbol{e}_1^* \to \boldsymbol{e}_1^{**} = \boldsymbol{e}_1^* \\ \boldsymbol{e}_2^* \to \boldsymbol{e}_2^{**} = \cos\theta\boldsymbol{e}_2^* + \sin\theta\boldsymbol{e}_3^* \\ \boldsymbol{e}_3^* \to \boldsymbol{e}_3^{**} = -\sin\theta\boldsymbol{e}_2^* + \cos\theta\boldsymbol{e}_3^* \end{cases} \tag{A-4}$$

第三个变换 $\boldsymbol{Q}_3$ 是绕轴 $\boldsymbol{e}_3^{**} = \boldsymbol{m}_3$ 旋转角 ψ，这样 $\{\boldsymbol{e}_i^{**}\} \to \{\boldsymbol{m}_i\}$，即 $\boldsymbol{m}_i = \boldsymbol{Q}_3 \cdot \boldsymbol{e}_i^{**}$，其中

$$\begin{cases} \boldsymbol{e}_1^{**} \to \boldsymbol{m}_1 = \cos\psi\boldsymbol{e}_1^{**} + \sin\psi\boldsymbol{e}_2^{**} \\ \boldsymbol{e}_2^{**} \to \boldsymbol{m}_2 = -\sin\psi\boldsymbol{e}_1^{**} + \cos\psi\boldsymbol{e}_2^{**} \\ \boldsymbol{e}_3^{**} \to \boldsymbol{m}_3 \end{cases} \tag{A-5}$$

将式(A-3)～式(A-5)引入式(A-2)，可得在($\{\boldsymbol{e}_i\}$ 或 $\{\boldsymbol{m}_i\}$)两轴上完整旋转 $\boldsymbol{Q} = \boldsymbol{Q}_1 \cdot \boldsymbol{Q}_2 \cdot \boldsymbol{Q}_3$ 的矩阵形式，即

$$\boldsymbol{Q}_{ij} = \begin{bmatrix} \cos\phi\cos\psi - \sin\phi\cos\theta\sin\psi & -\cos\phi\sin\psi - \sin\phi\cos\theta\cos\psi & \sin\phi\sin\theta \\ \sin\phi\cos\psi + \cos\phi\cos\theta\sin\psi & -\sin\phi\sin\psi + \cos\phi\cos\theta\cos\psi & -\cos\phi\sin\theta \\ \sin\theta\sin\psi & \sin\theta\cos\psi & \cos\theta \end{bmatrix}$$

$$\tag{A-6}$$

注意，逆旋转 $\boldsymbol{Q}^{-1}$ 对应角为 $-\psi \to -\theta \to -\phi$ 的初等旋转反转序列。

在晶体坐标系下，由于 $D_{ijkl} = D_{klij} = D_{jikl} = D_{ijlk}$ 的对称性，刚度张量最多依赖 21 个独立常数。在立方对称的情况下，这个数字被简化为三个独立的常数。由此，镍基单晶的弹性本构关系为

$$\begin{bmatrix} \sigma_{11} \\ \sigma_{22} \\ \sigma_{33} \\ \sigma_{12} \\ \sigma_{23} \\ \sigma_{31} \end{bmatrix} = \begin{bmatrix} D_{11} & D_{12} & D_{12} & 0 & 0 & 0 \\ D_{12} & D_{11} & D_{12} & 0 & 0 & 0 \\ D_{12} & D_{12} & D_{11} & 0 & 0 & 0 \\ 0 & 0 & 0 & D_{44} & 0 & 0 \\ 0 & 0 & 0 & 0 & D_{44} & 0 \\ 0 & 0 & 0 & 0 & 0 & D_{44} \end{bmatrix} \begin{bmatrix} \varepsilon_{11} \\ \varepsilon_{22} \\ \varepsilon_{33} \\ \gamma_{12} \\ \gamma_{23} \\ \gamma_{31} \end{bmatrix} \tag{A-7}$$

刚度矩阵中的 D_{11}、D_{12} 和 D_{44} 可以具体表示为

$$\begin{cases} D_{11} = \dfrac{E(1-\mu)}{(1-2\mu)(1+\mu)} \\[3mm] D_{12} = \dfrac{E\mu}{(1-2\mu)(1+\mu)} \\[3mm] D_{44} = G \end{cases} \tag{A-8}$$

此时，柔度矩阵中 S_{11}、S_{12} 和 S_{44} 可以具体表示为

$$\begin{cases} S_{11} = \dfrac{D_{11}+D_{12}}{(D_{11}+2D_{12})(D_{11}-D_{12})} = \dfrac{1}{E} \\[3mm] S_{12} = \dfrac{-D_{12}}{(D_{11}+2D_{12})(D_{11}-D_{12})} = -\dfrac{\mu}{E} \\[3mm] S_{44} = \dfrac{1}{D_{44}} = \dfrac{1}{G} \end{cases} \tag{A-9}$$

需要说明的是，已发表的大量文献中也存在 $S_{44} = 1/(4G)$ 的情况，这个值的合理使用还需要谨慎。DD6 材料不同温度下弹性常数见表 A-1。

表 A-1 DD6 材料不同温度下弹性常数[2]

温度/℃	弹性模量/GPa	泊松比	剪切模量/GPa
25	131.5	0.344	137.0
700	107.0	0.374	100.2
760	105.5	0.377	105.0
850	98.0	0.383	60.6
980	80.5	0.390	80.4
1070	69.5	0.399	74.2
1100	67.5	0.413	63.8

A2 晶体取向与裂纹倾角对裂纹扩展影响

验证裂纹倾角与晶体取向耦合下裂纹扩展公式的影响，选取两种裂纹倾角(β 为 0° 和 30°)和两种晶体取向(α 为 0° 和 45°)，进行两两组合，以裂纹几何垂直拉伸方向投影为裂纹长度 1，在裂纹长度占据试件总宽度[0.2, 0.8]区间内使用标准 ASTM E466 中 CT 试件各向同性经验公式，可以得到经验公式五次函数，拟合得到不同晶体取向倾角对 I 型裂纹扩展行为没有影响这一结论(图 A-2)。

排除晶体取向偏角对 I、II 型裂纹的干扰，分别得到几何修正因子 $f_{\mathrm{I}}(l/W)$ 和 $f_{\mathrm{II}}(l/W)$ 与 (l/W) 之间的函数关系，如图 A-3 所示。从图中可以看出，当 $\alpha = 0°$ 时，

β在 $0°\sim30°$对 $f_{\mathrm{I}}(l/W)$ 没有影响，但 β 达到 $45°$后，$f_{\mathrm{I}}(l/W)$ 会发生巨大变化。对于 $f_{\mathrm{II}}(l/W)$ 而言，裂纹倾角等于 $30°$时，相同 l/W 下的 $f_{\mathrm{II}}(l/W)$ 仅为 $f_{\mathrm{I}}(l/W)$ 的 $1/15$ 左右；当 β 达到 $45°$后，在初始的 l/W 裂纹长度较小($\leqslant0.4$)时，$f_{\mathrm{II}}(l/W)$ 为正且与倾角近似无关，随后转负。

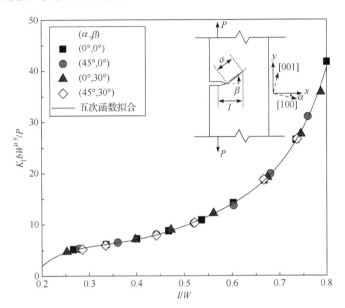

图 A-2　不同晶体取向倾角对 I 型裂纹扩展行为的影响

$K_{\mathrm{I}}bW^{0.5}/P$ 即 $F(a/W)$，表示几何修正系数；l/W 为计算裂纹长度与试件有效宽度之比

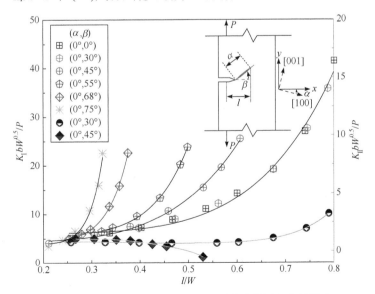

图 A-3　不同裂纹倾角对 I 型和 II 型裂纹扩展行为的影响

参 考 文 献

[1] GEORGES C, JONATHAN C, GUNTHER E, et al. Nickel Base Single Crystals Across Length Scales[M]. Amsterdam: Elsevier, 2021.

[2] 王荣桥, 胡殿印. 镍基单晶涡轮叶片热机械疲劳理论[M]. 北京: 科学出版社, 2021.